高等院校网络空间安全专业实战化人才培养系列教材

郭启全　丛书主编

网络安全建设与运营

蔡　阳　郭启全　付　静　张　潮　詹全忠
邹　希　吕　鑫　卢　青　孔　勇　　编著

电子工业出版社
Publishing House of Electronics Industry
北京·BEIJING

内 容 简 介

本书共 5 章，围绕"网络安全建设与运营"这一主题，系统介绍网络安全建设与运营的法律要求、体系架构和重点内容。其中，第 1 章概括性介绍网络安全建设与运营基础知识，包括网络安全形势、网络安全建设与运营相关法律法规、网络安全建设与运营相关标准规范、网络安全架构等。第 2 章介绍网络安全管理体系，包括安全管理体系设计与组成、安全管理组织、安全管理制度、安全管理人员、安全建设管理、安全运营管理、安全监督管理等。第 3 章介绍网络安全技术体系，包括网络安全技术架构、基础安全防护措施、数据安全、扩展安全、统一安全支撑平台等。第 4 章介绍网络安全运营体系，包括网络安全运营组织、网络安全运营的关键环节和关键指标等。第 5 章介绍网络安全保障体系，包括网络安全人才队伍建设、经费保障、宣传教育和先进技术应用研究等。

本书是高等院校网络空间安全专业实战化人才培养系列教材之一，可作为网络空间安全专业的专业课教材，适合网络空间安全专业、信息安全专业以及相关专业的大学生、研究生系统学习，也适合各单位各部门从事网络安全工作者、科研机构和网络安全企业的研究人员阅读。

图书在版编目（CIP）数据

网络安全建设与运营 / 蔡阳等编著 . -- 北京 ：电子工业出版社，2025. 7. -- ISBN 978-7-121-50115-9

Ⅰ . TP393.08

中国国家版本馆 CIP 数据核字第 2025ET4963 号

责任编辑：刘御廷　　文字编辑：郭瑞琦

印　　刷：河北鑫兆源印刷有限公司

装　　订：河北鑫兆源印刷有限公司

出版发行：电子工业出版社

　　　　　北京市海淀区万寿路 173 信箱　　邮编：100036

开　　本：787×1 092　1/16　印张：13　　字数：288.4 千字

版　　次：2025 年 7 月第 1 版

印　　次：2025 年 7 月第 1 次印刷

定　　价：69.00 元

凡所购买电子工业出版社图书有缺损问题，请向购买书店调换。若书店售缺，请与本社发行部联系，联系及邮购电话：(010) 88254888，88258888。

质量投诉请发邮件至 zlts@phei.com.cn，盗版侵权举报请发邮件至 dbqq@phei.com.cn。

本书咨询联系方式：(010) 88254569，luy@phei.com.cn。

高等院校网络空间安全专业实战化人才培养系列教材

编委会

主任委员：郭启全

委　　员：蔡　阳　崔宝江　连一峰　吴云坤

荆继武　肖新光　王新猛　张海霞

薛　锋　魏　薇　杨正军　袁　静

刘　健　刘御廷　潘　昕　樊兴华

段晓光　雷灵光　景慧昀

在数字化智慧化高速发展的今天，网络和数据安全的重要性愈发凸显，直接关系到国家政治、经济、国防、文化、社会等各个领域的安全和发展。网络空间技术对抗能力是国家整体实力的重要方面，面对日益复杂的网络安全威胁和挑战，按照"打造一支攻防兼备的队伍，开展一组实战行动，建设一批网络与数据安全基地"的思路，培养具有实战化能力的网络安全人才队伍，已成为国家重大战略需求。

一、培养网络安全实战化人才的根本目的

在网络安全"三化六防"（实战化、体系化、常态化；动态防御、主动防御、纵深防御、精准防护、整体防控、联防联控）理念的指引下，网络安全业务越来越贴近实战。实战行动和实战措施都离不开实战化人才队伍的支撑。培养网络安全实战化人才的根本目的，在于培养一批既具备扎实的理论基础，又掌握高新技术和前沿技术、具备攻防技术对抗能力，还能灵活运用各种技术措施和手段，应对各种网络安全威胁的高素质实战化人才，打造"攻防兼备"和具有网络安全新质战斗力的队伍，支撑国家网络安全整体实战能力的提升。

二、培养网络安全实战化人才的重大意义

习近平总书记强调："网络空间的竞争，归根结底是人才竞争"，"网络安全的本质在对抗，对抗的本质在攻防两端能力较量"。要建设网络强国，必须打造一支高素质的网络安全实战化人才队伍。我国网络安全人才特别是实战化人才严重缺乏，因此，破解难题，从网络安全保卫、保护、保障三个方面加强实战化人才教育训练，已成为国家重大战略需求。

当前，国家在加快推进数字化智慧化建设，本质是打造数字化生态，而数字化建设面临的最大威胁是网络攻击。与此同时，国家网络安全进入新时代，新时代网络安全最显著的特征是技术对抗。因此，新时代要求我们要树立新理念、采取新举措，从网络安全、数据安全、人工智能安全等方面，大力培养实战化人才队伍，加强"网络备战"，提升队伍的技术对抗和应急处突能力，有效应对新威胁和新技术带来的新挑战，为国家经济发展保驾护航。

三、构建新型网络安全实战化人才教育训练体系

为全面提升我国网络安全领域的实战化人才培养能力和水平，按照"理论支撑技术、技术支撑实战"的理念，创新高等院校及社会差异化实战人才培养的思路和方法，建立新型实战化人才教育训练体系。遵循"问题导向、实战引领、体系化设计、督办落实"四项原则，认真落实"制定实战型教育训练体系规划、建设实战型课程体系、建设实战型师资队伍、建设实战型系列教材、建设实战型实训环境、以实战行动提升实战能力、创新实战

型教育训练模式、加强指导和督办落实"八项重大措施，形成实战化人才培养的"四梁八柱"，有力提升网络安全人才队伍的新质战斗力。

四、精心打造高等院校网络空间安全专业实战化人才培养系列教材

在有关部门的大力支持下，具有 20 多年网络安全实战经验的资深专家统筹规划和整体设计，会同 20 多位部委、高等院校、科研机构、大型企业具有丰富实战经验和教学经验的专家学者，共同打造了 14 部技术先进、案例鲜活、贴近实战的高等院校网络空间安全专业实战化人才培养系列教材，由电子工业出版社出版，以期贡献给读者最高水平、最强实战的网络安全重要知识、核心技术和能力，满足高等院校和社会培养实战化人才的迫切需要。

网络安全实战化人才队伍培养是一项长期而艰巨的任务，按照教、训、战一体化原则，以国家战略为引领，以法规政策标准为遵循，以系统化措施为抓手，政府、高校、企业和社会各界应共同努力，加快推进我国网络安全实战化人才培养，为筑梦网络强国、护航中国式现代化贡献我们的智慧和力量！

郭启全

为实施国家安全战略，加快网络空间安全高层次人才培养，继 2001 年教育部批准设立信息安全专业后，2015 年 6 月，根据《学位授予和人才培养学科目录设置与管理办法》的规定和程序，国务院学位委员会、教育部决定在"工学"门类下增设"网络空间安全"一级学科，学科代码为"0839"，授予"工学"学位。"网络空间安全"一级学科的设立，充分体现了国家对网络安全人才培养的关注，同时对网络安全人才培养模式提出了更高的要求。

进入新时代，网络安全最显著的特征是技术对抗，应树立新理念，采取新举措，立足有效应对大规模网络攻击，认真落实"实战化、体系化、常态化"和"动态防御、主动防御、纵深防御、精准防护、整体防控、联防联控"的"三化六防"措施，按照"打造一支攻防兼备的队伍，开展一组实战行动，建设一批网络与数据安全基地"这条主线，加强战略谋划和战术设计，建立完善的网络安全综合防御体系，大力提升综合防御能力和技术对抗能力。从创新角度出发，按照"理论支撑技术、技术支撑实战"的理念，加强理论创新和技术突破，实施"挂图作战"；从"打造一支攻防兼备的队伍"出发，创新高等院校和企业差异化网络安全人才培养思路和方法，建立实战化人才教育训练体系，加强教育训练体系规划，强化课程体系、师资队伍、系列教材、实训环境建设和培养模式创新，培养网络安全实战化人才。

为了满足培养网络安全实战化人才的需要，郭启全组织成立编委会，共同编著高等院校网络空间安全专业实战化人才培养系列教材，包括《网络安全保护制度与实施》《网络安全建设与运营》《网络空间安全技术》《商用密码应用技术》《数据安全管理与技术》《人工智能安全治理与技术》《网络安全事件处置与追踪溯源技术》《网络安全检测评估技术与方法》《网络安全威胁情报分析与挖掘技术》《数字勘查与取证技术》《恶意代码分析与检测技术》《恶意代码分析与检测技术实验指导书》《漏洞挖掘与渗透测试技术》《网络空间安全导论》。郭启全统筹规划和整体设计全套教材，组织具有丰富网络安全实战经验和教学经验的专家学者撰写这套高等院校网络空间安全专业教材，并对内容严格把关，以期贡献给读者最高水平、最强实战的网络安全、数据安全、人工智能安全等方面的重要知识。

在网络安全防护能力建设中，网络安全的建设和运营工作至关重要。如何落实网络安全相关法律法规和标准规范要求，构建符合机构自身实际发展需要的网络安全管理体系、网络安全技术体系、网络安全运营体系、网络安全保障体系，切实保障网络运行安全、信息安全和数据安全，支撑业务的健康发展成为核心。网络安全建设和运营工作的成功实施需要一支理论知识和实践经验兼具的网络安全人才队伍。为了满足实战化网络空间安全人才培养的需求，由水利部信息中心牵头成立的国家关键信息基础设施（水利）网络安全技术创新团队，其成员结合多年工作实践编写了《网络安全建设与运营》。

本书主要着眼于政府、企事业单位等机构自身网络安全建设和运营工作的重点难点，力求给读者提供理论和实践相结合的技能知识，并提供了丰富的实践参考案例。全书共分为概述、网络安全管理体系、网络安全技术体系、网络安全运营体系、网络安全保障体系5章。本书由蔡阳、郭启全、付静、张潮主编，詹全忠、吕鑫、孔勇、卢青、邹希、黄屿璁等分别编写相关章节。在本书的编写过程中，得到了水利部信息中心、河海大学、深信服科技股份有限公司、奇安信科技集团股份有限公司等单位的大力支持。

书中不足之处，敬请读者指正。

作者

目录 CONTENTS

第 3 章

网络安全
技术体系

第 1 章

概　述

本章阐述网络安全的形势、威胁与它在国家安全中的重要地位,网络安全建设与运营相关法律法规、标准规范和网络安全架构,简要介绍网络安全建设与运营架构所包含的网络安全管理、网络安全技术、网络安全运营和网络安全保障四个体系的内容以及各体系间的关系,旨在使读者对网络安全建设与运营的基础知识与架构内容有一个基本了解。

1.1　网络安全形势

网络安全直接关系到国家安全、经济发展和社会稳定。在全球化的背景下,世界各大经济体日益重视网络安全,并制定了一系列政策来加强网络空间的安全防护。我国同样高度重视网络安全问题,在战略、立法和体系架构等层面实施了多项举措,以确保国家网络空间的安全与稳定。

1.1.1　数字化浪潮中的网络安全

随着信息技术的飞速发展,人类社会前后经历了三次数字化浪潮。第一次数字化浪潮以计算机技术为主要驱动力,计算机技术取代了纯手工处理,人们第一次体会到数字技术带来的工作效率的提升,极大地提高了信息处理能力。第二次数字化浪潮以"互联网+"为主要驱动力,互联网技术使网络带宽快速上升,通信和计算的界限逐渐消弭,带来计算模式的革命,以敏捷化、虚拟化、扁平化、定制化和网络化为特征的经营管理模式成为主流模式,出现了以信息技术外包、电子商务等为代表的新一代数字化产业形态。第三次数字化浪潮以人工智能为核心,万物智能,万物互联,提供一种消弭不同行为空间区域和活动领域的间隙、满足人类时空一体化信息需求的运算能力,人类由此进入了全球性的动态联盟、泛在交流和分布智能时代。

当今时代,数字技术作为世界科技革命和产业变革的先导力量,日益融入经济社会发展各领域全过程,深刻改变着生产方式、生活方式和社会治理方式。近年来,互联网、云计算、人工智能、区块链等技术加速创新,各国竞相制定数字经济发展战略、出台鼓励政策，数字经济发展速度之快、辐射范围之广、影响程度之深前所未有，正在成为重组全球要素资源、重塑全球经济结构、改变全球竞争格局的关键力量。据相关机构统计，2022年，全球51个国家数字经济增加值总规模为41.4万亿美元，同比增长7.4%，占GDP比重的46.1%。产业数字化持续成为数字经济发展的主引擎，占数字经济比重的85.3%。从规模上看，美国数字经济规模蝉联世界第一，达17.2万亿美元，中国位居第二，规模为7.5万亿美元；从占比看，英国、德国、美国数字经济占GDP比重均超过65%。

随着数字经济的发展，全社会都在快速地进入数字化、网络化和智能化时代。网络空间在数字化发展的过程中形成，成为陆、海、空、天之后的第五空间。在网络空间里不仅包括通过网络互联而成的各种计算系统（包括各种智能终端）、连接端系统的网络、连接网络的互联网和受控系统，也包括其中的硬件、软件乃至产生、处理、传输、存储的各种数据或信息。网络空间是信息传播的重要渠道，也是国家竞争和利益博弈的新战场。当前，网络安全威胁与风险日益突出，并逐渐向政治、经济、文化、社会、生态、国防等领域传导渗透。具体包括：利用网络干涉他国内政以及大规模网络监控、窃密等活动严重危害国家政治安全和用户信息安全，关键信息基础设施遭受攻击破坏、发生重大安全事件严重危害国家经济安全和公共利益，网络谣言、颓废文化和淫秽、暴力、迷信等有害信息侵蚀文化安全和青少年身心健康，网络恐怖和违法犯罪大量存在直接威胁人民生命财产安全、社会秩序。围绕网络空间资源控制权、规则制定权、战略主动权的国际竞争日趋激烈。

在此过程中，网络安全始终扮演着重要的角色，与信息化是一体之两翼、驱动之双轮。《中华人民共和国网络安全法》中网络安全的定义是：通过采取必要措施，防范对网络的攻击、侵入、干扰、破坏和非法使用以及意外事故，使网络处于稳定可靠运行的状态，以及保障网络数据的完整性、保密性、可用性的能力。随着数字化浪潮的不断推进，网络安全将安全的范围拓展至网络空间中的一切安全问题，涉及网络政治、网络经济、网络文化、网络社会、网络外交、网络军事等诸多领域，所反映的信息要更立体、更宽领域、更多层次、更多样，更能体现网络和空间的特征，并与其他安全领域有更多的渗透与融合。

网络安全研究的是网络空间中的安全威胁和防护问题，即在对抗环境下，研究信息在产生、传输、存储、处理的各个环节中所面临的威胁和防御措施，以及网络和系统本身的威胁和防护机制。网络安全的主要内容仍然是信息安全，但不仅仅包括信息安全所研究的信息的保密性、完整性和可用性，同时还包括构成网络空间基础设施的安全和可信。在数字化浪潮中，网络安全既是数字经济健康发展的基础保障，更是促进技术创新、维护社会稳定、建设网络强国的重要基石。

1.1.2 网络安全事件

网络安全事件是指由于人为原因、网络遭受攻击、网络存在漏洞隐患、软硬件缺陷或故障、不可抗力等因素，对网络信息系统或者其中的数据和业务应用造成危害，对国家、社会、经济造成负面影响的事件。随着信息技术的发展，网络安全威胁逐渐从简单的信息安全向网络空间安全渗透，各种新技术被用在网络攻击之中，造成的危害日益严重。2023 年我国颁布《信息安全技术 网络安全事件分类分级指南》（GB/T 20986—2023）国家标准，综合考虑网络安全事件的起因、威胁程度、攻击方式与损害后果等因素，将网络安全事件具体分为恶意程序事件、网络攻击事件、数据安全事件、信息内容安全事件、设备设施故障事件、违规操作事件、安全隐患事件、异常行为事件、不可抗力事件、其他事件等十大类事件。

1. 恶意程序事件

恶意程序事件是指将带有恶意意图所编写的一段程序插入网络，损害网络中的数据、应用程序或操作系统，影响网络的正常运行的网络安全事件，恶意程序在网络中的蓄意制造与传播将导致业务损失，甚至造成社会危害。恶意程序事件包括计算机病毒事件、网络蠕虫事件、特洛伊木马事件、僵尸网络事件、勒索软件事件等子类，具体如下：

（1）计算机病毒事件：制造、传播或利用恶意程序，影响计算机使用，破坏计算机功能，毁坏或窃取数据。

（2）网络蠕虫事件：利用网络缺陷，蓄意制造或通过网络自动复制并传播网络蠕虫。

（3）特洛伊木马事件：制造、传播或利用具有远程控制功能的恶意程序，实现非法窃取或截获数据。

（4）僵尸网络事件：利用僵尸工具程序形成僵尸网络。

（5）勒索软件事件：采取加密或屏蔽用户操作等方式劫持用户对系统或数据的访问权，并借此向用户索取赎金。

勒索软件是一类典型的恶意程序。2017 年 5 月，一款名为 WannaCry 的勒索软件在全球范围内迅速传播，感染了大量的计算机和网络系统，波及全球至少 150 个国家、30 万名用户，影响到金融、医疗、交通等多个行业，仅 3 天时间就造成高达 80 亿美元的损失。近几年，勒索软件事件愈演愈烈，各大勒索攻击团伙不断改进攻击手法和模式，对各大机构、团体及用户发起有组织、有针对性、常态化的勒索软件攻击，使得相应的防范及反制愈发困难。特别地，随着人工智能、大数据等新兴技术的成熟应用，勒索软件攻击变得更加复杂、更具针对性，网络安全态势进一步恶化。据 2023 年数据统计显示，当年全球共发生了 4832 起勒索软件攻击事件，较 2022 年剧增了 83%，且全球化扩散趋势显著，造成的直接与间接经济损失难以估量。

2. 网络攻击事件

网络攻击事件是攻击者对网络系统的机密性、完整性、可用性等产生危害的行为，通过技术手段对网络实施攻击而导致大规模的经济损失或造成严重的社会危害的网络安全事件。攻击者利用被攻击方网络系统自身存在的漏洞，通过使用网络命令和专用软件，侵入其网络系统并实施攻击。网络攻击事件包括网络钓鱼事件、网络扫描探测事件、后门植入事件、拒绝服务事件、网页篡改事件等子类，具体如下：

（1）网络钓鱼事件：利用欺诈性网络技术诱使用户泄露重要数据或个人信息。

（2）网络扫描探测事件：利用网络扫描软件获取有关网络配置、端口、服务和现有脆弱性等信息。

（3）后门植入事件：非法在网络中创建能够持续获取其管理权限的后门。

（4）拒绝服务事件：通过非正常使用网络资源影响或破坏网络可用性。

（5）网页篡改事件：通过恶意破坏或更改网页内容影响网站声誉或破坏网页及网站可用性。

分布式拒绝服务（Distributed Denial of Service, DDoS）攻击是拒绝服务事件的一种常见形式，原理是利用多台受控的计算机系统或其他互联网设备作为攻击流量的来源，向目标主机发送大规模互联网流量，使目标主机的网络或系统资源耗尽，导致其无法正常向用户提供服务。DDoS 攻击者一般针对重要服务和知名网站进行攻击，严重威胁互联网的安全。2016 年 10 月，美国主要域名服务商 Dyn 公司遭受大规模 DDoS 攻击。攻击者利用名为"Mirai"的病毒感染大量物联网设备，形成僵尸网络，再向 Dyn 公司的域名解析服务器发起网络攻击，造成域名解析服务中断。超过 1000 台域名服务器受到影响，导致美国东海岸地区大量域名解析服务中断或延迟，其中包括推特、网飞、亚马逊、爱彼迎、华尔街日报等知名网站。近年来，随着物联网技术的不断成熟，攻击者开始将冰箱、洗衣机、摄像头等新型互联网设备作为攻击与利用的对象，使得 DDoS 攻击变得更加频繁与广泛。据统计，2023 年上半年全球共发生 DDoS 攻击约 790 万次，相比于 2022 年上半年增长了 30.5%，范围覆盖到制造、娱乐、医疗、金融等多个行业。

3. 数据安全事件

数据安全事件指通过技术或其他手段对数据实施篡改、假冒、泄露、窃取等威胁行为的网络安全事件，该类事件对政治安全、国家安全及公民隐私都可能造成严重威胁。数据安全事件包括数据篡改事件、数据假冒事件、数据泄露事件、数据窃取事件、数据拦截事件等子类，具体如下：

（1）数据篡改事件：未经授权接触或修改数据。

（2）数据假冒事件：非法或未经许可使用、伪造数据。

（3）数据泄露事件：无意或恶意通过技术手段使数据或敏感个人信息对外公开泄露。

（4）数据窃取事件：未经授权利用技术手段偷窃数据。

（5）数据拦截事件：在数据到达目标接收者之前非法捕获数据。

数据泄露事件是一类典型的数据安全事件，黑客攻击、恶意软件、内部员工操作等都可能导致数据被泄露。2018 年 3 月，美国社交网络服务网站 Facebook 上超过 5000 万用户信息数据被一家名为"剑桥分析（Cambridge Analytica）"的公司泄露。事件发生后，Facebook 股价大跌，市值蒸发超 700 亿美元。无独有偶，一年后 Facebook 再次被曝出泄露丑闻，来自 Facebook 应用程序的两个数据集被暴露在互联网上，这些数据涉及 5.3 亿多 Facebook 用户的隐私信息，包含电话号码、账户名和 Facebook ID 等，造成了极为恶劣的社会影响。数据泄露不仅仅会威胁到个人隐私与机构利益，甚至已成为影响国家安全的重要因素。据最新统计报告显示，2024 年 1 月在深网与暗网监控到的有效情报共944,007 份，其中属于泄露数据的高价值买卖情报共 1447 份，包括利比亚选举数据、法国国防部服务器数据等国家级重要数据。

4. 信息内容安全事件

信息内容安全事件指通过网络传播危害国家安全、社会稳定、公共安全和利益的有害信息从而对个人财产、公共安全与社会稳定等构成威胁的网络安全事件，包括反动宣传事件、暴恐宣扬事件、色情传播事件、虚假信息传播事件、网络欺诈事件等子类，具体如下：

（1）反动宣传事件：利用网络传播煽动颠覆国家政权、推翻社会主义制度，煽动分裂国家、破坏国家统一等危害国家安全、荣誉和利益的非法信息。

（2）暴恐宣扬事件：利用网络宣传恐怖主义、极端主义，煽动民族仇恨、民族歧视的信息，引起社会恐慌和动乱。

（3）色情传播事件：利用网络传播违背社会伦理道德的淫秽色情信息。

（4）虚假信息传播事件：利用网络编造并传播虚假信息来扰乱经济秩序和社会秩序，造成负面影响。

（5）网络欺诈事件：恶意利用技术或非技术手段对特定或不特定目标通过网络进行欺诈以非法获取信息或钱财。

网络诈骗是一类典型的信息内容安全事件，其中电信网络诈骗已成为发案最多、上升最快、涉及面最广的犯罪类型，对公民财产与社会的稳定都造成了极大威胁。根据国家反诈中心的公开资料显示，截至 2022 年年底，公安部门共破获电信网络诈骗案件 115.6 万起，抓获犯罪嫌疑人 155.3 万名，止付冻结涉案资金 9165 亿余元。随着科技的进步，在互联网为人们的工作生活带来便利的同时，网络诈骗方式也在不断更新，封装手机应用、群发邮件"引流"、AI（Artificial Intelligence）语音视频造假诈骗等新型诈骗手法层出不穷。2023 年 4 月，福州市发生了一起利用人工智能技术实施电信诈骗的案件，骗子使用AI 换脸和语音模拟技术冒充受害者好友，通过微信视频通话的方式向受害者借款，仅花费 10 分钟时间就骗取金额 430 万元。

5. 设备设施故障事件

设备设施故障指由于网络自身出现故障或设备设施受到破坏或干扰而导致网络中断、数据丢失、系统损坏等问题的网络安全事件，包括技术故障事件、配套设施故障事件、物理损害事件与辐射干扰事件等子类，具体如下：

（1）技术故障事件：网络中软硬件的自然缺陷、设计缺陷或运行环境发生变化而引起系统故障，例如：硬件故障、软件故障、过载等。

（2）配套设施故障事件：支撑网络运行的配套设施发生故障，例如：电力供应故障、照明系统故障、温湿度控制系统故障等。

（3）物理损害事件：故意或意外的物理行动造成网络环境或网络设备损坏，例如：失火、漏水、静电设备毁坏或丢失等。

（4）辐射干扰事件：因辐射产生干扰影响网络正常运行，例如：电磁辐射、电磁脉冲、电子干扰、电压波动、热辐射等。

配套设施故障事件是一类常见的设备设施故障事件，配套设施一旦发生故障将直接阻碍网络的正常运行，导致机构业务中断，无法正常为用户提供服务，进而对机构与用户造成巨大影响。2020 年 11 月，欧洲电信运营商沃达丰集团在德国的移动通信网络出现大规模故障，导致用户无法建立语音连接和数据连接，故障持续时间超过 4 个小时，受影响用户达 100 万人。事后沃达丰集团明确表示，该事件发生的原因是部署在慕尼黑、法兰克福与柏林三地的核心网控制设备出现故障，该设备是支撑大规模网络运行的配套设施之一。

6. 违规操作事件

违规操作事件指人为故意或意外地损害网络功能而导致系统功能受损或数据泄露的网络安全事件，包括权限滥用事件、权限伪造事件、行为抵赖事件、故意违规操作事件、误操作事件等子类，具体如下：

（1）权限滥用事件：由于网络服务端功能开放过多或权限限制不严格，导致攻击者通过直接或间接调用权限的方式进行攻击。

（2）权限伪造事件：为了欺骗制造虚假权限。

（3）行为抵赖事件：用户否认其有害行为。

（4）故意违规操作事件：故意执行非法操作。

（5）误操作事件：无意地执行错误操作。

权限滥用事件是机构内常见的违规操作事件，通常由内部员工滥用权限执行非法操作所导致，造成机构核心系统损坏或机密数据泄露。2021 年 1 月，美国路由器厂商 Ubiquiti 遭遇勒索攻击，攻击者窃取了数千兆字节的文件并要求 Ubiquiti 支付 50 枚比特币（按当时汇率约为 190 万美元）作为赎金，勒索未果后在互联网上将部分数据与系统漏洞公开。事后经调查发现，攻击者是一名 Ubiquiti 的前员工，该员工利用内部访问权限从 Ubiquiti 的云服务器下载了一个管理密钥，通过此密钥访问公司基础设施与存储库，从中窃取机密文件，并冒充匿名黑客对公司进行敲诈勒索。此外，该员工还向媒体透露虚假信息，谎称公司将淡化处理此次事件。据统计，该事件直接导致 Ubiquiti 股价下跌约 20%，市值损失超过 40 亿美元。

7. 安全隐患事件

安全隐患事件指网络中出现漏洞或隐患，一旦被攻击者利用可能对网络造成破坏的网络安全事件，包括网络漏洞事件与网络配置合规缺陷事件两类。

（1）网络漏洞事件：因操作系统、应用程序或安全协议开发及设计过程中，对安全性考虑不充分而出现安全隐患。

（2）网络配置合规缺陷事件：由于软硬件安全配置不合理或缺省配置，不符合网络安全要求而产生安全缺陷或隐患。

网络漏洞事件是常见的安全隐患事件，大部分恶意程序与网络攻击事件的攻击者都是利用网络漏洞来实施危害行为。从传统的计算机系统和应用，到人工智能、大数据等新兴技术领域，各种类型的安全漏洞层出不穷。这些漏洞不仅威胁着网络系统的正常运行和数据安全，还可能对国家安全、社会稳定和经济发展产生深远影响。2014 年 4 月 23 日，安全研究人员发现 Apache Struts2 CVE-2014-0094 的漏洞补丁中存在严重缺陷，能够被轻易绕过，可导致应用 Struts 架构的大量互联网服务器遭受 DDoS 攻击、远程服务器控制等致命威胁。在当时该漏洞尚无彻底修复的方法，且由于新闻炒作和漏洞利用代码的大量扩散，我国国内众多政府、门户、电商、金融机构、运营商等机构的大型网站都面临恶意攻击。随着网络安全形势日益复杂与严峻，网络漏洞数量也在逐年增加。根据相关机构统计，2018 年至 2022 年间全球漏洞新增数量逐年上升，仅 2022 年内新增漏洞就高达 24801 个，较 2021 年增加了 19.28%，其中高危级漏洞占比超过 50%，给网络安全防护工作带来了巨大的挑战。

8. 异常行为事件

异常行为事件指网络本身稳定性不足或违规访问网络造成访问、流量等异常行为，进而影响到网络的正常运行或造成社会危害的网络安全事件，主要包括访问异常事件与流量异常事件两类。

（1）访问异常事件：因网络软硬件运行环境发生变化导致不能提供服务。

（2）流量异常事件：网络流量行为模式偏离正常基线。

访问异常事件是机构内常见的异常行为事件。近年来，随着网络环境日益复杂，访问异常事件出现得更加频繁，并且很难通过传统的基于规则的异常检测方法进行预防与检测，对机构的网络系统与关键数据构成极大威胁。AT&T 网络中断事故是一起因内部程序错误而产生的访问异常事件。2024 年 2 月，美国最大的电信运营商 AT&T 出现网络故障，通话、网络和短信服务均无法正常访问与使用。调查显示，造成相关服务中断的原因主要是技术人员在扩展网络时，某个内部应用程序产生错误，破坏了网络的稳定性。据统计，服务中断时间长达 10 个小时，有超过 7 万名用户受到影响，造成损失达 15 亿美元。

9. 不可抗力事件

不可抗力事件指因突发事件损害网络的可用性的网络安全事件，包括自然灾害事件、事故灾难事件、公共卫生事件、社会安全事件等四类，具体如下：

（1）自然灾害事件：大自然的极端现象导致信息和信息系统受损，例如：地震、火山、洪水、暴风、闪电、海啸、崩塌等。

（2）事故灾难事件：具有灾难性后果的事故导致信息和信息系统受损，例如：公共设施和设备事故、环境污染事故等。

（3）公共卫生事件：传染病疫情等导致信息和信息系统受损。

（4）社会安全事件：危害国家和社会的突发性群体性事件导致信息和信息系统受损，例如：恐怖袭击事件等。

自然灾害事件是一类常见的不可抗力事件，通常具有影响面积广、影响程度深、恢复难度高等特点，极易引起大范围的断网停服问题。2021年7月，河南省郑州市遭遇罕见特大暴雨，全市共3.52万个基站、556条光缆受损，使得部分地区信息基础设施停服，互联网长时间中断。在此次事件中，网络的中断导致了郑州市部分公共服务的瘫痪，对群众日常生活造成了极大的不便，也间接增加了灾后救援指挥的难度。随着全球气候日益恶化，自然灾害事件有增多变强的趋势，为关键信息基础设施的防护带来了新的挑战。

10. 其他事件

其他事件指未归为上述分类的网络安全事件。

1.1.3　网络安全是国家安全的重要基石

当前，数字化浪潮奔涌向前，国际力量对比深刻变化，国际环境日趋复杂，不稳定性不确定性明显增加。截至2022年，全球已有超过60个国家和地区发布国家级网络安全战略，围绕数字技术、数据要素、产业生态、安全标准等的国际竞争日趋激烈。美国、欧盟、俄罗斯、日本等世界主要经济体，都从自身战略角度出发，明确了网络安全的目标和任务，并规划了实施路径。我国高度重视网络安全，在2014年的中央网络安全和信息化领导小组（2018年3月，根据中共中央《深化党和国家机构改革方案》，中央网络安全和信息化领导小组改为中央网络安全和信息化委员会）第一次会议中首次将网络安全提升到国家安全的战略高度，要求统筹应对网络安全挑战，维护网络空间的和平、安全、开放、合作。

1. 美国

2003年2月，小布什政府首次针对网络空间制定专门的国家安全战略，发布《网络空间安全国家战略》报告，这标志着美国对网络安全政策独立地位的最终确认。2009年5月，奥巴马政府发布《网络空间政策评估——保障可信和强健的信息和通信基础设施》报告，随后于2011年5月发布《网络空间国际战略——网络化世界的繁荣、安全和开放》报告，以推动美国在网络相关议题上的国际参与。2018年9月，特朗普政府发布《国家网络战略》报告，强调要对恶意网络行为作出快速反应。

2023年3月，美国发布新版《国家网络安全战略》。战略基于网络空间安全形势严峻、地缘政治博弈加剧、国内政治生态极化、新技术新应用发展倒逼的现实环境，以建立"可防御且富有弹性的数字生态体系"为目标，提出重塑网络安全责任分配、推进进攻性网络行动、加强政府长期投资等变革性举措。战略围绕保卫关键基础设施、打击和摧毁威胁行为体、塑造市场力量以推动安全和弹性网络建设、投资打造富有弹性的未来、建立国际伙伴关系以实现共同目标五大支柱展开。

在保卫关键基础设施方面，提出了制定满足国家安全和公共安全需求的网络安全规则、扩大公私合作、整合各联邦网络安全中心、更新联邦事件响应计划及进程、发展现代化的联邦防御能力的战略目标。

在打击和摧毁威胁行为体方面，提出了统一联邦政府的打击行动、通过公共和私营部门间的业务合作来打击威胁、加快信息通报的速度并扩大情报共享的规模、保护美国境内的基础设施、打击网络犯罪和挫败勒索软件的战略目标。

在塑造市场力量以推动安全和弹性网络建设方面，提出了让管理方对个人数据负责、推动安全物联网设备的发展、勒令不安全软件产品和服务的责任方进行调整、通过联邦补助金及其他激励措施来强化网络安全、利用联邦采购机制来加强问责制度、推进以联邦网络保险为后盾的新机制的战略目标。

在投资打造富有弹性的未来方面，提出了保护互联网的技术基础、重振联邦层面的网络安全研发、为后量子时代做好准备、保护美国未来的清洁能源、支持数字身份生态体系的发展、通过国家战略以充实美国的网络劳动力的战略目标。

在建立国际伙伴关系以实现共同目标方面，提出了建立联盟以打击美国数字生态体系面临的威胁、加强国际合作伙伴的能力、提升美国协助盟友和合作伙伴的能力、建立相关全球规范、保护网络安全相关技术类产品与服务的全球供应链的战略目标。

2. 欧盟

2012 年 3 月 28 日，欧盟委员会发布欧洲网络安全策略报告，确立了部分具体目标，如促进公私部门合作和早期预警，刺激网络、服务和产品安全性的改善，促进全球响应、加强国际合作等。2012 年 5 月，欧洲网络与信息安全局发布《国家网络安全策略——为加强网络空间安全的国家努力设定线路》，提出了欧盟成员国国家网络安全战略应该包含的内容和要素。2013 年 2 月 7 日，欧盟委员会和欧盟外交安全事务高级代表宣布欧盟的网络安全战略，对当前面临的网络安全挑战进行评估，确立了网络安全指导原则，明确了各利益相关方的权利和责任，确定了未来优先战略任务和行动方案。2016 年 7 月 6 日，欧洲议会全体会议通过《欧盟网络与信息系统安全指令》，以加强欧盟各成员国之间在网络与信息安全方面的合作，提高欧盟应对处理网络信息技术故障的能力，提升欧盟打击黑客恶意攻击特别是跨国网络犯罪的力度。

2020 年 12 月 16 日，欧盟委员会发布《欧盟数字十年网络安全战略》，回顾了欧盟在网络安全上面临复杂的威胁环境，并指出欧盟缺乏应对网络威胁的集体意识，重点阐述了欧盟将如何应对网络安全威胁，加强国际合作，确保欧盟在全球开放的互联网空间发挥领导作用。网络主权方面，战略重视网络空间主权，致力于实现技术主权，提高欧盟网络复兴能力；法律规范方面，战略强调法律顶层设计，成立网络安全行动中心，打造联合网络单元；人才培养方面，战略支持多方参与，加强对网络安全人才理论与实践培养的制度和资金保障；国际参与方面，战略深化与合作伙伴和利益攸关方的合作，争夺全球领导力，推动构建全球开放、安全的网络空间。

3. 俄罗斯

2013 年 8 月，俄罗斯联邦政府公布《2020 年前俄罗斯联邦国际信息安全领域国家政策框架》。该文件确定了国际信息安全领域的主要威胁、俄罗斯联邦在国际信息安全领域国家政策的目标、任务及优先方向以及其实现机制。2021 年 7 月，俄罗斯总统普京签署法令，颁布实施新版《俄罗斯联邦国家安全战略》，首次将"信息安全"以单独战略方向列出，突出强调维护信息领域主权，加强网络安全防范，提高信息基础设备安全性，用先进技术如人工智能、量子计算等保障信息安全，优先使用本国技术装备；同时，积极发展信息战力量，预防、侦察和制止信息技术犯罪，建立预测和识别威胁系统，及时消除影响；最后，加强国际合作，建立多方合作平台，共同应对网络威胁和挑战。

围绕使用其他国家的信息技术和电信设备带来的隐患、个人数据与关键信息泄露问题、利用信息和通信技术实施的违法犯罪活动等安全威胁，提出了从新技术与传统安全领域的交叉运用、信息安全与信息安全系统三个维度推进的信息治理方案。基于新技术与传统安全领域的交叉运用，通过推动技术发展和进行使用限制加以指导和规范；围绕信息与信息安全本身，对信息生产、传输、使用、存储和跨境问题与保护加以限制和规范；对于信息安全的系统架构，始终围绕保护国家安全利益角度，以防范敌对国家的攻击和利用为预设目标进行开发和合规要求。

围绕其他国家网络部队针对关键信息基础设施与信息空间的网络攻击和情报活动增加、跨国公司出于政治目的实行信息操纵并危害数据主权安全等安全威胁，对国际关系的考量进行了转变。战略指出，俄罗斯的战略意图已从维护周边战略环境稳定转向制定公平的国际规则，发挥俄罗斯的大国影响力以推进全球信息空间治理。俄罗斯始终从地缘政治出发对美俄关系进行战略考量，战略中明确提出将与中国达成战略伙伴关系，通过上海合作组织等国际组织加强与中国的信息对话与信任。俄罗斯始终强调以联合国安理会为核心，遵守国际法，深化信息领域多边互动与安全合作，共同解决全球和地区问题。

4. 日本

2013 年 6 月 10 日，日本正式发布《网络安全战略》，提出了创建"领先世界的强大而有活力的网络空间"。2014 年 11 月 6 日，日本国会表决通过《网络安全基本法》，规定电力、金融等重要社会基础设施运营商、网络相关企业、地方自治体等有义务配合网络安全相关举措或提供相关情报，此举旨在加强日本政府与民间在网络安全领域的协调和运用，更好应对网络攻击。该法还规定，日本政府将新设以内阁官房长官为首的"网络安全战略本部"，协调各政府部门的网络安全对策，并与日本国家安全保障会议、IT 综合战略本部等其他相关机构加强合作。

2021 年，日本政府发布新版《网络安全战略》，提出了"加强防御、威慑和评估能力，加强相关机构间合作"等要求。战略围绕"复杂的、有组织的网络攻击威胁日益增加，企图破坏关键基础设施的服务、窃取个人信息和知识产权，干扰民主进程"的威胁挑战，遵循"确保信息的自由流通、依法治网、开放性、自律性和多方主体合作"五项原则，以确保"自由、公平和安全的网络空间"为目标，力图实现"参与整个网络空间，人人享有网络安全"的愿景。战略提出了三项战略目标，包括提高经济和社会活力及可持续发展能力，用网络安全促进数字化转型；实现国家安全、民众安心舒适生活的数字社会；维护国际社会和平稳定，保障日本的国家安全。为实现战略目标，战略制定了相应的行动举措，包括构建企业、政府与学术界联合的产、学、研生态环境，培育和发展国内产业，做好应对供应链风险的准备；推进人才培养和全员知识普及工作；全民参与普及网络意识工作，培养网络安全人才，推动公众网络安全意识提升等。

5. 中国

2014 年 4 月 15 日，总体国家安全观在中央国家安全委员会第一次会议上首次被提出，网络安全被提升到国家安全的战略高度。2016 年 4 月 19 日，网络安全和信息化工作座谈会在北京召开，明确提出"要树立正确的网络安全观"。2016 年 12 月 27 日，国家互联网信息办公室发布《国家网络空间安全战略》。

战略围绕当前网络安全日益严峻的形势，国家政治、经济、文化、社会、国防安全及公民在网络空间的合法权益面临严峻风险与挑战，包括危害政治安全的网络渗透、威胁经济安全的网络攻击、侵蚀文化安全的网络有害信息、破坏社会安全的网络恐怖和违法犯罪，以及方兴未艾的网络空间国际竞争等。战略以总体国家安全观为指导，贯彻落实创新、协调、绿色、开放、共享的新发展理念，增强风险意识和危机意识，统筹国内国际两个大局，统筹发展安全两件大事，积极防御、有效应对，推进网络空间和平、安全、开放、合作、有序，维护国家主权、安全、发展利益，实现建设网络强国的战略目标。战略遵循尊重维护网络空间主权、和平利用网络空间、依法治理网络空间、统筹网络安全与发展的原则，明确制定了中国的网络安全战略任务，包括坚定捍卫网络空间主权、坚决维护国家安全、保护关键信息基础设施、加强网络文化建设、打击网络恐怖和违法犯罪、完善网络治理体系、夯实网络安全基础、提升网络空间防护能力、强化网络空间国际合作等九个方面。

（1）在坚定捍卫网络空间主权方面，依据宪法和法律，采取各种措施保护国家网络空间主权，反对任何网络颠覆行为。

（2）在坚决维护国家安全方面，防范和惩治利用网络进行叛国、分裂国家等行为，保护国家秘密，抵御境外网络渗透和破坏活动。

（3）在保护关键信息基础设施方面，建立实施关键信息基础设施保护制度，依法综合施策，加强风险评估，建立政府、企业与行业的信息共享机制，建立实施网络安全审查制度，加强供应链安全管理。

（4）在加强网络文化建设方面，大力培育和践行社会主义核心价值观，推广优秀文化，加强网络伦理和文明建设，打击网络有害信息。

（5）在打击网络恐怖和违法犯罪方面，加强网络反恐、反间谍、反窃密能力建设，严厉打击各类网络犯罪行为。

（6）在完善网络治理体系方面，坚持依法、公开、透明管网治网，健全网络安全法律法规体系，加快构建法律规范、行政监管、行业自律、技术保障、公众监督、社会教育相结合的网络治理体系，保护网络合法权益。

（7）在夯实网络安全基础方面，坚持创新驱动发展，加快核心技术突破，大力发展网络经济，实施国家大数据战略，建立完善国家网络安全技术支撑体系，加强网络安全教育和人才培养。

（8）在提升网络空间防护能力方面，建设与我国国际地位相称、与网络强国相适应的网络空间防护力量，大力发展网络安全防御手段，及时发现和抵御网络威胁。

（9）在强化网络空间国际合作方面，加强国际网络空间对话合作，支持联合国发挥主导作用，推动全球互联网治理体系变革，助力发展中国家和落后地区互联网技术发展，共同构建和平、安全、开放、合作、有序的网络空间。

1.2 网络安全建设与运营相关法律法规

互联网在促进经济社会发展的同时，也对监管和治理形成巨大挑战。发展好治理好互联网，让互联网更好造福人类，是世界各国共同的追求。实践证明，法治是互联网治理的基本方式。运用法治观念、法治思维和法治手段推动互联网发展治理，已经成为全球普遍共识。据统计已有 90 多个国家制定了网络安全专门的法律法规。美国颁布了《网络安全法》《网络安全信息共享法》《关键基础设施网络事件报告法》等法律，欧盟颁布了《网络与信息系统安全指令》《通用数据保护条例》等法律，俄罗斯颁布了《信息、信息技术和信息保护法》《俄罗斯联邦关键信息基础设施安全法》等法律。

我国高度重视网络安全立法，党的十八大以来，网络安全立法进程明显加快，在网络安全、关键信息基础设施安全、数据安全、个人信息保护等领域出台了一系列法律法规和部门规章。本节主要从机构网络安全建设与运营的角度对我国网络安全主要法律法规和部门规章进行梳理。

1.2.1 国家法律

1.《中华人民共和国网络安全法》

《中华人民共和国网络安全法》（以下简称《网络安全法》）自 2017 年 6 月 1 日起施行。这是我国第一部全面规范网络空间安全的基础性法律。

《网络安全法》在第三章中明确规定了网络运行安全要求，提出国家实行网络安全等级保护制度，并对网络运营者应当履行的网络安全保护义务进行了规定。同时，关键信息基础设施作为网络安全的重中之重，《网络安全法》强调在网络安全等级保护制度的基础上，对关键信息基础设施实行重点保护。

机构在进行网络安全建设与运营时，首先需要落实网络安全保护责任，制定内部安全管理制度和操作规程，确定网络安全负责人；其次，采取防范处置计算机病毒、网络攻击、网络侵入等危害网络安全行为的措施和数据分类、重要数据备份、加密等数据安全防护的措施，并监测、记录网络运行状态、网络安全事件，留存相关的网络日志不少于六个月；最后，还应当制定网络安全事件应急预案，在发生危害网络安全的事件时，立即启动应急预案，采取相应的补救措施，并按照规定向有关主管部门报告。

运营关键信息基础设施的机构，还应当在落实上述一般规定的基础上，设置专门安全管理机构和安全管理负责人，落实人员教育培训、容灾备份、应急演练、风险评估等重点保护措施；在采购网络产品和服务时，落实网络安全审查、签订保密协议等要求；在数据出境前，进行安全评估。

2.《中华人民共和国密码法》

《中华人民共和国密码法》（以下简称《密码法》）自 2020 年 1 月 1 日起施行。《密码法》是我国密码领域的综合性、基础性法律，对全面提升密码工作法治化水平起到关键性作用。

《密码法》规定，我国密码分为核心密码、普通密码和商用密码。核心密码、普通密码用于保护国家秘密信息，核心密码保护信息的最高密级为绝密级，普通密码保护信息的最高密级为机密级。商用密码用于保护不属于国家秘密的信息。公民、法人和其他组织可以依法使用商用密码保护网络与信息安全。

密码作为保障网络安全的核心技术，机构在规划、采取各项网络安全技术措施时，应考虑采用密码技术，特别是承担关键信息基础设施运营者角色的机构，应当对关键信息基础设施使用商用密码进行保护，并自行或委托开展商用密码应用安全性评估。在此过程中，如果涉及商用密码产品和服务采购的，还应当落实网络安全审查要求。

3.《中华人民共和国数据安全法》

《中华人民共和国数据安全法》（以下简称《数据安全法》）自 2021 年 9 月 1 日起施行。作为数据安全领域的基础性法律和国家安全法律体系的重要组成，《数据安全法》是护航数字经济发展的重要举措。

《数据安全法》明确国家建立数据分类分级保护制度和数据安全审查制度，以及数据安全风险评估、报告、信息共享、监测预警机制和数据安全应急处置机制等。

落实《数据安全法》的规定，机构应当按照地区、行业数据分类分级要求，对本机构数据进行分类分级，建立重要数据目录。开展数据处理活动，应当建立健全全流程数据安全管理制度，组织开展数据安全教育培训，采取相应的技术措施和其他必要措施，保障数据安全。处理重要数据的机构，还应当明确数据安全负责人和管理机构。

机构在开展数据处理活动时，应当加强数据安全风险监测，及时对安全缺陷、漏洞等采取补救措施；及时处置数据安全事件，并履行相应的报告义务。处理重要数据的机构，还应当对其数据处理活动定期开展风险评估；重要数据出境时，应当进行安全评估。

4.《中华人民共和国个人信息保护法》

《中华人民共和国个人信息保护法》（以下简称《个人信息保护法》）自 2021 年 11 月

1 日起施行。《个人信息保护法》在有关法律的基础上，进一步细化完善个人信息保护应遵循的原则和个人信息处理规则，明确个人信息处理活动中的权利义务边界，健全个人信息保护工作体制机制。

《个人信息保护法》强调处理个人信息应当遵循合法、正当、必要和诚信原则；应当具有明确、合理的目的；应当遵循公开、透明的原则；应当保证个人信息的质量；应当采取必要措施保障所处理的个人信息的安全。

机构在处理个人信息前，应当在事先充分告知的前提下取得个人同意，处理敏感个人信息，应当取得个人的单独同意或者书面同意。在处理个人信息时，应当履行下列义务：

（1）制定内部管理制度和操作规程，对个人信息实行分类管理，采取相应的安全技术措施。

（2）合理确定个人信息处理的操作权限，定期对从业人员进行安全教育和培训，定期对个人信息处理活动进行合规审计。

（3）对处理敏感个人信息、利用个人信息进行自动化决策、委托处理个人信息、向其他个人信息处理者提供个人信息、公开个人信息、向境外提供个人信息及其他对个人权益有重大影响的个人信息处理活动事前进行个人信息保护影响评估。

（4）制定并组织实施个人信息安全事件应急预案，履行个人信息泄露通知和补救义务等。

1.2.2　行政法规

1.《中华人民共和国计算机信息系统安全保护条例》

《中华人民共和国计算机信息系统安全保护条例》（以下简称《信息系统保护条例》）于 1994 年发布，并于 2011 年修订。《信息系统保护条例》是我国首部关于网络安全的行政法规，是网络安全保护的法律基础。

《信息系统保护条例》规定计算机信息系统实行安全等级保护。机构在建设和应用计算机信息系统时，应当确保机房符合国家标准和国家有关规定；对国际联网的计算机信息系统进行备案，运输、携带、邮寄计算机信息媒体出入境时，如实向海关申报。应当建立健全安全管理制度，负责本机构计算机信息系统的安全保护工作，计算机信息系统中发生的案件，应在 24 小时内报告公安机关。

2.《关键信息基础设施安全保护条例》

《关键信息基础设施安全保护条例》（以下简称《关保条例》）自 2021 年 9 月 1 日起施行。《关保条例》是我国首部专门针对关键信息基础设施安全保护的行政法规，明确关键信息基础设施安全保护中各个责任主体及其责任义务，为开展关键信息基础设施安全保护工作提供了基本遵循。

《关保条例》对《网络安全法》中关键信息基础设施运营者的责任义务进一步细化。

机构是关键信息基础设施运营者的，应当对关键信息基础设施实行"一把手负责制"，明确机构主要负责人对关键信息基础设施安全保护负总责，领导关键信息基础设施安全保护和重大网络安全事件处置工作，组织研究解决重大网络安全问题，保障人力、财力、物力投入，同步规划、同步建设、同步使用关键信息基础设施安全保护措施。

为落实相关责任义务，机构应当设置专门安全管理机构，具体负责本机构的关键信息基础设施安全保护工作，并参与本机构网络安全和信息化有关的决策。机构应当保障专门安全管理机构的运行经费、配备相应的人员，对专门安全管理机构负责人和关键岗位人员进行安全背景审查。

机构应当对关键信息基础设施每年至少进行一次网络安全检测和风险评估；应当优先采购安全可信的网络产品和服务，并与提供者签订安全保密协议，可能影响国家安全的，应当按规定通过网络安全审查；当关键信息基础设施发生重大网络安全事件或者发现重大网络安全威胁时，应当按规定向保护工作部门、公安机关报告。当机构发生合并、分立、解散等情况，应当及时报告保护工作部门，并按照保护工作部门的要求对关键信息基础设施进行处置。

3.《商用密码管理条例》

2023 年 7 月 1 日，新修订的《商用密码管理条例》（以下简称《商密条例》）正式施行。《商密条例》全面落实《密码法》要求，规范商用密码应用和管理，为推进新时代商用密码高质量发展、保障网络与信息安全、维护国家安全和社会公共利益、保护公民合法权益提供了有力法治保障。

《商密条例》对关键信息基础设施商用密码应用进行了更为具体的规定。机构是关键信息基础设施运营者的，应当制定商用密码应用方案，配备必要的资金和专业人员，同步规划、同步建设、同步运营商用密码保障系统，自行或者委托开展商用密码应用安全性评估，通过商用密码应用安全性评估后，关键信息基础设施方可投入运行，并在运行后每年至少进行一次评估。

关键信息基础设施使用的商用密码产品、服务应当经检测认证合格，使用的密码算法、密码协议、密钥管理机制等商用密码技术应当通过国家密码管理部门审查鉴定。采购涉及商用密码的网络产品和服务，可能影响国家安全的，应当依法通过网络安全审查。

1.2.3　部门规章

1.《国家政务信息化项目建设管理办法》

2019 年 12 月 30 日，国务院办公厅印发《国家政务信息化项目建设管理办法》，从规划和审批管理、建设和资金管理、监督管理等方面对国家政务信息化项目网络安全要求进行了规定。

机构在进行项目（本节中项目特指国家政务信息化项目）备案时，备案文件中应当包括等级保护或者分级保护备案情况、密码应用方案和密码应用安全性评估报告等内容。

机构在进行项目建设时，应当建立网络安全管理制度，采取技术措施，加强政务信息系统与信息资源的安全保密设施建设，定期开展网络安全检测与风险评估，保障信息系统安全稳定运行；应当同步规划、同步建设、同步运行密码保障系统并定期进行评估；应当采用安全可靠的软硬件产品。

机构在申请项目验收时，应当提交项目安全风险评估报告（包括涉密信息系统安全保密测评报告或者非涉密信息系统网络安全等级保护测评报告等）、密码应用安全性评估报告等材料。对于不符合密码应用和网络安全要求，或者存在重大安全隐患的政务信息系统，国家将不安排运行维护经费，机构也不得新建、改建、扩建政务信息系统。

机构在系统投入运行后，应当构建全方位、多层次、一致性的防护体系，按要求采用密码技术，并定期开展密码应用安全性评估，确保政务信息系统运行安全和政务信息资源共享交换的数据安全。

2.《网络安全审查办法》

《网络安全法》《数据安全法》《关保条例》等均明确，关键信息基础设施运营者采购网络安全产品和服务，可能影响国家安全的，应当通过网络安全审查。为落实相关法律法规要求，指导机构开展网络安全审查，2022年2月15日，由国家互联网信息办公室、国家发展和改革委员会、工业和信息化部、公安部、国家安全部等十三部门联合修订的《网络安全审查办法》正式施行。

除规定关键信息基础设施运营者采购网络产品和服务，网络平台运营者开展数据处理活动，影响或者可能影响国家安全的，应当进行网络安全审查外，《网络安全审查办法》还规定，掌握超过100万用户个人信息的网络平台运营者赴国外上市，必须申报网络安全审查。

机构在申报网络安全审查前，应当准备以下材料：

（1）申报书。

（2）关于影响或者可能影响国家安全的分析报告。

（3）采购文件、协议、拟签订的合同或者拟提交的首次公开募股（IPO）等上市申请文件。

（4）网络安全审查工作需要的其他材料。

3.《数据出境安全评估办法》

为了规范数据出境活动，保护个人信息权益，维护国家安全和社会公共利益，促进数据跨境安全、自由流动，根据《网络安全法》《数据安全法》《个人信息保护法》等法律法规，国家互联网信息办公室制定《数据出境安全评估办法》，自2022年9月1日起施行。

机构向境外提供在我国境内运营中收集和产生的重要数据和个人信息前，应当通过所在地省级网信部门向国家网信部门申报数据出境安全评估，具体情形包括：

（1）向境外提供重要数据。

（2）运营关键信息基础设施或处理100万人以上个人信息的机构向境外提供个人

信息。

（3）自上年 1 月 1 日起累计向境外提供 10 万人个人信息或者 1 万人敏感个人信息的机构向境外提供个人信息。

（4）国家网信部门规定的其他需要申报数据出境安全评估的情形。

按照申报数据出境安全评估应当提交的材料要求，机构在数据出境前应当进行数据出境风险自评估，并与境外接收方拟订数据出境相关合同或者其他具有法律效力的文件。

4.《商用密码应用安全性评估管理办法》

根据《密码法》《商密条例》等法律法规，国家密码管理局研究制定了《商用密码应用安全性评估管理办法》（以下简称《密评办法》），自 2023 年 11 月 1 日起施行。《密评办法》进一步细化落实"三同步一评估"要求，对依法应当使用商用密码进行保护的重要网络与信息系统，明确要求同步规划、同步建设、同步运营商用密码保障系统，并定期进行商用密码应用安全性评估。

重要网络与信息系统在规划阶段，机构应当制定商用密码应用方案，规划商用密码保障系统，并对商用密码应用方案进行商用密码应用安全性评估。商用密码应用方案未通过商用密码应用安全性评估的，不得作为商用密码保障系统的建设依据。

重要网络与信息系统建设阶段，机构应当按照通过商用密码应用安全性评估的商用密码应用方案组织实施，落实商用密码安全防护措施，建设商用密码保障系统。

重要网络与信息系统运行前，机构应当对网络与信息系统开展商用密码应用安全性评估。网络与信息系统未通过商用密码应用安全性评估的，机构应当进行改造，改造期间不得投入运行。

重要网络与信息系统建成运行后，机构应当每年至少开展一次商用密码应用安全性评估，确保商用密码保障系统正确有效运行。未通过商用密码应用安全性评估的，机构应当进行改造，并在改造期间采取必要措施保证网络与信息系统运行安全。

1.3 网络安全建设与运营相关标准规范

标准是经济活动和社会发展的技术支撑，是国家基础性制度的重要方面。标准化在推进国家治理体系和治理能力现代化中发挥着基础性、引领性作用。网络安全相关标准为网络安全产品和系统在设计、研发、生产、建设、使用、测评等环节提供了统一一致、先进可靠等技术规范，对促进网络安全产业发展和机构网络安全能力提升发挥了基础性、引领性作用。目前，网络安全相关标准化组织主要有国际标准化组织（ISO）、国际电工委员会（IEC）、国际电信联盟（ITU）、国际互联网工程任务组（IETF），以及国内的全国网络安全标准化技术委员会、密码行业标准化技术委员会等。

1.3.1 主要网络安全标准化组织

1. 国际化的标准组织

（1）国际标准化组织和国际电工委员会

国际标准化组织（ISO）成立于 1947 年，是标准化领域中的一个国际性非政府组织，其宗旨是在世界上促进标准化及其有关活动的发展，以便于国际物资交流和服务，并扩大在知识、科学、技术和经济领域中的合作，主要任务包括协调世界范围内的标准化工作、制定和发布国际标准并采取措施以便在世界范围内实施、组织各成员国和技术委员会进行信息交流、与其他国际组织共同开展有关标准化课题的研究等。

国际电工委员会（IEC）成立于 1906 年，是世界上成立最早的国际性电工标准化机构，负责制定电工电子及相关领域的国际标准和合格评定程序，在便利国际贸易和推动产业发展中发挥着举足轻重的作用。

ISO 和 IEC 关系密切，根据分工，IEC 负责电工电子领域的国际标准化工作，其他领域则由 ISO 负责。1987 年，ISO 和 IEC 成立第一个联合技术委员会——信息技术委员会，编号为 JTC 1，承担信息技术领域国际标准制定工作。

SC27 是 ISO/IEC JTC 1 下设专门负责网络安全领域标准化工作的分技术委员会，具体负责开展信息安全、网络安全和隐私保护领域的国际标准研制工作。SC27 秘书处设在德国标准化协会（DIN）。全国网络安全标准化技术委员会承担 SC27 国内技术业务工作，负责统筹协调和组织参加网络安全领域国际标准化活动。

目前，SC27 直属管理包括 WG1（信息安全管理体系）、WG2（密码与安全机制）、WG3（安全评估、测试和规范）、WG4（安全控制与服务）、WG5（身份管理和隐私保护技术）等在内的 5 个工作组。同时，SC27 还成立两个联合工作组 JWG4（区块链和 DLT 的安全、隐私和身份）、JWG6（网联汽车设备网络安全要求及评估活动）。

除 ISO/IEC JTC 1 外，IEC 还成立 TC56、TC74 等技术委员会制定网络安全相关标准。

（2）国际电信联盟电信标准化部门

国际电信联盟电信标准化部门（ITU-T）的第 17 研究组（SG17）专注于增强信息通信技术（ICT）的安全，旨在使网络基础设施、业务和应用更加安全。SG17 负责协调 ITU-T 所有研究组涉及安全的工作，并与其他外部标准化组织、ICT 行业联合体合作处理标准化相关问题。

SG17 主要工作领域包括网络安全、安全管理、安全架构与框架、打击垃圾信息、身份管理、个人标识信息保护、数据保护操作、开放身份信任框架、基于量子技术的安全措施以及儿童上网保护等。

SG17 的重要成果包括 ITU-T X.509 建议书，用于公共网络上的电子认证，是设计公钥基础设施（PKI）相关应用的基石。ITU-T X.1500 CYBEX，提供了一套用于交换网络安全信息的最佳标准组合，帮助防范网络攻击。ITU-T X.805 建议书，为电信网络运营商和企业从安全角度提供端到端的架构描述。

（3）国际互联网工程任务组

国际互联网工程任务组（IETF）成立于 1986 年，是最具权威的互联网技术标准化组织，当前绝大多数国际互联网相关技术标准出自 IETF。IETF 将其技术文档作为请求注解文档（RFC）发布。在互联网安全方面，IETF 发布了传输层安全协议（TLS）、互联网密钥交换协议（IKE）、网络层安全协议簇（IPsec）、PKI 等一系列安全协议相关的 RFC。

2. 我国的标准化组织

（1）全国网络安全标准化技术委员会

为充分发挥企业、科研机构、检测机构、高等院校、政府部门、用户等方面专家的作用，引导产学研用各方面共同推进网络安全标准化工作，经国家标准化管理委员会批准，全国信息安全标准化技术委员会（编号为 TC260，以下简称信安标委）于 2002 年 4 月 15 日在北京正式成立。信安标委是在信息安全技术专业领域内，从事信息安全标准化工作的技术工作组织，负责组织开展国内信息安全有关的标准化技术工作，对信息安全国家标准进行统一技术归口，统一组织申报、送审和报批，具体工作范围包括：安全技术、安全机制、安全服务、安全管理、安全评估等领域的标准化技术工作。信安标委业务上受中央网络安全和信息化委员会办公室指导。

2024 年 2 月，信安标委更名为全国网络安全标准化技术委员会（以下简称网安标委），进一步突出了网络空间安全的概念。根据《关于印发全国网络安全标准化技术委员会工作组设置的通知》，目前，网安标委下设 8 个工作组和 1 个特别工作组，组织结构如图 1-1 所示。

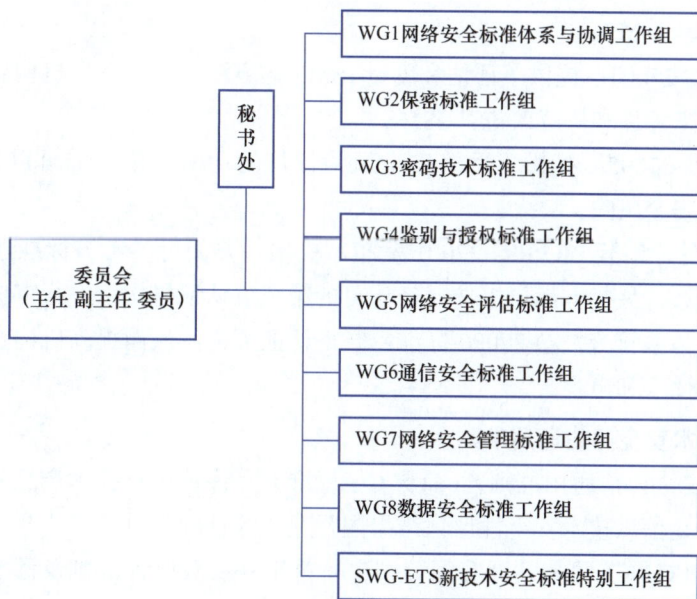

图 1-1　网安标委组织结构图

（2）密码行业标准化技术委员会

为满足密码领域标准化发展需求，充分发挥密码科研、生产、使用、教学和监督检验等方面专家作用，更好地开展密码领域的标准化工作，2011 年 10 月，经国家标准化管理委员会和国家密码管理局批准，成立密码行业标准化技术委员会（以下简称密标委）。

密标委是在密码领域内从事密码标准化工作的非法人技术组织，由国家密码管理局领导和管理，主要从事密码技术、产品、系统和管理等方面的标准化工作。密标委委员由政府、企业、科研院所、高等院校、检测机构和行业协会等有关方面的专家组成。密标委目前下设秘书处和总体、基础、应用、测评四个工作组。

1.3.2 主要国际标准

1. ISO/IEC 27000 标准族

ISO/IEC 27000 标准族是一组信息安全管理体系（ISMS）标准的总称，是系统化管理思维在网络安全领域的应用。目前，ISO/IEC 27000 标准族已发布或正在研制中的标准超过 90 项。以下主要介绍 27001-27005 等 5 个标准：

（1）ISO/IEC 27001：是 ISMS 的核心标准，规定了机构应如何建立、实施、维护和持续改进其 ISMS。

（2）ISO/IEC 27002：包含一系列的控制目标和建议性控制措施，提供了关于网络安全的最佳实践准则。该标准用于帮助机构设计和实现 ISO/IEC 27001 中的要求，机构可以根据自身的需要和情况选择性地采用其中的建议。

（3）ISO/IEC 27003：提供了实施 ISO/IEC 27001 的指南，机构可以参考该标准规划、执行并持续改进其 ISMS。

（4）ISO/IEC 27004：提供了评估和度量 ISMS 的方法、指标等，机构可以通过该标准提供的量化方法来评估和持续改进其 ISMS。

（5）ISO/IEC 27005：提供了网络安全风险评估的指南，该标准可以帮助机构识别、评估和管理网络安全风险。

2022 年 10 月，新版 ISO/IEC 27001 发布，机构一方面可参考该标准建立机构内部的网络安全管理体系，另一方面可以选择经认可的第三方认证机构，进行审核认证，以确保其网络安全管理体系符合 ISO 27000 标准，获得认证证书，从而提高机构在行业、合作伙伴、客户中的信任度和声誉。

2.《信息技术安全评估通用准则》

《信息技术安全评估通用准则》（简称 CC 标准）是评估信息技术产品和系统安全性的国际通用准则，是信息技术安全性评估结果国际互认的基础。

CC 标准是 ISO 在美国和欧洲等国分别自行推出并实践测评准则及标准的基础上，通过相互间的总结和互补发展起来的。1985 年，美国国防部公布《可信计算机系统评估准则》（TCSEC）即橘皮书，1991 年法、英、荷、德等 4 国公布《信息技术安全评估准则》

（ITSEC），1993 年，加拿大公布《加拿大可信计算机产品评估准则》（CTCPEC），同年，美国公布《美国信息技术安全联邦准则》（FC）。1996 年，TCSEC、ITSEC、CTCPEC、FC 标准涉及的 6 个国家联合发布《信息技术安全性评估通用准则》（CC）的 1.0 版本，1998 年，发布 CC 标准 2.0 版本。1999 年 12 月，ISO 接受 CC 2.0 版本为 ISO/IEC 15408 标准，并正式发布。2022 年 11 月，ISO/IEC 15408 的第四个版本发布。

我国参考 TCSEC 于 1999 年发布《计算机信息系统 安全保护等级划分准则》（GB 17859—1999），等同采用 ISO/IEC 15408 标准发布《网络安全技术 信息技术安全评估准则》（GB/T 18336—2024）。

CC 标准定义了安全功能要求（SFR）和安全保证要求（SAR）两类要求，SFR 是信息技术产品和系统具备的安全功能，SAR 是为保证安全功能实现的正确性所需要的活动。同时，CC 标准预定义了 7 个保障等级，从 EAL1 到 EAL7，数字越大代表级别越高。

机构可以依据 CC 标准中保护配置文件（PP）指定的 SFR 和 SAR，实施和声明其信息产品和系统的安全属性，并通过第三方认证机构的评估，从而获得 CC 等级认证。

1.3.3 我国主要标准

1. 网络安全等级保护标准

为了配合《网络安全法》的实施和落地，指导机构按照网络安全等级保护制度的新要求，履行网络安全保护义务。2018 年以来，国家相继完成《信息安全技术 网络安全等级保护测评过程指南》（GB/T 28449—2018）、《信息安全技术 网络安全等级保护安全管理中心技术要求》（GB/T 36958—2018）、《信息安全技术 网络安全等级保护测评机构能力要求和评估规范》（GB/T 36959—2018）、《信息安全技术 网络安全等级保护测试评估技术指南》（GB/T 36627—2018）、《信息安全技术 网络安全等级保护基本要求》（GB/T 22239—2019）、《信息安全技术 网络安全等级保护安全设计技术要求》（GB/T 25070—2019）、《信息安全技术 网络安全等级保护测评要求》（GB/T 28448—2019）、《信息安全技术 网络安全等级保护定级指南》（GB/T 22240—2020）、《信息安全技术 网络安全等级保护实施指南》（GB/T 25058—2019）等标准的编制/修订和发布，构成了等级保护 2.0 标准体系。

《信息安全技术 网络安全等级保护实施指南》（GB/T 25058—2019）规定，等级保护的基本流程包括等级保护对象定级与备案阶段、总体安全规划阶段、安全设计与实施阶段、安全运行与维护阶段和定级对象终止阶段。

对于一个机构而言，在等级保护对象定级与备案阶段，首先通过收集分析等级保护对象的有关信息，整理确定等级保护对象的业务及服务范围，合理划分确定定级对象。然后，依据行业/领域定级指导意见等有关文件要求和《信息安全技术 网络安全等级保护定级指南》（GB/T 22240—2020），确定定级对象的安全保护等级，形成定级报告，并组织进行专家评审，报主管部门审核。最后，整理相关备案材料，将定级结果提交公安机关进行备案审核。

完成等级保护对象定级与备案后，机构需要按照等级保护对象的定级等级，对照《信

息安全技术 网络安全等级保护基本要求》（GB/T 22239—2019）中相应等级的保护要求，确定等级保护对象安全需求，设计合理的、满足等级保护要求的总体安全方案，并制定出安全实施计划，以指导后续等级保护对象安全建设工程实施。

完成等级保护对象总体安全规划后，机构需要进行安全方案详细设计，并通过建设项目实施落地。在进行安全方案详细设计时，机构可参考《信息安全技术 网络安全等级保护安全设计技术要求》（GB/T 25070—2019）进行技术措施设计，结合等级保护对象实际安全管理需要和技术建设内容，确定管理措施建设的范围和内容。

完成等级保护对象安全建设实施后，以及在运行与维护阶段，机构应按规定定期开展网络安全等级保护测评，确保等级保护对象的安全保护措施符合相应等级的安全要求。机构可参考《信息安全技术 网络安全等级保护测评要求》（GB/T 28448—2019）进行对照检查，可参考《信息安全技术 网络安全等级保护测评过程指南》（GB/T 28449—2018）对第三方测评机构的工作进行要求和评价。

2. 关键信息基础设施安全保护标准

《网络安全法》和《关保条例》均明确，关键信息基础设施在网络安全等级保护的基础上，实行重点保护。因此，有必要在网络安全等级保护系列标准的基础上，提出关键信息基础设施安全保护要求。2023 年 5 月 1 日，《信息安全技术 关键信息基础设施安全保护要求》（GB/T 39204—2022）正式实施。《关键信息基础设施边界确定方法》等相关标准正在编制中。

对于机构是关键信息基础设施运营者的，需要落实网络安全等级保护制度相关要求，从安全管理制度、安全管理机构、安全管理人员、安全通信网络、安全计算环境、安全建设管理、安全运维管理、供应链安全保护、数据安全防护等方面进行安全防护，落实事件处置制度、应急预案和演练、响应和处置、重新识别等要求，加强分析识别、检测评估、监测预警、主动防御等方面的建设。

一是围绕关键信息基础设施承载的关键业务，开展关键业务对外部业务的依赖性、重要性识别，梳理关键业务链。建立关键业务链相关的网络、系统、数据、服务和其他类资产的资产清单，确定资产防护的优先级。对关键业务链开展安全风险分析，识别关键业务链各环节的威胁性、脆弱性，确定风险处置优先级。

二是每年至少进行一次对关键信息基础设施安全性和可能存在风险的检测评估。应针对特定的业务系统或系统资产，采取模拟网络攻击方式，检测关键信息基础设施在面对实际网络攻击时的防护和响应能力。

三是建立并落实常态化检测预警、快速响应机制。对网络边界、网络出入口等关键节点和关键业务所涉及的系统进行监测，并采用自动化措施对不同来源、不同区域的各类信息进行关联、整合，分析整体安全态势。当发现可能危害关键业务的迹象时，进行自动报警，并自动采取相应措施。在综合分析、研判后，必要时生成内部预警信息。

四是通过采取收敛暴露面、发现阻断、攻防演练、威胁情报等主动措施，有效提升对网络威胁与攻击的识别、分析、处置等防御能力。

3. 商用密码标准

截至目前，密标委已发布商用密码相关标准 100 多项，从技术角度归类，可分为密码基础类、密码产品类、基础设施类、应用支撑类、密码应用类、密码管理类和检测认证类，如图 1-2 所示。

图 1-2　商用密码标准体系框架

机构在进行网络安全建设时，应将密码技术作为重要的措施之一，采用商用密码进行防护。目前，我国已制定发布 SM1、SM2、SM3、SM4、SM7、SM9、祖冲之密码算法（ZUC）等商用密码算法。其中 SM1、SM4、SM7、ZUC 是对称算法；SM2、SM9 是非对称算法；SM3 是哈希算法。我国商用密码算法与国外密码算法对应关系如图 1-3 所示。

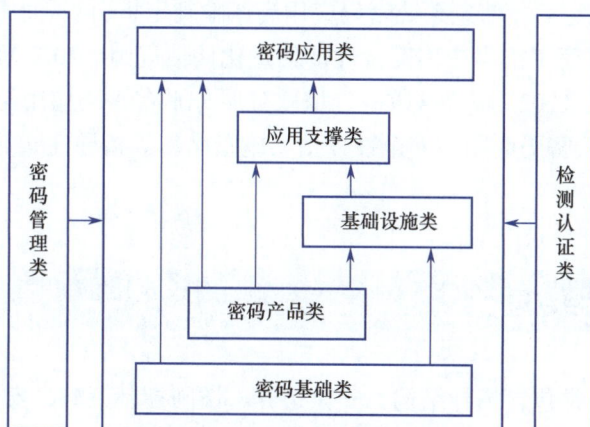

图 1-3　SM 系列密码分类及与国际商密算法对应关系

在进行商用密码建设时，机构应遵循国家标准《信息安全技术 信息系统密码应用基本要求》（GB/T 39786—2021）进行规划、设计、建设，确保合规、正确、有效应用密码。

首先，机构应按照业务实际情况确定相应级别的密码保障能力，然后，从物理和环境安全、网络和通信安全、设备和计算安全、应用和数据安全等四个方面进行密码技术保障能力建设，从管理制度、人员管理、建设运行、应急处置等四个方面进行密码管理保障能力建设。

此外，机构也可参考《信息安全技术 信息系统密码应用测评要求》(GB/T 43206—2023)、《信息系统密码应用测评过程指南》(GM/T 0116—2021)等标准，及中国密码学会密评联委会组织制定的《信息系统密码应用高风险判定指引》《商用密码应用安全性评估FAQ（第三版）》《商用密码应用安全性评估量化评估规则（2023版）》《商用密码应用安全性评估报告模板（2023版）》《政务领域政务服务平台密码应用与安全性评估实施指南》《政务领域政务云密码应用与安全性评估实施指南》等指导性文件，更好地理解和掌握商用密码应用要求。

1.4 网络安全架构

网络安全架构通常包含拓扑结构、安全边界、访问控制策略、安全传输协议等部分，旨在帮助机构了解与管理面临的网络安全风险，保护机构的网络系统不受恶意攻击或故障影响，同时防止机构的关键信息资产损失或泄露。网络安全架构的规划与部署直接影响网络整体安全防护的效果。

本节综合考虑安全架构的实用性、独特性、知名度等因素，挑选国内外常见的10个网络安全架构，按照提出的时间顺序依次介绍各网络安全架构的组成要素及主要功能与特点，并详细阐述我国网络安全保护体系架构的具体内容，提出由网络安全管理体系、网络安全技术体系、网络安全运营体系、网络安全保障体系组成的网络安全建设与运营架构，简要介绍各体系的内容以及体系间的关系。

1.4.1 常见网络安全架构

1. COSO 内部控制框架

美国反欺诈财务报告委员会下属的发起人委员会（The Committee of Sponsoring Organizations of the Treadway Commission, COSO）于1992年首次提出COSO内部控制框架，并于2013年推出最新版本。COSO内部控制框架具有全面性、有效性和普遍性等特点，长期以来一直作为建立旨在提高效率、降低风险、帮助保证财务状况报表可信性、遵从法律法规的内部控制框架的蓝本，在全球范围内得到了广泛的应用。

COSO内部控制框架用以描述机构的内部控制系统，框架的三维模型图如图1-4所示。模型的侧面表示机构内部的组织结构，包括机构层面、分支机构、业务单元、职能部门；模型的顶部表示内部控制的三类目标：运营、报告、合规；模型的正前方表示内部控制的五个关键要素：控制环境、风险评估、控制活动、信息与沟通、监控活动。各要素具体内容如下：

（1）控制环境

控制环境是所有其他组成要素的基础，具体包括以下内容。

① 诚信和道德价值观

② 致力于提高员工工作能力及促进员工职业发展的承诺

③ 董事会和审计委员会

④ 管理层的理念和经营风格

⑤ 组织结构，包括定义授权和责任的关键领域以及建立适当的报告流程

⑥ 权限及职责分配

⑦ 人力资源政策及程序

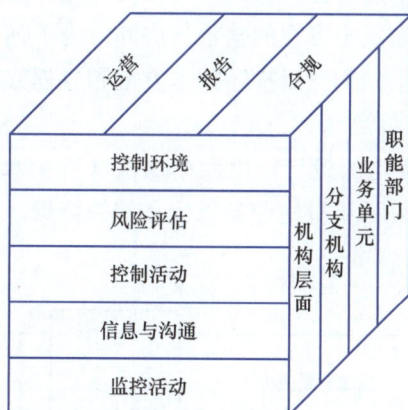

图 1-4　COSO 内部控制框架的三维模型图

（2）风险评估

风险评估具体包括以下步骤。

① 设立目标

② 识别与上述目标相关的风险

③ 评估上述被识别风险的后果和可能性

④ 根据风险评估的结果，考虑采取适当的控制行动

（3）控制活动

控制活动指为确保管理层指示得以执行而削弱风险的政策和程序，有助于相关人员采取必要措施来管理风险，以实现机构目标。控制活动贯穿于机构的所有层次和部门，包括一系列不同的活动，如批准、授权、查证、核对、复核经营业绩、资产保护以及职责分工等。

（4）信息与沟通

信息系统不仅处理内部资料，而且还处理形成机构决策和外部报告所必须的外部事件、行为和条件的信息。有效的交流应涉及机构的各个方面。所有机构人员都要从高级管理层获得明确的信息，了解各自在内部控制框架中的作用，以及个人的行为如何与其他人的工作建立联系。此外，还应与顾客、供应商、监管者和股东等机构外部人员保持长期有效的沟通。

（5）监控活动

评估系统在一定时期内运行质量的过程。这一过程通过持续的监控与独立的评估来实现。持续的监控行为发生在经营的过程中，包括日常管理和监管行为。独立评估的范围和频率主要依赖于风险评估和持续监控程序的有效性。内部控制的缺陷应自下而上进行报告，重要事项应报知高层管理人员和董事会。

2. 舍伍德商业应用安全架构

舍伍德商业应用安全架构（Sherwood Applied Business Security Architecture, SABSA）是一个基于风险和机会的业务驱动企业安全框架，于 1996 年被首次提出。在该架构提出前，大多数安全方案都具有单点特性，即只针对特定问题构建方案，而忽视企业、组织宏观业务需求，同时忽略与其他安全方案的整合与协同。为了弥补这一缺陷，需要开发一个以业务为驱动的企业安全体系结构，以描述技术方案和过程方案之间的结构化联系，进一步满足业务的长期需求。

SABSA 遵循 Zachman 架构的设计，由六个层次（五个水平面和一个垂直面）组成。五个水平层次由上到下，代表了从机构业务目标和相关背景，到安全实践落地的上下级级联设计思路，如图 1-5 所示。

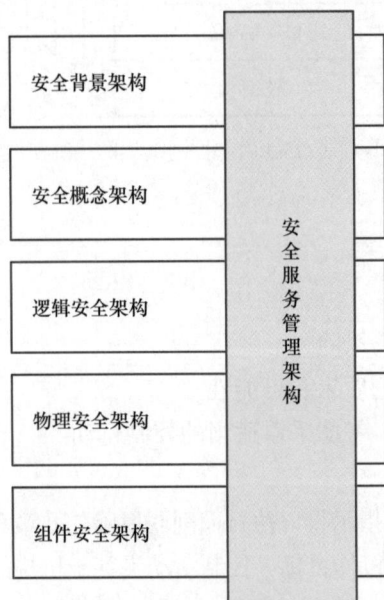

图 1-5　Zachman 架构模型

（1）安全背景架构—业务视图：从机构业务规划和决策角度，为安全建设提供输入。

（2）安全概念架构—架构师视图：架构师在概念层面设计架构，满足机构业务需求。本层采用宽泛的描述，定义原则和基本概念，指导在较低的抽象层选择和组织逻辑和物理元素。

（3）逻辑安全架构—设计师视图：根据上层描述，通过工程化可实现方式，在逻辑层面进行转述和表达，定义主要的体系结构安全元素，并描述控制的逻辑流程以及逻辑元素之间的关系。

（4）物理安全架构—建造者视图：设计者将开发过程移交给建造者。建造者采用逻辑描述和图形的形式，将其转换为可用于构建系统的技术组件。

（5）组件安全架构—技术人员视角：技术人员将技术组件按照各组件功能与上层的设计逻辑进行组合。

（6）安全服务管理架构—管理者视角：管理架构的设计交付及架构提供的各种服务，使架构处于良好状态，监视架构在满足要求方面的执行情况并将情况报告给高级管理层。管理架构与所有其他体系结构层相关，在结构上与每一层相连。

SABSA 是一套信息系统安全架构框架，以业务视角作为起点，从 6 个层面提供了机构信息系统安全架构的完整解决方案，总结了信息化或业务建设中各层面需求，并进行归类和列举。SABSA 的最新版本更新于 2018 年，各层的关键元素如表 1-1 所示。

表 1-1　SABSA 各层关键元素

	资产	动机	过程	人	地点	时间
背景层	业务目标与决策	业务风险	业务元过程	业务治理	业务地理布局	业务时间依赖性
概念层	业务价值与知识战略	风险管理策略与目标	过程保证策略	安全实体模型与信任框架	安全域框架	时间管理框架
逻辑层	信息资产	风险管理策略	流程图与服务	信任关系	安全域映射关系	日历与时间表
物理层	数据资产	风险管理实践	过程机制	人机界面	基础设施	进程调度
组件层	组件资产	风险管理组件及标准	过程组件及标准	人类实体组件及标准	定位器组件及标准	步骤计时排序组件及标准
管理层	业务连续性管理	运营风险管理	进程管理	应用程序与用户管理	环境管理	时间与绩效管理

SABSA 是一套开放的架构，将不同的信息安全标准方法进行整合，形成一个端到端的安全解决方案，并与其他标准（如 TOGAF 和 ITIL）无缝结合，填补了安全架构和安全服务管理之间的空隙。

3. P2DR 模型

P2DR（Policy, Protection, Detection, Response）模型是美国 ISS 公司于 20 世纪 90 年代末提出的一种动态安全模型。在整体的安全策略的控制和指导下，P2DR 模型综合运用防火墙、操作系统身份认证、加密等防护工具进行防护，利用检测工具（如漏洞评估、入侵检测等）了解和评估系统的安全状态，并通过适当的响应机制将系统调整到最安全和风险最低的状态。防护、检测和响应组成了一个完整的、动态的安全循环，在安全策略的指导下保证信息系统的安全，P2DR 模型结构如图 1-6 所示。

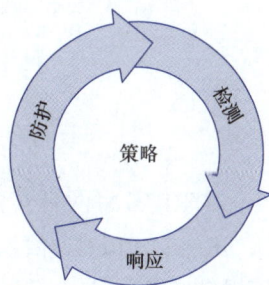

图 1-6　P2DR 模型结构

P2DR 模型包括四个主要部分：安全策略（Policy）、防护（Protection）、检测（Detection）和响应（Response）。

（1）策略：定义系统的监控周期，确立系统恢复机制，制定网络访问控制策略，明确系统的总体安全规划和原则。

（2）防护：通过修复系统漏洞、正确设计开发和安装系统来预防安全事件的发生；通过定期检查发现可能存在的系统脆弱性；通过访问控制、监视等手段防止恶意威胁。采用的防护技术通常包括数据加密、身份认证、访问控制、授权和虚拟专用网（Virtual Private Network，VPN）技术、防火墙、安全扫描和数据备份等。

（3）检测：是动态响应和加强防护的依据，通过不断地检测和监控网络系统，来发现新的威胁和弱点，并通过循环反馈来及时做出有效的响应。当攻击者穿透防护系统时，检测功能可与防护系统形成互补，提高机构的防御效率。

（4）响应：在发生安全事件时，快速响应并采取适当的行动。具体包括隔离受感染的系统、恢复数据、修复漏洞、收集证据和通知相关方等。有效地响应可以降低损失，并帮助机构从安全事件中恢复过来。

4. STRIDE 威胁模型

STRIDE（Spoofing, Tampering, Repudiation, Information disclosure, Denial of service, Elevation of privilege）威胁模型由 Microsoft 公司于 1999 年提出，是一种以开发人员为中心的威胁建模方法，通过此方法可识别对应用程序造成影响的威胁、攻击、漏洞，进而采取相应防护措施，以降低机构网络安全风险。其模型结构如图 1-7 所示。

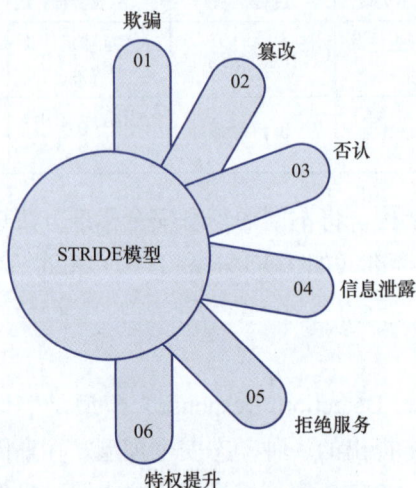

图 1-7 STRIDE 威胁模型结构

STRIDE 将网络安全威胁分为 6 类，分别是欺骗（Spoofing）、篡改（Tampering）、否认（Repudiation）、信息泄露（Information disclosure）、拒绝服务（Denial of service）与特权提升（Elevation of privilege）。每种威胁的具体描述如下：

（1）欺骗

行为涉及非法访问并使用其他用户的身份验证信息，例如用户名和密码。欺骗攻击包括 Cookie 重放攻击、会话劫持和跨站点请求伪造攻击等。可使用安全的用户身份验证方法来防范欺骗攻击，包括安全密码要求和多因素身份验证等。

（2）篡改

对数据进行恶意修改，破坏应用程序的完整性。包括未经授权更改持久保存的数据、更改通过开放网络在两台计算机之间传输的数据等行为。跨站点脚本、SQL（Structured Query Language）注入等都属于篡改攻击。

（3）否认

指用户拒绝执行某个操作，但其他操作方无法证实这种拒绝无效。例如，某个用户在无法跟踪受禁操作的系统中执行非法操作。否认攻击利用系统无法正确跟踪和记录用户操作的缺陷来操纵或伪造新的、未经授权的操作的标识，或将错误数据记录到日志文件中，影响系统的正常运行。

（4）信息泄露

指将信息泄露给无权访问它的访问者。信息泄露可能来自应用程序中留下的开发人员备注、提供参数信息的源代码或包含过多细节的错误消息，攻击者可能利用这些信息来获取用户数据、敏感的商业或业务数据以及有关应用程序及其基础架构的技术细节等内容。

（5）拒绝服务

让目标机器拒绝向有效用户提供服务。攻击方式包括消耗网络带宽、连通性攻击、利用协议缺陷等。拒绝服务攻击的目的是迫使服务器的缓冲区满，不接收新的请求，或者使用 IP 欺骗，迫使服务器把非法用户的连接复位，影响合法用户的连接。

（6）特权提升

无特权用户非法获取访问权限。攻击者通常利用程序中的漏洞和错误配置来获取或提升访问权限，从而入侵或破坏整个系统。

5. 攻击树威胁模型

攻击树（Attack Trees）是 Schneier 于 1999 年提出的一类威胁模型，提供了一套正式且条理清晰的建模方法来描述系统所面临的安全威胁及可能遭受的多种攻击。攻击树通过树形结构来表示系统面临的攻击，通常包括一个根节点、若干个子节点和叶节点。根节点表示攻击者的最终目标，子节点表示攻击者达成目标的不同途径，叶节点表示攻击者为达成目标所需要执行的具体任务。攻击树的一个示例如图 1-8 所示。攻击树的构建包括以下几个步骤：

（1）确定攻击者的最终目标，如破坏系统、窃取数据等。

（2）将最终目标分解为多个子目标，每个子目标表示达成上一层目标的其中一条途径，包含一个或多个具体任务，攻击者需要完成这些任务来达成对应的子目标。

（3）组合所有目标与任务节点，构建攻击树模型。

攻击树具有结构化、可重用的特点，对攻击所需的步骤进行分层表示，每一条从根节点到叶节点的路径表示一次完整的攻击过程。树中每条路径都是唯一的，并且设计中不存在循环。对于复杂的系统，还可以为每个组件单独构建攻击树。管理员通过构建攻击树来制定安全决策，确定系统是否容易受到攻击以及评估特定类型的攻击。

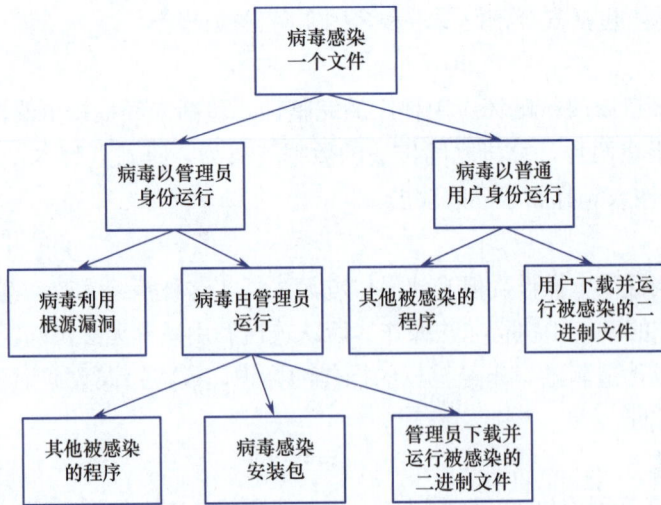

图 1-8 攻击树的一个示例

攻击树应用在具体实例中时，其结构可能变得庞大而复杂，一个完整的攻击树很可能包括成百上千的叶节点。即便如此，攻击树也可以在很大程度上帮助安全人员找出系统存在的威胁，制定应对攻击的方案。攻击树通常与其他技术与框架结合使用，如 STRIDE，CVSS 和 PASTA 模型等。

6. WPDRRC 模型

WPDRRC（Warning, Protection, Detetion, Response, Recovery, Counterattack）安全模型是我国"八六三"信息安全专家组于 2002 年在 PDR 模型、P2DR 模型及 PDRR（Protection, Detection, Response, Recovery）等模型的基础上提出的，适合我国国情的网络动态安全模型。WPDRRC 在 PDRR 模型的前后增加了预警和反击功能，其整体结构如图 1-9 所示。

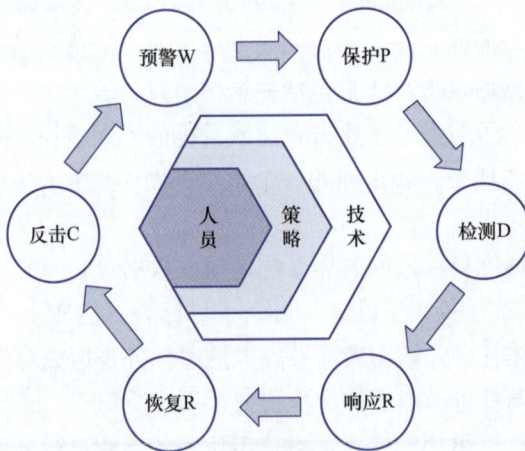

图 1-9 WPDRRC 模型整体结构

WPDRRC 模型有 6 个环节和 3 大要素。6 个环节包括预警、保护、检测、响应、恢复和反击，它们具有较强的时序性和动态性，能够较好地反映出信息系统安全保障体系的预警能力、保护能力、检测能力、响应能力、恢复能力和反击能力。3 大要素包括人员、策略和技术。3 大要素落实在 WPDRRC 模型 6 个环节的各个方面，将安全策略变为安全现实。

　　WPDRRC 模型的特点是全面地涵盖了各个安全因素，突出了人、策略、管理的重要性，反映了各个安全组件之间的内在联系。该模型强调了预警和反击在信息安全保障体系中的重要作用，通过加强预警和反击能力，可以更好地应对各种网络攻击和数据泄露事件。此外，WPDRRC 模型还强调了人员的重要性，认为人员是核心，策略是桥梁，技术是保证。在实施 WPDRRC 模型的过程中，需要将安全策略变为安全现实，通过人员、策略和技术三个要素的有机结合，实现信息系统的全面安全保障。

7. 攻击模拟和威胁分析流程模型

　　攻击模拟和威胁分析流程（Process for Attack Simulation and Threat Analysis, PASTA）是 VerSprite Security 公司在 2012 年开发的以风险为中心的威胁建模方法，它提供了一个循序渐进的过程，从一开始就将风险分析和环境信息加入机构的整体安全策略中。PASTA 包含七个阶段，每个阶段包含了多个任务，如图 1-10 所示。

图 1-10　PASTA 模型

（1）定义目标

目标可分为内部驱动、外部驱动及用户驱动。主要任务包括业务目标与安全合规要求的确定以及业务影响分析。

（2）定义技术范围

通过定义技术范围来了解机构的攻击面，从而明确保护对象。主要任务包括获取技术环境的边界及设备、应用程序、软件的依赖性。

（3）分解应用程序

围绕机构内所有事物间的组合关系构建隐式信任模型。具体任务包括确定用例、资产、服务、角色等信息，定义应用程序入口及信任等级，生成数据流图与信任边界等。

（4）威胁分析

对威胁进行分析，了解应用程序行为及威胁类型。主要任务包括概率攻击场景分析、安全事件回归分析、威胁情报相关性与分析等。

（5）脆弱性分析

将应用程序的漏洞与资产相关联，找出系统存在的风险与缺陷。主要任务包括漏洞报告查询、问题追踪、威胁映射、设计缺陷分析、漏洞评分等。

（6）攻击建模

针对网络攻击建立概率模型。主要任务包括攻击面分析、攻击树开发、攻击库管理、漏洞利用分析等。

（7）风险与影响分析

整合前 6 个阶段的信息，制定风险管理对策。主要任务包括业务影响定性与定量、应对措施识别、剩余风险分析等。

PASTA 致力于使技术安全要求与业务目标保持一致，在不同阶段使用了多种设计和启发工具，与其他传统威胁建模框架相比，具有较高的可扩展性与可用性，并且能够从攻击者角度，充分利用机构内部的现有流程对威胁进行分析。

8. 自适应安全架构

自适应安全架构（Adaptive Security Architecture, ASA）是 Gartner 于 2014 年提出的面向下一代的安全体系框架，以应对新时代网络安全所面临的严峻形势。2017 年，Gartner 在 1.0 的基础上进行扩展，提出了 ASA2.0 与 3.0 两个版本，目前国内机构主要用的是 2.0 版本。ASA 从预测、防御、检测、响应四个维度，强调安全防护是一个持续处理的、循环的过程，细粒度、多角度、持续化地对安全威胁进行实时动态分析，自动适应不断变化的网络和威胁环境，并不断优化自身的安全防御机制。ASA 整体架构如图 1-11 所示。

（1）防御：指一系列可以用于防御攻击的策略集、产品和服务。关键目标是通过减少攻击面来提升攻击门槛，并在受影响前拦截攻击动作。

（2）检测：用于发现未被成功防御的网络攻击，关键目标是降低网络攻击的威胁程度以及减少其他潜在的损失。

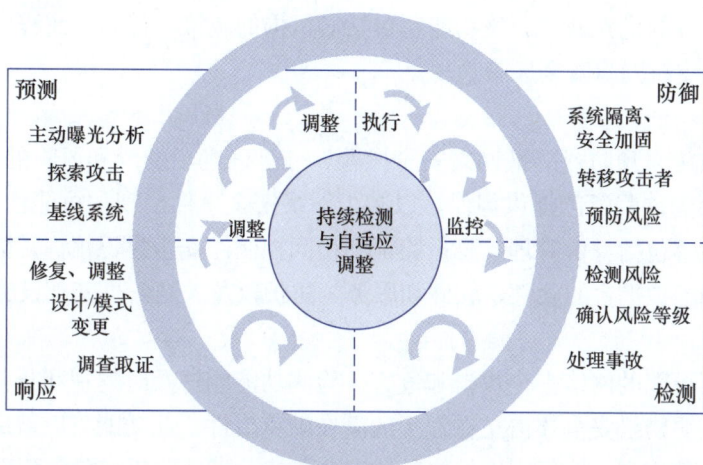

图 1-11　ASA 整体架构

（3）响应：用于调查和补救被检测分析功能（或外部服务）查出的网络安全威胁，并提供入侵认证和攻击来源分析，帮助机构采取新的预防手段避免事故发生。

（4）预测：通过防御、检测、响应结果不断优化基线系统，不断提高对未知、新型攻击的预测精度，并将预测结果反馈到防御、检测与响应功能中，从而构成整个处理流程的闭环。

9. NIST 网络安全框架

NIST 网络安全框架是美国国家标准与技术研究院（National Institute of Standards and Technology, NIST）于 2014 年提出的一种信息安全管理框架，旨在帮助机构建立和维护有效的信息安全管理系统。该框架的 1.1 版本包括五个核心功能：识别、保护、检测、响应和恢复，在 2024 年推出的 2.0 版本中增加了第六个功能——治理，之前的五个功能围绕该功能展开。其整体结构如图 1-12 所示。

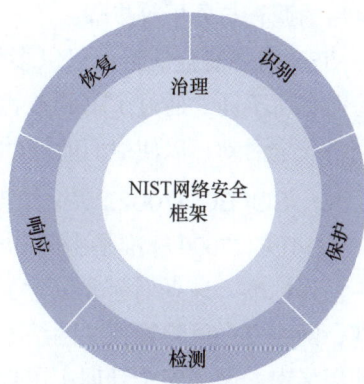

图 1-12　NIST 网络安全框架的整体结构

（1）治理

建立、传达和监控机构的网络安全风险管理战略、期望和政策。治理的目的是告知机构可以采取哪些行动来实现其他五个功能的成果，并确定行动优先顺序。治理活动对于将网络安全纳入机构更广泛的风险管理战略至关重要，能够帮助机构建立网络安全战略和网络安全供应链风险管理，确定角色、职责和权限，制定相关政策以及对反垄断战略的监督。

（2）识别

了解当前存在的网络安全风险。了解机构的资产（例如，数据、硬件、软件、系统、设施、服务、人员）、供应商和相关的网络安全风险，根据机构的风险管理战略和任务需求确定各工作任务的优先顺序。该功能还包括对机构的政策、计划、流程、程序和实践流程进行改进，以支持网络安全风险管理。

（3）保护

采取安全措施来预防或降低网络安全风险。一旦确定了资产和风险的名单与优先级，保护功能就能够为这些资产提供担保，以减少网络安全事件出现的可能性和造成的影响。该功能涵盖的内容包括身份管理、身份验证和访问控制，安全意识培训，数据安全与平台安全（即物理和虚拟平台的硬件、软件和服务）防护以及关键信息基础设施的保护等。

（4）检测

查找并分析可能的网络安全攻击和危害。检测功能能够及时发现和分析异常、危害指标和其他可能表明网络安全攻击正在发生的潜在不良事件。此功能可以帮助机构实现及时的威胁检测和事件响应。检测措施具体包括安全监控、事件响应和漏洞管理等。

（5）响应

对检测到的网络安全事件采取行动。响应功能为机构提供了控制网络安全事件影响的能力，能够帮助机构快速响应安全事件，最小化事件对业务的影响。具体包括事件管理、分析、缓解、报告和沟通等流程。

（6）恢复

恢复受网络安全事件影响的资产和操作。恢复功能能帮助机构及时恢复信息系统的正常运行，减少突发安全事件的影响。具体包括制定并实施恢复计划、评估事件影响、进行恢复后的调查与分析等步骤。

NIST 网络安全框架可以以多种不同的方式使用，它的使用将根据机构的独特使命和风险而有所不同。通过了解利益相关者的期望、风险偏好和容忍度，机构可以优先考虑某些网络安全活动，以使他们能够就网络安全支出和行动做出明智的决定。

10. ISO/IEC 27002:2022 框架

ISO/IEC 27000 标准是由国际标准化组织（ISO）及国际电工委员会（IEC）联合制定的一系列标准，该系列标准包含了网络安全管理体系概述和词汇、网络安全管理体系实施指南、网络安全风险管理、网络安全管理系统验证机构认证规范、网络安全管理体系规范与使用指南、网络安全管理实用规则等一系列的网络安全管理系统领域中的风险及相关管控。2022 年 2 月，ISO 发布了 ISO/IEC 27002:2022 信息安全、网络安全和隐私保护—信息安全控制标准，作为组织根据信息安全管理体系认证标准制定和实施信息安全控制措施的指南。2022 版的主要变化如下：

（1）加强对业务连续性的支持。

（2）加强云环境、云服务的安全管理。

（3）加强个人数据、隐私数据等敏感数据的安全管理。

（4）提高自动化技术水平和利用自动化工具。

参照该标准所制定的 ISO/IEC 27002:2022 框架，由组织控制、人员控制、物理控制和技术控制 4 大主题以及各主题下共计 93 个控制项组成，每一个控制项都包括控制、目的、指南和其他信息等部分，用于描述该控制项的内容以及关注的要点。此外该框架还对控制项进行了属性细分，包括控制类型、信息安全、网络安全、运营能力和安全域等 5 个属性。其框架如图 1-13 所示。

组织控制	人员控制
物理控制	技术控制

属性：控制类型、信息安全、网络安全、运营能力、安全域

图 1-13　ISO/IEC 27002:2022 框架

2022 版的框架简单且内容详实，易于机构对网络安全控制进行分类，同时增加了控制的属性，可用来实现特定主题的划分和选择，针对性更强，以帮助机构加强网络安全控制方案的实施，支撑网络安全策略的执行。

1.4.2　我国网络安全保护体系架构

1. 网络安全等级保护体系架构

网络安全等级保护对象通常是指由计算机或者其他信息终端及相关设备组成的，按照一定的规则和程序对信息进行收集、存储、传输、交换、处理的系统，根据其在国家安全、经济建设、社会生活中的重要程度，遭到破坏后对国家安全、社会秩序、公共利益以及公民、法人和其他组织的合法权益的危害程度等，由低到高划分为五个安全保护等级。网络安全等级保护是国家网络安全工作的基本制度，是实现国家对重要网络、信息系统、数据资源实施重点保护的重大措施，是维护国家关键信息基础设施的重要手段。

随着信息技术的发展，我国等级保护标准体系由 1.0 升级至 2.0，等级保护对象已经从狭义的信息系统，扩展到网络基础设施、云计算平台/系统、大数据平台/系统、物联网、工业控制系统、采用移动互联技术的系统等，基于新技术和新手段提出新的分等级的技术防护机制和完善的管理手段，是等级保护 2.0 标准体系的重点内容。等级保护 2.0 标准体系的具体特点如下：

（1）对象范围为等级保护对象，具体包括基础信息网络、云计算平台/系统、大数据应用/平台/资源、物联网（IoT）、工业控制系统和采用移动互联技术的系统等。

（2）针对云计算、移动互联、物联网、工业控制系统及大数据等新技术和新应用领域提出新要求，形成了安全通用要求加新应用安全扩展要求构成的标准要求内容。

（3）采用"一个中心，三重防护"的防护理念和分类结构，强化了建立纵深防御和精细防御体系的思想。

（4）强化密码技术和可信计算技术的使用，把可信验证列入各个级别并逐级提出各个环节的主要可信验证要求，强调通过密码技术、可信验证、安全审计和态势感知等建立主动防御体系。

基于等级保护 2.0 标准体系，我国设计了网络安全等级保护体系，其架构如图 1-14 所示。在遵循该架构的前提下，可采取以下具体措施来确保网络安全等级保护工作的有效

开展：

（1）明确等级保护对象及对应的安全保护等级。

（2）确定等级保护对象的安全保护等级后，根据不同对象的安全保护等级完成安全建设或安全整改工作。

（3）针对等级保护对象特点建立安全技术体系和安全管理体系，构建具备相应等级安全保护能力的网络安全综合防御体系。

（4）依据国家网络安全等级保护政策和标准，开展组织管理、机制建设、安全规划、安全检测、通报预警、应急处置、态势感知、能力建设、技术检测、安全可控、队伍建设、教育培训和经费保障等工作。

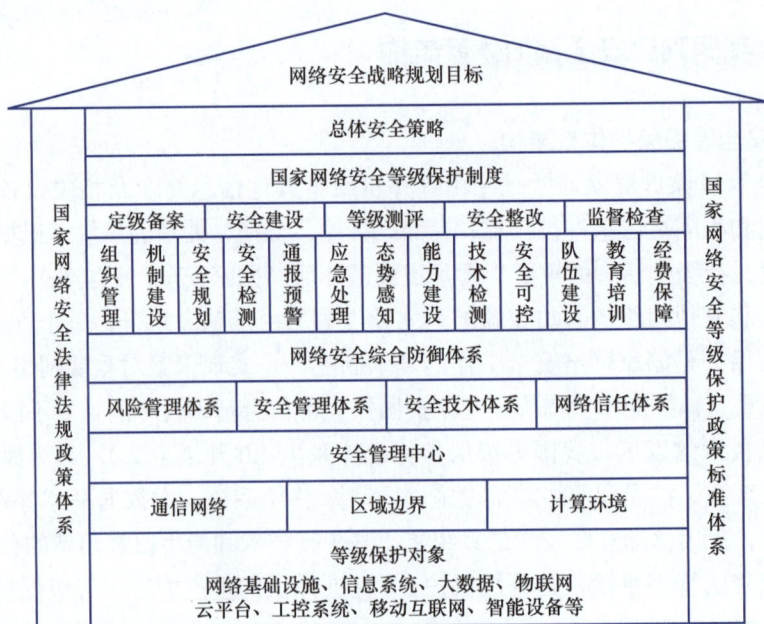

图 1-14　网络安全等级保护体系架构

2. 关键信息基础设施安全保护体系架构

我国在网络安全等级保护制度的基础上，对公共通信和信息服务、能源、交通、水利、金融、公共服务、电子政务等重要行业和领域，以及其他一旦遭到破坏、丧失功能或者数据泄露，可能严重危害国家安全、国计民生、公共利益的关键信息基础设施实行重点保护，并制定《关键信息基础设施安全保护条例》，建立以国家网信部门、国务院公安部、关键信息基础设施保护工作部门（以下简称"保护工作部门"）、关键信息基础设施运营者（以下简称"运营者"）为主体的关键信息基础设施安全保护体系架构。

（1）国家网信部门和国务院公安部等国家有关职能部门

国家网信部门负责统筹协调关键信息基础设施安全保护工作，在具有全局性、方向性、基础性的问题上发挥作用。

公安机关承担打击网络违法犯罪职能，负责指导监督关键信息基础设施安全保护工作。受理关键信息基础设施认定规则和关键信息基础设施目录备案，协助运营者开展安全背景审查，为保护工作部门提供技术支持和协助等方面。

除此之外，国家安全、保密行政管理、密码管理等部门依照《关键信息基础设施安全保护条例》和有关法律、行政法规的规定，在各自职责范围内负责关键信息基础设施安全保护和监督管理工作。

（2）保护工作部门

在关键信息基础设施保护体系中，保护工作部门是与运营者联系最密切、具体职责最丰富的行业主管、监管部门，负责制定关键信息基础设施的认定规则。保护工作部门需要结合本行业、本领域的实际情况和不同特点，综合考虑重要程度、破坏后的危害程度、与其他行业的关联性等因素，确定关键信息基础设施保护的具体对象，进而开展关键信息基础设施保护工作。

其次，保护工作部门是运营者的主要报告对象。在遇到影响关键信息基础设施认定结果的重大变化、年度网络安全检测和风险评估情况、发生重大网络安全事件和发现重大网络安全威胁、运营者发生合并/分立/解散等情况时，运营者需要向保护工作部门进行报告。

此外，保护工作部门还具有对关键信息基础设施的保障促进职能，包括在本行业、本领域制定关键信息基础设施安全规划、建立监测预警制度、建立健全应急预案、定期组织应急演练、组织开展检查检测等。

（3）省级人民政府有关部门

省级人民政府有关部门依据各自职责对关键信息基础设施实施安全保护和监督管理，根据条块管理的职责划分，在国家网信部门的统筹协调下，与国务院公安部、保护工作部门协调开展关键信息基础设施保护工作，并对本地区没有主管监管部门的运营者负指导监管责任。

（4）关键信息基础设施运营者

运营者依照《关键信息基础设施安全保护条例》和有关法律、行政法规的规定以及国家标准的强制性要求，在网络安全等级保护的基础上，采取技术保护措施和其他必要措施，应对网络安全事件，防范网络攻击和违法犯罪活动，保障关键信息基础设施安全稳定运行，维护数据的完整性、保密性和可用性。具体措施包括落实"同步规划、同步建设、同步使用"的安全要求、建立健全网络安全保护制度和责任制、设置专门安全管理机构、落实专门安全管理机构的各项职责、每年至少进行一次网络安全检测和风险评估、及时报告重大网络安全事件和网络安全威胁、优先采购安全可信的网络产品和服务、明确网络产品和服务提供者的技术支持和安全保密义务与责任等。

1.4.3　网络安全建设与运营架构

在信息化发展的初期，机构常依赖静态的控制清单和安全架构来应对网络安全威胁。

随着信息技术的发展，网络安全威胁变得更加频繁与复杂，传统网络防御策略已无法满足机构网络安全工作的需求。为了适应快速变化的数字服务和信息技术，确保网络安全策略能够灵活应对复杂多变的网络环境，机构需要以管理、技术与保障措施作为基础，构建网络安全建设与运营架构，以实现网络安全目标。本书将网络安全建设与运营分为网络安全管理体系、网络安全技术体系、网络安全运营体系和网络安全保障体系四个部分展开阐述，其架构如图 1-15 所示。

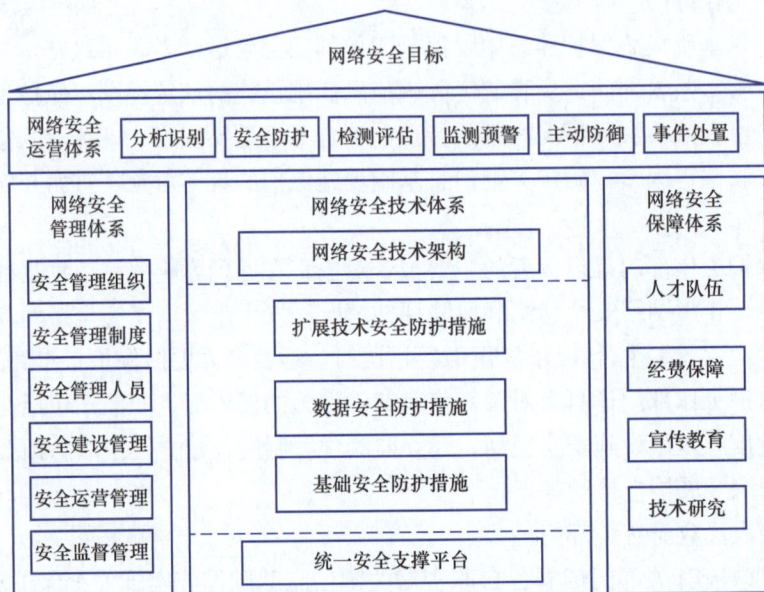

图 1-15　网络安全建设与运营架构

（1）网络安全管理体系涵盖网络安全策略、规程、指南以及相关资源和活动等，具体包括安全管理组织、安全管理制度、安全管理人员、安全建设管理、安全运营管理和安全监督管理等，是建立、实施、运行、监视、评审、维护和改进机构网络安全来实现业务目标的系统方法，旨在确保机构的网络安全各项措施遵守法律法规、符合有关规定，且能够有效控制网络安全风险。

（2）网络安全技术体系涵盖基础安全防护措施、数据安全防护措施、扩展技术安全防护措施，以及统一安全支撑平台等相关的网络安全设备与系统等，旨在为网络安全管理、运营与保障体系提供系统和工具支持，以预防、识别并抵御外来威胁与内部风险。

（3）网络安全运营体系涵盖分析识别、安全防护、检测评估、监测预警、主动防御与事件处置等主要环节，是统筹协调机构网络安全运营团队人员，按照网络安全管理要求，利用网络安全技术体系的系统和工具，开展网络安全治理的一系列持续活动的总称，旨在发现机构已存在或未来可能会出现的安全风险，并利用高效的安全防控措施来主动化解风险，以此不断改善机构的安全状况。

（4）网络安全保障体系涵盖一系列用于支撑网络安全建设、保障网络安全工作顺利开展的措施，具体包括人才队伍、经费保障、宣传教育、技术研究等方面，旨在为机构的网络安全管理体系、网络安全技术体系、网络安全运营体系提供支撑，为网络安全建设与运营提供人、财、物全方位保障。

四个体系相互支撑、相互促进，如图 1-16 所示。

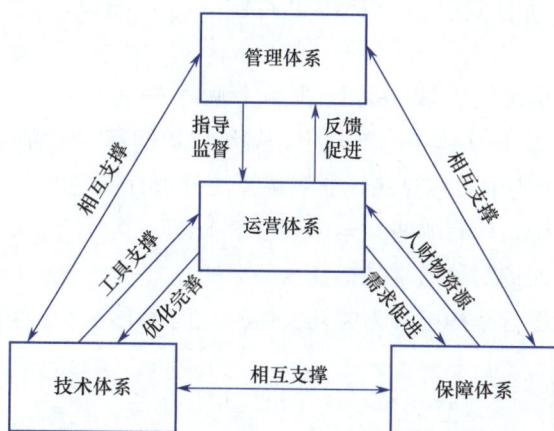

图 1-16　网络安全建设与运营各体系间的关系

网络安全管理体系通过制定和执行机构的网络安全策略、标准和流程，明确网络安全技术体系、网络安全运营体系和网络安全保障体系的制度规程，指导与监督各体系的工作。

网络安全技术体系通过技术手段为网络安全管理体系、网络安全运营体系和网络安全保障体系提供系统和工具的支撑。

网络安全运营体系将安全人员、安全技术、安全策略、安全制度和安全服务有机结合，有效串联原先相对分散、割裂的安全设备、安全管理以及安全服务。安全人员依据网络安全管理体系的标准制度、操作规范等内容，利用网络安全技术体系构建的安全组件及平台，针对资产安全、威胁预警、安全事件开展标准化、规范化、系统化的运营工作，并将结果反馈给各体系，促进各体系的完善与优化。

网络安全保障体系为网络安全管理体系、网络安全技术体系、网络安全运营体系提供人、财、物全方位支撑，确保各体系工作能持续有效开展。

习　题

1. 简述人类社会进入数字化时代前后所经历的三次数字化浪潮。
2. 什么是网络安全？
3. 网络安全威胁事件分为哪几类？
4. 简述我国《国家网络空间安全战略》的主要内容。

5.《网络安全法》提出，在网络安全保护方面国家实行_____制度。

6.《密码法》规定，我国密码分为哪几类，每一类分别保护用户哪些信息？

7.《关保条例》规定，机构的_____对关键信息基础设施安全保护负总责。

8.《网络安全审查办法》规定哪些情形需要申报网络安全审查？

9. _____对信息安全国家标准进行统一技术归口，统一组织申报、送审和报批。

10. 我国网络安全等级保护系列标准主要包括哪些？

11.《网络安全等级保护实施指南》规定，等级保护的基本流程有哪些阶段？

12. SM系列商用密码中对称算法、非对称算法分别有哪些？

13. 常见的网络安全架构有哪些？至少列举5个。

14. 网络安全等级保护对象通常是指什么？

15. 网络安全建设运营架构可分为哪几大体系？描述下各体系间的关系。

第 2 章

网络安全管理体系

本章介绍网络安全管理体系，帮助读者认识网络安全管理，深入理解实际工作中网络安全管理体系建设的主要内容，为读者开展网络安全管理体系设计建设、确定网络安全组织职责、编制网络安全制度规范等相关工作提供实践指导，为开展网络安全建设和运营管理提供参考。网络安全管理体系主要内容包括安全管理组织、安全管理制度、安全管理人员、安全建设管理、安全运营管理和安全监督管理。

2.1 安全管理体系设计与组成

网络安全管理体系是建立、实施、运行、监视、评审、维护和改进机构网络安全来实现业务目标的系统方法，由策略、规程、指南以及相关资源和活动组成。网络安全管理体系建设包括建立网络安全管理组织，制定与执行网络安全管理制度，加强机构的人员安全管理，健全网络安全建设、运营与监督方面的管理工作，旨在确保机构的网络安全各项措施遵守法律法规，符合有关规定，且能够有效控制机构的网络安全风险。

2.1.1 安全管理的主要原则

参考《信息安全技术 信息系统安全管理要求》（GB/T 20269—2006）和《信息安全技术 信息安全管理体系 概述和词汇》（GB/T 29246—2023）相关内容，安全管理的主要原则包括：

（1）基于安全需求原则：机构应根据其业务系统担负的使命，积累的网络资产的重要性，可能受到的威胁及面临的风险分析安全需求，按照网络安全等级保护要求确定相应保护对象的安全保护等级，遵循相应等级的规范要求，从全局上恰当地平衡安全投入与效果。

（2）主要领导负责原则：机构应由主要领导确立统一的网络安全保障的宗旨和政策，增强员工的安全意识，组织有效的安全保障队伍，调动并优化配置必要的资源，协调安全管理工作与各部门工作的关系，并确保其落实、有效。

（3）全员参与原则：机构所有相关人员应普遍参与机构的安全管理，并与相关方面协同、协调，共同保障网络安全。

（4）持续改进原则：安全管理是一种动态反馈过程，贯穿整个安全管理的生存周期，随着安全需求和系统脆弱性的分布变化，威胁程度的提高，系统环境的变化以及对系统安全认识的深化等，应及时地将现有的安全策略、风险接受程度和保护措施进行复查、修改，调整安全管理要求，维护和持续改进网络安全管理体系的有效性。

（5）依法管理原则：网络安全管理工作主要体现为管理行为，应保证网络安全管理主体合法、管理行为合法、管理内容合法、管理程序合法。对安全事件的处理，应由授权者适时发布准备一致的信息，避免带来不良的社会影响。

（6）分权和授权原则：对特定职能或责任领域的管理功能实施分离、独立审计等分权，避免权力过分集中所带来的隐患，以减少未授权的修改或滥用系统资源的机会。任何实体（如用户、管理员、进程、应用或系统）仅享有该实体需要完成其任务所必需的权限，不应享有任何多余权限。

（7）管理与技术并重原则：坚持积极防御和综合防范，全面提高网络安全防护能力，立足国情，采用管理科学性和技术前瞻性相结合的方法，保障网络安全达到所要求的目标。

（8）自保护和国家监管结合原则：网络安全实行自保护和国家保护相结合。机构要对自己的网络安全保护负责，政府相关部门有责任对网络安全进行指导、监督和检查，形成自管、自查、自评和国家监督相结合的管理模式，提高网络安全保护能力和水平，保障国家网络安全。

2.1.2 安全管理体系设计思路

1. 网络运营者

机构作为网络运营者，主要依据我国的网络安全等级保护制度的安全管理要求，与机构的网络安全保护对象的最高安全保护级别相匹配，建立网络安全管理体系框架；依据国家网络安全法律法规和有关规定要求，基于安全管理的主要原则，参考《信息技术 安全技术 信息安全管理体系 要求》（GB/T 22080—2016）、《信息技术 安全技术 信息安全控制实践指南》（GB/T 22081—2016）等网络安全管理体系相关标准规范，对网络安全管理体系进行设计。主要设计思路和工作包括：

（1）全面了解和掌握国家网络安全相关的法律法规，行业和地方的网络安全相关法规和政策要求，以及网络安全等级保护相关的制度和网络安全有关标准。这些法律法规和标准要求为网络安全管理体系设计提供了规范性要求。

（2）明确网络安全的主要目标、基本要求、工作任务、保护措施，形成机构网络安全总体方针和策略，作为指导机构网络安全工作的顶层设计要求。

（3）结合实际的网络安全工作情况，以及保护对象的安全保护需求，对照法律法规和标准要求进行网络安全管理的差距分析。结合网络安全风险评估结果，确定需要采取的网络安全控制要求和措施。

（4）建立覆盖网络安全总体方针、安全策略、安全管理制度、安全技术标准、操作规程和记录表单的网络安全管理制度体系，针对选择的安全控制进行整合分类，包括但不限于安全管理制度、安全管理组织、安全管理人员、安全建设管理、安全运营管理和安全监督管理等方面，综合形成网络安全管理体系框架，依据框架内容编制并出台各类网络安全管理制度。

（5）结合等级保护测评要求、风险评估和等级测评结果对网络安全管理体系进行更新和完善，调整和优化网络安全管理策略，修订网络安全管理制度要求，以满足机构的合规和风险控制需求。

2. 关键信息基础设施运营者

机构作为关键信息基础设施的运营者开展网络安全管理体系设计时，要以保护关键业务为目标，在等级保护制度的基础上，围绕关键信息基础设施承载的关键业务实行重点保护，同时还要依据《信息安全技术 关键信息基础设施安全保护要求》（GB/T 39204—2022），进一步强化以下几个方面的工作：

（1）梳理关键业务链，对关键业务链开展安全风险分析，识别关键业务链所依赖的资产，识别关键业务链各环节的威胁、脆弱性，确认已有安全控制措施，分析与业务开展相关的网络安全风险，形成风险处置的安全控制措施。

（2）针对关键信息基础设施要坚持以风险管理为导向的动态保护、以关键业务为核心的整体防控原则，根据已识别的关键业务、资产、安全风险，在安全管理制度、安全管理组织、安全管理人员、安全建设管理、安全运营管理和安全监督等方面，强化网络安全保护措施和控制要求。

（3）进一步加强安全管理人员、供应链安全管理、检测评估、监测预警和事件处置等安全管理要求，确定网络安全管理的关键点，细化实化相应的安全管理要求、技术标准和操作规程，完善安全检测评估、安全监测预警和信息通报等网络安全管理要求，实现关键信息基础设施的安全动态管理。

（4）与业务结合定期开展风险评估，及时修订和完善网络安全管理制度体系，确保相关要求的适用性和全面性。

2.1.3 安全管理体系主要内容

依据国家网络安全法律法规、行政法规和部门规章，参考《信息安全技术 网络安全等级保护基本要求》（GB/T 22239—2019）中对网络安全管理提出的要求和网络安全相关标准规范设计的网络安全管理体系，分类归纳成安全管理组织、安全管理制度、安全管理人员、安全建设管理、安全运营管理和安全监督管理等方面，主要内容包括：

（1）安全管理组织：机构根据国家和行业有关法律法规和政策要求，建立并完善网络安全组织架构和职责，落实国家网络安全责任制，成立网络安全工作委员会或领导小组，设立网络安全管理工作的职能部门，设立安全主管、安全管理各个方面的负责人，设立系统管理员、审计管理员和安全管理员等岗位，加强与内外部机构、部门、单位的合作与沟通。

（2）安全管理制度：机构要建立网络安全管理制度，制定并出台指导网络安全工作的总体方针和安全策略，阐明机构安全工作的总体目标、范围、原则和安全框架等内容，建立覆盖安全活动中的各类管理内容，形成由安全策略、管理制度、操作规程、记录表单等构成的全面的安全管理制度体系。

（3）安全管理人员：对机构人员提出安全管理要求，在人员录用时要进行身份、安全背景、专业资格或资质等审查，对技术技能进行考核并签署保密协议；人员离岗时要终止所有的访问权限，并办理严格的调离手续。机构要制定不同岗位的培训计划，开展培训和技能考核，并对各类人员进行安全意识教育，同时要加强外部人员的安全管理。机构作为关键信息基础设施运营者要强化安全管理机构的负责人和关键岗位人员的安全管理，以及对关键信息基础设施从业人员进行网络安全教育培训。

（4）安全建设管理：针对机构的信息化项目建设提出同步开展等级保护对象定级备案、安全方案设计、工程实施、测试验收、系统交付、等级测评等网络安全管理工作要求，细化应用系统设计开发过程中的安全管理，机构作为关键信息基础设施运营者要强化供应链的安全管理。

（5）安全运营管理：机构要针对安全运营工作提出安全管理要求，包括环境安全管理、介质和设备安全管理、网络安全风险管理、网络和系统安全管理、恶意代码防范管理、配置和变更管理、密码应用安全管理、安全事件应急管理和业务连续性安全管理等方面。机构作为关键信息基础设施运营者进一步强化网络安全风险管理、安全监测和预警管理、安全事件处置和应急管理等安全管理要求。

（6）安全监督管理：机构要根据国家、行业和地方的网络安全监督管理要求，配合监管部门开展相关工作，完善机构内的网络安全管理工作要求，建立机构内的网络安全管理指标与评价要求。

2.2 安全管理组织

2.2.1 安全管理组织有关要求

网络安全工作事关国家安全、政权安全和经济社会发展。《党委（党组）网络安全工作责任制实施办法》明确对网络安全责任分工提出了谁主管谁负责、属地管理的原则，各级党委（党组）对本地区、本部门网络安全工作负主体责任，领导班子主要负责人是第一责任人，主管网络安全的领导班子成员是直接责任人。行业主管监管部门对本行业本领域的网络安全负指导监管责任，没有主管监管部门的由所在地区负指导监管责任。主管监管部门应当依法开展网络安全检查、处置网络安全事件，并及时将网络和信息系统情况通报所在地区网络安全和信息化领导机构。各地区开展网络安全检查、处置网络安全事件时，涉及重要行业的，应当会同相关主管监管部门进行。各级网络安全和信息化领导机构应当加强和规范本地区、本部门网络安全信息汇集、分析和研判工作，要求有关单位和机构及时报告网络安全信息，组织指导网络安全通报机构开展网络安全信息通报，统筹协调开展网络安全检查。

《关键信息基础设施安全保护条例》明确提出：重要行业和领域的主管部门、监督管理部门是负责关键信息基础设施安全保护工作的部门。保护工作部门要结合本行业、本领域实际，制定关键信息基础设施认定规则，报国务院公安部备案，并根据认定规则组织认定本行业、本领域的关键信息基础设施。保护工作部门应当制定本行业、本领域关键信息基础设施安全规划，明确保护目标、基本要求、工作任务、具体措施。关键信息基础设施的运营者应当设置专门安全管理机构。

《信息安全技术 网络安全等级保护基本要求》（GB/T 22239—2019）中对安全管理机构的要求：应成立指导和管理网络安全工作的委员会或领导小组，其最高领导由单位主管领导担任或授权；应设立网络安全管理工作的职能部门，设立安全主管、安全管理各个方面的负责人岗位，设立系统管理员、审计管理员和安全管理员等岗位。

《信息安全技术 关键信息基础设施安全保护要求》（GB/T 39204—2022）中对安全管理机构的要求：应成立网络安全工作委员会或领导小组，由组织主要负责人担任其领导职务，明确一名领导班子成员作为首席安全官，专职管理或分管关键信息基础设施安全保护工作；应设置专门的网络安全管理机构，明确机构负责人及岗位，建立并实施网络安全考核及监督问责机制；应为每个关键信息基础设施明确一名安全管理责任人。

2.2.2　安全管理组织架构

机构作为网络运营者需要建立统一的、健全的、层次分明的安全管理架构，明确各组成部门的安全职责，在开展安全管理组织架构设计时，应依据网络安全法律法规、政策文件和标准规范，结合机构的实际情况进行设计，具体内容如下：

（1）建立健全网络安全领导体系，成立指导和管理网络安全工作的委员会或领导小组，由机构主要负责人担任其领导职务，领导小组成员由相关部门的分管领导参与组成；领导小组下设办公室，具体承担领导小组日常工作。

（2）设立网络安全管理工作的职能部门，承担安全管理、应急演练、事件处置、教育培训和评价考核等日常工作；设立安全主管、安全管理各个方面的负责人岗位。

（3）设立系统管理员、审计管理员和安全管理员等岗位，具体执行网络安全相关操作。

作为关键信息基础设施运营者的机构，应在上述安全组织架构设计的基础上，明确一名领导班子成员作为首席网络安全官，专职管理或分管关键信息基础设施安全保护工作，参与机构信息化决策，确保关键信息基础设施安全与信息化建设同步进行。设置专门的网络安全管理机构，明确机构负责人及岗位，并将安全管理机构人员纳入信息化决策体系。

2.2.3　安全管理责任和职责

机构在设立网络安全管理组织和岗位时，要明确网络安全工作责任，结合机构具体的实际情况，确立机构网络安全管理组织的各项职能分工。

1. 党委（党组）网络安全责任

机构党委（党组）对网络安全工作负主体责任，领导班子主要负责人是第一责任人，主管网络安全的领导班子成员是直接责任人。党委（党组）主要承担的网络安全责任包括：

（1）认真贯彻落实党中央和习近平总书记关于网络安全工作的重要指示精神和决策部署，贯彻落实网络安全法律法规，明确网络安全的主要目标、基本要求、工作任务、保护措施。

（2）建立和落实网络安全责任制，把网络安全工作纳入重要议事日程，明确工作机构，加大人力、财力、物力的支持和保障力度。

（3）统一组织机构领导网络安全保护和重大事件处置工作，研究解决重要问题。

（4）采取有效措施，为公安机关、国家安全机关依法维护国家安全、侦查犯罪以及防范、调查恐怖活动提供支持和保障。

（5）组织开展经常性网络安全宣传教育，采取多种方式培养网络安全人才，支持网络安全技术产业发展。

2. 网络安全和信息化领导机构职责

网络安全和信息化委员会或领导小组（以下简称"领导小组"）是机构网络安全工作的领导决策层，负责贯彻落实党中央、国务院和机构党委（党组）网络安全战略部署，统筹协调、决策网络安全工作有关重大事项。

领导小组下设网络安全和信息化领导小组办公室，领导小组办公室负责贯彻、落实领导小组的决策，承担领导小组的日常工作，监督检查下级单位的网络安全工作。

3. 网络安全管理职能部门职责

网络安全管理工作的职能部门是专门的安全管理机构，主要承担网络安全管理、网络安全防护能力建设、网络安全教育培训、应急演练、安全事件处置和评价考核等网络安全管理的日常工作。

专门的网络安全管理机构应设立安全主管、系统管理员、审计管理员和安全管理员等岗位。

（1）安全主管主要负责网络安全日常事务的协调和管理工作。具体职责可根据机构的实际情况确定，实际工作中涉及的职责包括组织制定网络安全管理制度，组织网络安全能力建设，组织并参与重大安全事件的具体协调和沟通工作等。

（2）安全管理员主要负责具体执行网络安全日常工作。具体职责可根据机构的实际情况确定，实际工作中涉及的职责包括负责网络、系统和应用安全技术配置规范制定，安全管理制度的培训和推广，网络安全风险评估和运营管理，沟通、协调和处理网络安全事件等。

（3）审计管理员主要负责审计网络安全工作执行情况。具体职责包括安全管理制度落实情况的检查和监督指导，安全策略执行情况的审核，分析信息系统日志和审计记录，及时报告审计结果，对各管理员的操作行为进行监督，对安全职责落实情况进行审计等。

实际工作中，网络和信息系统的相关岗位，包括网络管理员、系统管理员、资产管理员、数据库管理员等，需要同步执行网络、系统、数据库的网络安全配置和操作，与安全管理员协同完成网络安全相关的各项任务。

关键信息基础设施运营者设置专门的安全管理机构，具体负责本机构的关键信息基础设施安全保护工作，履行职责包括建立健全网络安全管理、评价考核制度，拟订关键信息基础设施安全保护计划；组织机构推动网络安全防护能力建设，开展网络安全监测、检测和风险评估；按照国家及行业网络安全事件应急预案，制定本单位应急预案，定期开展应急演练，处置网络安全事件；认定网络安全关键岗位，组织机构开展网络安全工作考核，提出奖励和惩处建议；组织机构网络安全教育、培训；履行个人信息和数据安全保护责任，建立健全个人信息和数据安全保护制度；对关键信息基础设施设计、建设、运行、维护等服务实施安全管理；按照规定报告网络安全事件和重要事项等。关键信息基础设施与关键业务系统直接相关的系统管理、网络管理、安全管理等岗位属于机构的关键岗位，关键岗位应配备专人，且 2 人以上共同管理。

4. 业务部门安全职责

业务部门在落实网络安全责任的过程中，作为业务系统的主管部门应根据具体的业务管理职能，对所辖业务信息系统的业务信息、系统服务的安全保护等级，提出业务系统的网络安全需求，组织开展网络安全等级保护定级备案和密码应用需求分析，组织所辖业务系统的上线、变更、报废，委托建设和运营单位对业务信息系统开展网络安全建设和运营工作，协调业务信息系统安全有关的各项资源，落实业务系统安全建设和运行经费，开展业务系统安全的监督检查。

2.2.4　网络安全责任追究

按照《党委（党组）网络安全工作责任制实施办法》有关责任追究事项，各级党委（党组）违反或者未能正确履行本办法所列职责，按照有关规定追究其相关责任。有下列情形之一的，各级党委（党组）应当逐级倒查，追究当事人、网络安全负责人直至主要负责人责任。协调监管不力的，还应当追究综合协调或监管部门负责人责任。

（1）党政机关门户网站、重点新闻网站、大型网络平台被攻击篡改，导致反动言论或者谣言等违法有害信息大面积扩散，且没有及时报告和组织处置的。

（2）地市级以上党政机关门户网站或者重点新闻网站受到攻击后没有及时组织处置，且瘫痪 6 小时以上的。

（3）发生国家秘密泄露、大面积个人信息泄露或者大量地理、人口、资源等国家基础数据泄露的。

（4）关键信息基础设施遭受网络攻击，没有及时处置导致大面积影响人民群众工作、生活，或者造成重大经济损失的，或者造成严重不良社会影响的。

（5）封锁、瞒报网络安全事件情况，拒不配合有关部门依法开展调查、处置工作，或者对有关部门通报的问题和风险隐患不及时整改并造成严重后果的。

（6）阻碍公安机关、国家安全机关依法维护国家安全、侦查犯罪以及防范、调查恐怖活动，或者拒不提供支持和保障的。

（7）发生其他严重危害网络安全行为的。

实施责任追究坚持实事求是，机构应当分清集体责任和个人责任。追究集体责任时，领导班子主要负责人和主管网络安全的领导班子成员承担主要领导责任，参与相关工作决策的领导班子其他成员承担重要领导责任。对领导班子、领导干部进行问责，应当由有管理权限的党组织机构依据有关规定实施。

依据《中华人民共和国网络安全法》《关键信息基础设施安全保护条例》等法律法规有关要求，机构作为网络运营者或关键信息基础设施运营者，不履行法律所规定的网络安全保护义务或违反法律规定，应承担相应的法律责任。

2.2.5 网络安全沟通和合作

根据网络安全等级保护有关要求，机构在网络安全工作过程中要加强各类管理人员、机构内部和网络安全管理部门之间的合作与沟通，定期召开协调会议，共同协作处理网络安全问题。加强与网络安全职能部门、各类供应商、业界专家及安全组织的合作与沟通。机构可邀请网络安全专家和外部顾问成员，指导机构网络安全规划和建设，参与网络安全重要问题的研讨和咨询。保持与网络链路和设备提供商、网络系统软硬件提供商、网络系统运维服务商、网络安全设备提供和服务商等沟通顺畅，确保在出现各类安全问题时能够快速响应和解决。

日常网络安全工作中，要建立网络安全信息共享和情报通报机制，与组织机构相关的同级部门、上下级部门保持信息畅通，能够协同响应和处置，形成联防联控的网络安全管理组织体系。

2.3 安全管理制度

2.3.1 安全管理制度体系结构

《信息安全技术　网络安全等级保护基本要求》（GB/T 22239—2019）要求形成由安全策略、管理制度、操作规程、记录表单等构成的全面的安全管理制度体系。机构应根据网络安全法律法规和标准要求，结合风险评估的结果，从机构的实际出发，建立网络安全管理制度体系，为各类网络安全管理活动提供指导和支撑。

参考《信息安全技术　网络安全等级保护实施指南》（GB/T 25058—2019）和网络安全管理体系有关标准，安全管理制度体系一般分为四层：第一层为总体方针和安全策略；第二层为安全管理制度和技术规范；第三层为安全流程和操作规程；第四层为安全记录和表单，如图 2-1 所示。

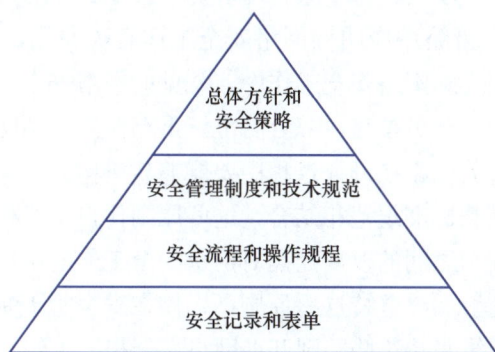

图 2-1　安全管理制度体系结构

（1）第一层是指机构的网络总体方针和安全策略。通过网络安全总体方针、安全策略明确机构网络安全工作的总体目标、范围、原则和安全框架等适用于整个机构所有人员及相关的第三方合作机构与人员。

（2）第二层是指机构的安全制度和规范。依据网络安全方针和策略内容进一步明确和细化，通过对网络安全活动中的各类内容建立管理制度和技术规范形成机构内的具体安全管理要求，规范各项网络安全管理活动，约束网络安全相关行为确定网络安全技术标准，适用于发布范围所辖的机构和人员。

（3）第三层是指机构落实安全管理要求的流程和规程。通过对安全管理人员或操作人员执行的日常管理行为建立工作流程、操作规程，保证日常开展网络安全工作流程化，以及操作行为的标准化和规范化。实际工作中还包括指南、手册和作业指导书等。适用于发布范围内具体的岗位、角色，要求每个相关人员都能够以此作为依据来操作使用，并形成工作记录。

（4）第四层是指机构在执行流程和规程中形成的安全记录和表单。记录和表单是网络安全管理制度、规范、流程和操作规程的执行而形成的痕迹，实际工作中形成的记录包括但不限于检查列表、表单、日志、报告等。安全记录和表单要进行归档管理，在网络安全审计和监督审查时通常会被作为审核证据而使用。

2.3.2 总体方针和安全策略

机构应制定网络安全工作的总体方针和安全策略，作为网络安全工作的顶层文件，明确机构网络安全方向。网络安全总体方针和安全策略应与业务策略、法律法规以及安全风险应对相结合，重点阐明机构安全工作的总体目标、范围、原则和安全框架等内容，旨在为网络安全工作提出目标方向和总体要求。

网络总体方针和安全策略中应明确网络安全目标，实际工作中机构可明确以需要达到的网络安全保护等级要求、实现的安全保护程度作为网络安全目标，例如"确保业务系统的安全稳定运行，保障国家安全、社会公共利益和社会秩序等"；也可结合业务目标确定网络安全保护的保密性、完整性、可用性、可控性等安全可量化标准，例如"重要业务应用系统的可用性达到99.9%以上、每年重大网络安全事件的发生为0次"等。

网络总体方针和安全策略中应明确网络安全工作有关原则，能够提出确保网络安全工作始终坚持的准则。在实际网络安全工作中，常见的网络安全工作有关原则包括依法合规、责任明确、领导负责、全员参与、综合防范、重点保护、预防为主、技管并重、监督制约等，网络安全工作有关原则在设计过程中要能够与机构的总体管理理念、业务保障目标以及网络安全法律法规和标准规范相结合，这些原则代表了机构领导层对于网络安全工作的定位，对于业务和安全之间的权衡，是对网络安全工作的指导。因此，机构要确保在网络安全建设和运营中能够始终坚持这些原则，即使在安全管理制度要求或规范不够完善或不够健全时，也能够始终坚持这些原则开展网络安全相关工作。

机构在制定网络安全策略时应覆盖网络安全组织机构、人员安全管理、安全建设管理、安全运营管理等，同时要提出安全保护对象所辖技术的安全管理要求。关键信息基础设施中的安全策略还应进一步完善安全互联、安全审计、身份管理、数据安全、自动化机制和供应链安全管理等策略要求。总体上安全策略的范围要能够与机构网络安全风险管理的范围相匹配，确保能够控制、降低或消除组织机构的网络安全风险。

机构中的网络总体方针和安全策略应当获得管理层的批准，代表管理层对于网络安全工作的总体要求，同时体现组织机构的安全管理文化。网络安全总体方针和安全策略通常要向全员进行发布，并要求遵循、执行和细化。网络安全策略是动态的，应根据组织机构的网络安全风险，定期或不定期进行修订，确保网络安全策略能够符合组织机构的实际情况，切实保证组织机构的网络安全防护具有实效。

2.3.3 安全管理制度和技术规范

机构应对网络安全管理活动中的各类管理内容建立安全管理制度。安全管理制度的制定可通过设置或授权专门的部门或人员负责制定，并应通过机构正式发布。网络安全管理制度要针对机构的风险情况进行识别和分析，编制网络安全管理要求，通过定期或不定期的安全评审，确保网络安全制度要求的合理性和适用性，对于存在的不足或需要改进的内容进行及时修订。

安全管理制度在制定过程中，要整体梳理网络安全管理活动，一方面要参考网络安全法律法规和政策要求，另一方面要结合风险情况形成安全控制要求，从而综合形成组织机构的网络安全制度要求。网络安全制度要能够进一步落实组织机构的网络安全目标和策略，同时要能够把网络安全责任与网络安全活动相结合，确保网络安全责任的有效落实。规范安全管理活动中各项管理制度和操作规程，涉及层面包括但不限于机构的人员、物理环境、网络通信、数据管理、安全建设和安全运营等。

技术规范是对技术、产品或过程提出应满足的技术要求，旨在降低因缺乏技术措施或技术措施自身配置不完善所产生的安全风险，充分发挥安全技术措施的作用和价值。技术规范通常根据网络安全保护对象进行分类编制，包括但不限于网络通信安全技术规范、网络边界访问控制技术规范、主机服务器安全技术配置规范、云计算平台安全技术规范、应用系统安全技术规范、移动应用安全技术规范、工控系统安全技术规范、终端安全技术配置规范、密码应用安全技术规范、身份和访问安全技术规范以及安全审计技术规范等。

2.3.4 安全流程和操作规程

安全流程是对网络安全管理要求责任制落实的具体体现。网络安全流程编制过程中需要明确流程的目标、输入、输出、活动、资源、角色和职责等要素，并采用流程图等方式明确网络安全工作活动的顺序和逻辑关系，同时要对流程进行持续的监控和评估，及时发现和解决问题，确保流程的有效性和适应性。网络安全流程要明确每一项工作活动的具体执行者，形成网络安全运营工作闭环管理，确保每个人都能够通过流程的执行落实安全管理有关要求。

操作规程是指导运营人员进行具体操作的规范性文件，在设计过程中要分析运营操作的具体对象，尤其是针对网络安全技术、产品或平台的运营操作，或针对某项具体的网络安全工作。网络安全运营操作规程在实际工作中包括但不限于指导某项服务具体执行的实施指南，指导某项工作的实施指引或操作指南，指导某类事件的处置操作规程以及工作手册、操作手册等，其目的是确保操作人员动作不变形，保障操作的过程和结果正确。网络安全操作规程的设计，要与网络安全工作内容、网络安全运营岗位职责相匹配，要充分考虑操作步骤、操作指令、动作行为和操作结果等内容。

2.3.5 安全记录和表单

安全记录和表单是安全运营人员在具体实施信息安全操作规程和流程的过程中，所产生的记录、说明和表单等文件。这些表单用于记录网络安全管理和运营活动的执行情况、执行过程以及事件的处理和结果等重要信息，是网络安全管理和运营活动执行的重要体现。

2.3.6　安全管理制度的执行

网络安全管理制度要通过正式、有效的方式发布，确保网络安全管理制度能够被有效执行，机构在执行网络安全管理制度的过程中，要注重对相关人员进行网络安全管理制度内容方面的培训，定期开展制度执行情况的评估，根据实际情况对制度进行修订和完善。网络安全管理制度在执行过程中应重点关注以下六个方面：

（1）安全管理制度的制定。网络安全管理制度要设置或授权专门的部门或人员负责制定。在实际工作中，通常由网络安全管理机构组织制定，制定的内容应能够覆盖网络安全政策法规要求，结合机构的实际情况，分析网络安全风险，选择必要的安全管理控制措施。网络安全管理制度应能够全面落实网络安全方针和安全策略，具有针对性和可操作性。

（2）安全管理制度的发布。网络安全管理制度要根据机构的发文管理程序和要求，进行逐级审批，不同层级的网络安全制度可根据机构的管理审批职权范围进行确定。网络安全总体方针和策略应经过机构的领导层审批并正式发布；网络安全管理制度应通过专门的网络安全管理机构制定，并根据发文范围进行审批并发布。正式发布的网络安全方针、策略和管理制度，应通过内部通知、培训等方式，确保相关人员能够了解并熟悉有关内容。

（3）流程化落实安全责任。网络安全管理制度的执行需要明确各级人员的责任。通过划分职责、建立责任制，确保相关机构和人员能够明确各自在网络安全管理中的定位和任务。

（4）组织开展安全管理制度的教育和培训。教育和培训能够有效推进网络安全管理制度的执行，让有关人员熟悉网络安全管理制度的要求，清楚相关岗位操作规程的具体内容。通过定期组织安全技能培训、安全知识竞赛等活动，可以增强员工的安全意识和提升相关技能。

（5）监督检查安全管理制度的执行效果。定期或不定期对网络安全管理制度的执行情况进行检查，发现网络安全管理中存在的问题和不足，及时修订网络安全管理制度相关内容。网络安全管理制度的执行是一个持续改进的过程。机构应定期对网络安全管理制度的合理性和适用性进行论证和审定，对存在不足或需要改进的制度进行修订。同时，机构要关注行业安全管理的最新动态和最佳实践，随着机构管理的变更、业务的发展、技术的进步等一系列发展或变化，对网络安全管理制度进行更新，持续改进机构的网络安全管理要求。

（6）安全管理制度的版本控制和记录保存。网络安全管理制度要进行文档化的管理，确保发布版本的正确性，制度更新后要对旧版本进行废止；加强对记录的保护和控制，记录需要保持清晰，记录的标识、存储、保护、检索、保存期限和处置要进行档案化管理。

2.4　安全管理人员

2.4.1　内部人员安全管理

内部人员安全管理要对机构人员的录用、在职、调岗离岗等各个过程进行安全管理，保证机构内部人员的身份和背景安全，明确不同岗位的安全责任，确保各岗位人员的技术技能和岗位能力要求相适应。

1. 人员录用的安全管理

机构的人事管理部门要对被录用人员的身份、安全背景、专业资格或资质等进行严格审查，确保被录用人员的身份和安全背景符合国家和机构有关要求。关键信息基础设施运营者，按要求应对专门安全管理机构负责人和关键岗位人员开展安全背景审查，审查时可协调国家有关部门。专门安全管理机构要明确关键岗位，通常包括与关键业务系统直接相关的系统管理、网络管理、安全管理等岗位。

机构在人员录用过程中，要开展技术能力和管理能力考核，技术人员应具备专业的技术水平，管理人员应具备相应的管理知识和能力，通过技术技能考核并符合要求的人员方能上岗。

机构应当明确录用人员的安全保密职责和义务，与被录用人员签订安全保密协议；与关键岗位人员还应同时签署岗位责任协议，明确相关岗位安全责任，并加强对关键岗位人员的安全管理。

2. 在职人员的安全管理

机构正式录用的人员在职期间要开展人员上岗安全培训，明确各岗位人员的安全责任、工作职责和能力要求，并对各岗位人员开展安全操作、安全意识和岗位技术技能等教育培训。

机构的人事、业务和安全管理部门应明确在职人员岗位、权限、数据、责任相对应的权责关系，做到职责分离、相互制约、责任明确和最小授权管理，按要求严格履行人员保密承诺、岗位责任，遵守安全操作规程。机构的人事、业务和安全管理部门应加强协调，严格控制和管理在职人员的信息资源访问权限，加强对信息资源使用和访问权限的变更管理，合理控制对重要资源和信息资源的访问权限，避免由于权限过大而产生的安全风险。

机构面向在职人员要建立网络安全教育和培训制度，可将网络安全基础知识、网络安全意识、岗位操作规程、网络安全技能等纳入年度培训计划，每年至少开展一次全员网络安全教育，定期开展网络安全技术人员的安全技能培训和考核。关键信息基础设施运营者要定期安排安全管理机构人员参加国家、行业或业界网络安全相关活动，及时获取网络安全动态；关键信息基础设施从业人员每人每年教育培训时长不得少于 30 个学时。

3. 人员调岗离岗的安全管理

机构要对员工的调岗离岗过程进行网络安全管理。机构的人事、业务、信息化和安全管理部门应在员工调岗离岗的过程中，做好信息沟通和协同，业务部门要明确调岗、离岗的人员变更信息，人事、信息化和安全管理部门要根据人员调岗离岗的变更信息，及时调整或终止调岗离岗人员的所有资源访问权限，取回已有各种身份证件、钥匙、徽章以及所辖的信息资产，并对信息处理设备进行信息处理和确认，避免因员工调岗离岗的变更而导致的越权访问、信息泄露等安全风险。机构要与调岗离岗员工核对安全保密协议内容，并承诺调离后的安全保密义务，必要时应签署承诺书后方可离岗。关键信息基础设施运营者应在人员调岗离岗时，及时终止调岗离岗人员的所有访问权限，收回与身份鉴别相关的软硬件设备，进行面谈并通知相关人员或角色。

2.4.2　外部人员安全管理

外部人员通常可分为临时外部访问人员和非临时外部访问人员，其中临时外部访问人员主要是指因业务洽谈、参观、交流、提供短期和不频繁的技术支持服务等，短时间来访的外部组织或个人；非临时外部访问人员主要是指因从事合作开发、参与项目工程、提供技术支持、售后服务、服务外包或顾问服务等，到机构办公和工作的外部组织或个人。外部人员主要包括软件开发商、硬件供应商、系统集成商、设备维护商和服务提供商，以及实习生、临时工等。

外部人员安全管理主要是防范外部人员在访问、使用机构资源或提供服务过程中可能导致的网络安全风险，包括但不限于物理访问导致的设备丢失、误操作导致的软硬件故障、管理不当导致的信息泄露或恶意攻击、访问不当导致的滥用和越权等。外部人员安全管理主要涉及物理环境访问和网络资源访问的安全管理。

1. 物理环境访问的安全管理

机构要根据物理环境访问的权限级别不同，确定外部人员可访问的区域，按照机构进出管理要求，对外部访问人员进行登记备案管理。如果外部人员物理访问受控区域，例如办公区域、业务操作区域、机房或监控室等，应提前进行书面申请，批准后由专人全程陪同，访问时也应控制和管理非授权的摄影、拍照等信息采集行为。

长期合作的外部人员对机构进行访问时，可通过签订安全保密责任书、申请临时出入证等方式，确保外部人员长期访问和使用的区域，在保持顺利访问和提供服务的过程中，能够做好安全管理。外部人员因工作需要访问受控区域时，也应根据机构的管理要求进行申请审批，并由专人进行全程陪同，或全程监控外部人员的操作行为，必要时应对操作内容记录和存档，人员离场后，应当收回所有物理进出的证件和访问权限等。

2. 网络资源访问的安全管理

机构应明确可以面向外部人员开放的网络、系统和信息资源，并采取安全控制措施管理和监测外部人员的网络资源访问，如因工作需要外部人员要接入机构的受控网络或系统，应先提出书面申请，批准后由专人开设账户、分配权限，并记录备案；结束访问后应及时清除其所有的访问权限。

长期合作的外部人员对机构进行网络和系统资源访问，可与获得系统访问授权的外部人员签署保密协议，明确安全操作规范，并警示不得进行非授权操作，不得复制和泄露任何敏感信息。机构应定期审计外部人员的访问和操作行为，确保外部人员的访问和操作行为的安全合规，如有异常行为应及时进行分析或惩戒；结束网络和系统资源访问后，机构要及时清除外部人员所有的账号和访问权限。

在实际的网络安全工作中，上述安全管理要求可通过在合同签约过程中提出安全要求、签署保密协议等方式进行约束。此外，也要加强与外部人员的沟通和培训，明确机构的各项安全管理要求。

2.5　安全建设管理

2.5.1　信息化项目建设安全管理

根据我国网络安全相关政策法规和《国家政务信息化项目建设管理办法》等有关要求，信息化项目建设遵循网络安全与信息化"同步规划、同步建设、同步运行"的原则，在信息化项目的规划和建设阶段加强网络安全管理，同步落实网络安全保护要求。实际工作中，在项目规划、项目建设、产品和服务采购、项目验收等环节开展网络安全管理，以降低和减少信息化项目建设期间的网络安全风险。

1. 项目规划

在信息化项目规划时，机构要同步落实网络安全等级保护定级备案和密码应用有关工作，属于关键信息基础设施的要同步向保护工作部门报告相关情况。

（1）新建信息系统要开展网络安全等级保护定级工作，确定安全保护等级，安全保护等级初步确定为第二级及以上的等级保护对象，应组织有关部门和网络安全技术专家对定级结果的合理性、正确性进行评审，报主管部门核准，最终确定其安全保护等级。信息系统定级相关材料报属地公安机关审核备案。

（2）扩建或改建的信息化项目，信息系统如发生重要信息和关键业务调整等重大变更，应重新组织开展定级和备案工作。按要求重新上报属地公安机关审核备案。

（3）机构应根据最终确定的安全保护等级，由信息化项目的主管单位组织建设单位严格按照安全保护等级进行安全需求分析，依据相应等级的安全保护要求和风险分析的结果进行总体规划设计，编制安全规划和建设方案。同时要组织相关部门和有关安全专家，对安全整体规划设计方案的合理性和正确性进行论证和审定，经过批准后才能正式实施。

（4）重要网络与信息系统应根据《商用密码应用安全性评估管理办法》等有关要求，由机构开展商用密码应用需求分析，制定商用密码应用方案，规划商用密码保障系统。重要网络与信息系统的运营者应当自行或者委托商用密码检测机构，对商用密码应用方案进行商用密码应用安全性评估。商用密码应用方案未通过商用密码应用安全性评估的，不得作为商用密码保障系统的建设依据。

2. 项目建设

在信息化项目建设实施期间，机构要同步开展网络安全建设管理工作。

（1）机构要按照国家有关要求，依据网络和信息系统安全规划和建设方案，开展网络安全技术和管理措施的建设和实施。制定安全工程实施方案控制工程实施过程，可通过第三方工程监理控制项目的实施过程。

（2）信息化项目建设期间应针对不同的保护对象明确相应的安全技术规范和安全配置标准，确保在建设期间能够同步实施安全策略、技术规范和配置要求，这些安全技术要求包括但不限于网络架构安全设计规范、网络安全域划分技术规范、网络访问控制规则要求、云计算平台安全技术要求、应用系统安全架构要求、应用系统安全功能设计规范、设备和系统安全配置规范、网络安全设备配置规范等。通过在信息化建设期间严格执行安全技术规范要求，可以降低和减少建设期间的安全风险。

（3）信息化项目建设期间应同步开展网络安全检测和风险评估，对网络和信息系统安全风险进行管控，对安全防护能力进行验证，保障信息系统安全稳定运行。关键信息基础设施可采取测试、评审、攻防演练或搭建仿真验证环境等方式，同步进行安全验证。

（4）重要网络与信息系统建设阶段，其运营者应当按照通过商用密码应用安全性评估的商用密码应用方案组织实施，落实商用密码安全防护措施，建设商用密码保障系统。

3. 产品和服务采购

在产品和服务采购过程中，机构要制定采购相关的安全要求，确保网络安全产品和服务采购和使用符合国家、行业和机构有关规定。

（1）机构应当采购安全可控的信息技术产品和服务，采购通过国家检测认证的网络关键设备和网络安全专用产品目录中的设备产品。确保密码产品与服务的采购和使用符合国家密码管理主管部门的要求。采购网络产品和服务可能影响国家安全的，应当按照国家网络安全规定通过安全审查，并与提供者签订安全保密协议，明确提供者的技术支持和安全保密义务与责任。

（2）机构在选择外部的云服务平台时，如选择政务云、公有云等，要综合考虑业务的安全保护要求和云平台的安全服务水平，根据《关于加强党政部门云计算服务网络安全管理的意见》中有关要求，按照"安全管理责任不变、数据归属关系不变、安全管理标准不变、敏感信息不出境"等要求，选择已通过《云计算服务安全评估办法》且满足《信息安全技术 云计算服务安全能力要求》（GB/T 31168—2023）的云计算服务提供商和云平台，明确对云服务提供商的相关安全要求。

4. 项目验收

信息化项目验收前，机构要完成所建信息系统的安全性测试，并出具安全测试报告。信息系统应通过等级保护测评和整改，才能够投入运行。重要网络与信息系统运行前，其运营者应当自行或者委托商用密码检测机构开展商用密码应用安全性评估。网络与信息系统未通过商用密码应用安全性评估的，运营者应当进行改造，改造期间不得投入运行。

信息化项目验收时应做好文档移交，包括但不限于安全需求分析、安全设计方案、安全开发、安全测试、安全实施、安全测试和整改报告等网络安全工程实施技术文档，确保信息化项目安全建设和安全运营工作有序衔接。

2.5.2　应用系统设计开发安全管理

应用系统设计开发安全管理是把安全控制和应用系统设计开发的全过程相结合，以确保应用系统在设计开发的过程中能够达到必要的安全要求，防范应用系统自身安全漏洞或管理不到位引发的安全风险，提升应用系统自身安全防护能力。应用系统设计开发安全管理包括应用系统需求分析、设计、开发、测试和上线的安全管理。

1. 应用系统需求分析阶段的安全管理

应用系统需求分析阶段需要同步开展安全需求分析，结合应用系统业务需求、业务安全风险、承载数据的安全保障需求和拟订安全保护等级等相关安全要求，综合确定应用系统的安全需求，编制形成应用系统安全需求分析报告。同时依据《商用密码应用安全性评估管理办法》有关要求，同步开展业务系统密码应用需求分析，制定密码应用方案，针对密码应用方案开展密码应用安全性评估。

应用系统安全需求分析包括但不限于应用系统身份认证、身份认证强度、密码应用、用户权限管理、访问控制规则、数据安全传输、数据安全处理、数据安全存储、应用系统可用性、安全审计以及备份和恢复等。

2. 应用系统设计阶段的安全管理

应用系统设计阶段应依据安全需求分析结果，设计应用系统安全功能，编制应用系统安全设计方案。应用系统安全功能设计包括但不限于身份鉴别、访问控制、安全审计、软件容错、资源控制、数据安全、数据备份恢复、剩余信息保护、个人信息保护、不可否认性、第三方软件使用、移动应用安全、业务逻辑控制、密码应用等。通常情况，应用系统安全功能可与应用系统展现层、应用层和支撑层相结合。展现层的安全组件主要提供对输入有效性验证、数据传输加密等人机交互过程的安全功能；应用层的安全组件主要提供身份认证、授权管理、日志审计等与系统联系紧密的安全功能；支撑层的安全组件主要提供证书认证、密码应用、数据服务、会话管理等基础支撑服务。可采用威胁建模分析的方式对应用系统安全审计进行验证，迭代改进和完善应用系统安全功能和架构。

3. 应用系统开发阶段的安全管理

应用系统在开发阶段应加强开发环境安全、编码安全、文档和源代码安全、开发工具安全等方面的安全管理。

（1）开发环境安全管理。机构在自行软件开发时，要有专门的开发环境，并将开发环境与办公、生产和测试等环境进行物理或逻辑隔离。

（2）编码安全管理。机构要制定软件开发的管理制度，明确开发过程的控制方法、代码编写安全规范和人员行为准则，要求开发人员严格执行代码编写的安全规范；机构要对开发过程进行完整记录和版本控制，对程序资源库的修改、更新、发布进行授权和批准，并严格进行版本控制；对应用系统安全功能实现和代码质量进行管控，开发过程中同步进行安全性测试，防止系统存在后门、漏洞和安全缺陷等，保证应用系统编码层面的安全。

（3）文档和源代码安全管理。自行软件开发的机构要对开发相关文档的使用进行控制，保证开发人员为专职人员，对开发人员的开发活动应进行控制、监视和审查，并对源代码的访问进行严格的访问控制，禁止将代码存放于公共资源平台；外包软件开发的机构，应对开发商的源代码管理提出安全要求，对第三方开发商的源代码泄露、丢失、篡改等行为及不良后果进行安全追责，通过签署协议等方式保证开发单位提供的软件源代码的安全，还应评估或测试软件代码中可能存在的后门和隐蔽信道。

（4）开发工具安全管理。机构应要求开发商使用正式发布、批准的最新版本开发工具或平台，对开发工具或平台、编译工具、开源软件等进行安全检测，保障开发平台、工具和开源软件的安全性，避免使用被植入恶意代码和后门的开源软件或被"污染"的开发工具。

另外，应用系统开发应注意应用程序接口（Application Program Interface, API）的安全，要对 API 的安全认证、授权管理、访问控制、通信安全和数据保护等进行开发，避免使用不安全的函数和 API。

4. 应用系统测试阶段的安全管理

应用系统测试阶段，主要包括应用系统安全功能、源代码安全、系统威胁模型和攻击面、安全设计与需求的一致性等。开发测试人员应在测试环境中对应用系统进行安全测试。安全测试内容包括但不限于用户管理测试、用户登录测试、系统管理测试、权限管理测试、访问控制功能测试、审计范围测试、审计信息保护测试、审计功能测试、剩余信息保护测试、通信完整性测试、通信保密性测试、不可否认性测试、软件容错性测试、资源控制测试和源代码缺陷测试等，测试完成后形成安全测试报告。注意测试环境中的应用系统基础软件应进行安全基线配置；限制或不允许使用 VPN 等方式开放外部用户的测试权限；禁止使用真实的业务数据进行测试。

5. 应用系统上线阶段的安全管理

应用系统上线前可由安全管理人员或有资质的安全服务机构，对应用系统开展安全性评估测试，根据机构的实际工作情况选择安全漏洞扫描、应用合规性检测、渗透测试、源代码审计、安全基线检测等检测方式，测试完成后要形成相关安全检测报告。应用系统在安全测试工作中确认不存在中高危漏洞后，可按流程进行上线、申请资源、开通策略后投入运行，机构要对未通过安全测试的应用系统是否能够上线部署进行严格管控，以避免系统存在安全隐患直接上线运行。应用系统上线前，应梳理汇总资产信息（包括但不限于中间件、插件、开源软件、免费软件、API 信息等）、系统架构、数据流图以及安全策略配置需求等，与后续的网络安全运营工作有效衔接。未开展等级保护测评的应用系统，应在上线前委托等级保护检测机构开展等级测评，重要应用系统应当自行或者委托商用密码检测机构同步开展商用密码应用安全性评估，未通过商用密码应用安全性评估的应用系统，机构应当进行改造，改造期间不得投入运行。

应用系统上线后，应定期对应用系统进行安全测试，对于不符合安全要求的应用系统应及时做出整改。应用系统升级改造后，要同步做好源代码管理和版本控制，重新上线前必须进行安全测试，并确保通过安全测试的版本和正式上线运行的版本保持一致。

应用系统因各种原因需要变更、迁移或下线时，应制定相关的安全方案，明确变更、迁移、下线或废止过程中的各角色职责分工，确定退出服务进度计划，做好系统退出的各项保障工作，主要包括应用系统数据安全保护工作，即进行数据文件、文档资料移交，开展数据备份保存或清除工作；关闭网络系统服务，应清除应用系统在已运行服务器上的残留信息，删除或配套修改安全设备上应用系统相关用户、权限和安全配置；对下线、废止的应用系统应开展等级保护备案撤销工作，对应用系统相关资源进行妥善处理，清除残留信息，删除应用系统相关用户、权限和安全配置等。

2.5.3　供应链安全管理

供应链安全管理要通过识别和分析供应链安全风险，收集供应商机构、人员、产品服务等信息，分析供应链的设计、开发、生产、集成、仓储、交付、运维、废弃等环节的供应链攻击，包括但不限于基于供应链的假冒、伪造、商业间谍、恶意攻击、后门、供应中断、信息泄露、违规操作等，分析供应链相关的脆弱性，综合研判后形成机构供应链的安全风险，选择风险处置策略以及应对安全风险的控制措施，实现供应链的安全管理。

根据我国《信息安全技术　关键信息基础设施安全保护要求》（GB/T 39204—2022）、《信息安全技术　ICT 供应链安全风险管理指南》（GB/T 36637—2018）以及网络安全有关政策文件和标准要求，供应链安全管理要求包括但不限于：

（1）选择有保障的供应方，防范出现产品和服务供应中断的风险，采购合同中应明确采购产品或服务的知识产权，同时要求供应方提供相关技术文档。

（2）建立和维护合格供应方名录，定期梳理和更新供应链企业、产品和人员清单，加强网络关键人员的安全管理，并对提供设计、建设、运维、技术服务的机构和人员评估安全风险，并采取管控措施。

（3）网络安全产品采购，要确保该产品的采购符合国家有关规定和相关国家标准，密码产品的采购要符合国家密码管理主管部门的要求和国家有关规定。采购网络关键设备和网络安全专用产品目录中的设备产品时，应采购通过国家安全检测认证的设备和产品。

（4）关键信息基础设施的运营者采购网络产品和服务，应预判该产品和服务投入使用后可能带来的国家安全风险，可能影响国家安全的，应当通过国家安全审查。关键信息基础设施的运营者应对供应方提出安全管理要求，与供应方和服务人员签署安全保密协议，明确安全责任和义务，明确供应方对机构的安全保护要求，要求提供者对网络产品和服务的设计、研发、生产、交付等加强安全管理，要求提供者加强自身网络安全建设和安全监测，对研发及测试环境安全、人员安全、账号及权限安全、接入安全、敏感数据保护等进行管理，并定期进行隐患排查。

（5）机构对供应方的服务和人员要进行安全准入管理，明确供应方人员的安全管理要求，明确供应方设备或操作的安全准入机制，并严格执行。

（6）应与产品和服务提供方建立漏洞风险处理和报告机制，当发现漏洞隐患和安全风险时，提供方要及时采取措施消除隐患和整改加固；涉及信息泄露或使用产品存在安全缺陷、重大漏洞等风险时，供应方和各机构应按规定进行报告并及时处置，防止风险扩大蔓延。

2.6 安全运营管理

2.6.1 环境安全管理

环境安全主要是从物理层面对信息化及其相关资产建立安全保护区域和安全边界，建立并实施对物理环境威胁的保护措施，例如自然灾害、物理攻击或有意无意的非法访问等物理威胁。环境安全管理主要包括机房环境安全、办公环境安全、移动和物联设备的环境安全。

1. 机房环境安全

机房环境安全应符合等级保护要求和《数据中心设计规范》（GB 50174—2017），机构应指定专门的部门或人员负责机房安全，对机房的供配电、空调、温湿度控制、消防等进行维护管理，确保机房内的设备能够安全、稳定运行。对机房进出的人员、物品等方面进行管理，有效控制内外部人员的进出和物品进出的安全。根据数据和设备重要程度的不同，设置不同的访问控制区域，实现分区域管理，不同区域之间设置防火隔离措施，并将重要设备与其他设备隔离开。

机构在选择云计算平台进行系统托管时，所托管的数据中心或机房的物理环境及云计算基础设施平台的安全保护等级应达到或高于信息系统的安全保护等级。承载重要信息系统的云计算基础设施及运营地点应位于中国境内，避免在境外对境内云计算平台实施远程运营和管理，确保机构的信息系统能够在符合国家有关要求的环境中运行。

2. 办公环境安全

办公环境安全重点是要加强对重要区域的安全访问管理，确保办公环境的设备能够在授权范围内使用，禁止越权访问；办公区域要妥善保管涉及敏感信息的文件、介质和设备；员工离开工作岗位时应关闭或锁屏计算机；办公设备在进行维护时应加强访问行为的管控；办公环境在进行外部人员访问时应有内部人员陪同；员工转离岗要做好访问权限和保密管理等，确保办公环境及其设备的安全管理。

3. 移动和物联设备的环境安全

（1）移动网络中的无线接入设备的运行环境应避免电磁干扰，选择合理的位置进行安装，设置安全的访问控制管理要求。

（2）物联网中的感知节点设备应选择在安全、稳定的物理环境进行运行。设备存放位置要避免强振动、避免强干扰，确保有稳定持久的电力供应能力，设备运行环境避免过冷或过热，且具备一定的防鼠、防盗机制等，保障感知节点设备能够持续有效运行。

2.6.2　介质和设备安全管理

介质和设备的安全管理是对介质的使用、存储、传递、保存以及设备的使用、维护等活动提供合适的安全管理，避免介质和设备在使用和处理过程中的安全风险，安全管理要求包括但不限于：

（1）介质和设备标识。要对介质和设备进行标签管理，明确其类型、责任人和用途等信息。

（2）介质和设备保存。要对介质和设备进行登记管理，重要介质和设备中存储的数据要采取备份或加密等安全措施，确保其安全性。

（3）介质和设备的访问和使用。要防止介质和设备被非授权访问，记录介质和设备的使用情况，设备的维护要避免敏感信息被非授权访问。

（4）介质和设备的传递。介质和设备在内外部传送过程中要确保其安全性，采取有效的安全保护措施，避免介质和设备损坏或丢失。

（5）介质和设备的回收。介质和设备不再使用时应对所承载的数据进行清除，介质和存储类设备应进行消磁，重新使用前应进行多次擦除和格式化，确保敏感信息被恢复使用，必要时应对介质和设备进行物理销毁。

2.6.3　资产和漏洞安全管理

机构应对资产进行安全管理，将资产分为数据、软件、硬件、文档、服务、人员等类型，编制并保存与保护对象相关的资产清单，包括资产责任部门、重要程度和所处位置等内容。根据资产的重要程度对资产进行标识管理，根据资产的价值选择相应的管理措施，并对信息进行分类与标识，对信息的使用、传输和存储等进行规范化管理。

机构应对网络安全漏洞进行识别、评估和修补，根据《信息安全技术 网络安全漏洞管理规范》（GB/T 30276—2020）对网络安全漏洞进行管理，主要包括漏洞发现和报告、漏洞接收、漏洞验证、漏洞处置、漏洞发布和漏洞跟踪等工作。机构可定期或不定期进行漏洞探测、分析和验证，并形成漏洞报告；定期或不定期收集或接收漏洞信息，依照漏洞的严重程度、受影响的业务范围，判断漏洞修复的时限，制定漏洞修复计划，确定漏洞修复和防范措施，不能修复的漏洞要根据情况制定进一步的处置方案和解决措施。漏洞发布应遵循国家漏洞相关规定，建立漏洞发布的内部审核机制，防范漏洞信息泄露和内部人员违规发布漏洞信息。漏洞修复后，要跟踪业务系统或设备的运行情况，确保漏洞修复工作不影响业务正常稳定运行。

2.6.4　网络安全风险管理

网络安全风险管理是动态的管理过程，通过一系列的风险管理手段指导和控制机构相关网络安全风险协调的活动，是网络安全管理的一个组成部分。参照《信息技术 安全技术 信息安全风险管理》（GB/T 31722—2015），网络安全风险管理过程一般包括背景建立、风险评估、风险处理、风险接受、风险沟通与风险监视和评审等活动。

（1）背景建立。这个阶段主要是确定风险管理的对象和范围，为实施风险管理做准备，需要对业务目标、技术和管理的特点要求等进行调研，分析网络和信息系统的组成情况、关键要素以及网络安全环境等，为下一步的风险评估奠定基础。

（2）风险评估。参考《信息安全技术 信息安全风险评估方法》（GB/T 20984—2022），对机构的资产、威胁、脆弱性和已有安全措施进行识别，对风险进行分析和评价，判断网络安全风险发生的可能性和影响的程度，综合分析结果后判定风险等级。

（3）风险处理。这个阶段主要是为了将风险评估的结果，通过采取安全管理和技术措施，把风险控制在可接受的范围内。机构要判断风险可接受的程度，选择风险处理方式，包括但不限于降低风险、转移风险、规避和接受风险等，从而确定风险控制措施，制定具体安全方案后实施控制措施，并对控制措施后的结果进行研判分析，确保残余风险可接受。

（4）风险接受。这个阶段要针对风险可接受情况和风险处置结果，通报机构的管理和决策层。机构的管理者或网络安全领导机构，要针对是否承担风险以及承担风险发生后的责任形成决策结果，并形成记录。

（5）风险沟通。通过决策者和其他利益相关方之间交换或共享风险信息，就如何管理风险达成一致的活动，风险信息包括但不限于风险的存在、性质、形式、可能性、严重性、处置和可接受性等。风险沟通是风险管理过程中始终会发生的活动。

（6）风险监测和评审。机构要对风险及其相关的资产的价值、威胁、脆弱性、影响和发生的可能性等因素进行持续的监测，评审风险处置的结果，动态地管理和监测风险变化；评审风险管理的过程，确保风险管理的过程和方法与业务目标、战略和策略保持一致。

关键信息基础设施运营者应自行或者委托网络安全服务机构，对关键信息基础设施安全性和可能存在的风险进行每年至少一次的检测评估，并及时整改发现的问题；安全检测评估内容包括但不限于网络安全制度落实情况、机构建设情况、人员和经费投入情况、教育培训情况、网络安全等级保护制度落实情况、商用密码应用安全性评估情况、技术防护情况、数据安全防护情况、供应链安全保护情况、云计算服务安全评估情况、风险评估情况、应急演练情况、攻防演练情况等，尤其关注关键信息基础设施跨系统、跨区域间的信息流动及其资产的安全防护情况。

2.6.5　网络和系统安全管理

网络和系统安全管理主要是对网络和系统安全策略管理、账户和口令管理、系统配置管理、升级和补丁管理、日志管理等方面作出规定，形成指导网络和系统进行安全操作的管理制度和技术规范。通过网络安全运营的过程，由专门的运营人员依据操作手册对设备和系统进行操作，记录日常的巡检、运维、操作和变更等信息，形成闭环的网络安全运营管理工作。

（1）网络和系统安全策略管理。机构应对网络结构和安全域、边界访问控制规则、互联互通规则、网络传输安全、远程访问规则、网络接入、系统服务和端口开放规则等安全策略进行明确要求，形成网络和系统的安全策略内容。

（2）账户和口令管理。设备和系统账号应保证用户身份标志的唯一性，某一用户账号具有相应的访问权限，避免使用系统或应用默认账户，限制对超级用户账号的使用，并定期对账号及其权限进行审核；口令设定应具有一定的复杂度，且应定期进行更换，系统或应用可采取多种认证方式，加强系统认证的安全性。

（3）系统配置管理。建立系统的配置信息库和安全配置基线，记录和保存基本配置信息，包括网络拓扑结构、各个设备安装的软件组件、软件组件的版本和补丁信息、各个设备或软件组件的配置参数等，要对系统的配置信息定期进行维护，确保配置信息的准确性，定期对系统的安全配置进行检查，确保设备和系统符合机构的安全配置基线要求。

（4）升级和补丁管理。机构要跟踪设备和系统的漏洞和补丁信息，通过正式渠道获取系统补丁，并对获取后的补丁进行测试，通过测试的补丁可进行加载，加载补丁前要对系统数据和配置等进行备份，并建立好回退策略，避免系统加载后产生的各类问题，加载后要进行业务验证，确保设备和系统正常使用。

（5）日志管理。设备和系统应进行日志记录，日志记录包括但不限于用户登录、访问、操作、时间等信息，日志保存时间应达到六个月。定期对日志信息进行安全审计，分析和检查是否存在违规行为等，形成日志审计记录。

2.6.6　恶意代码防范管理

恶意代码防范管理主要是对业务开展和工作中所使用的计算机、存储设备、通信软件等提出恶意代码防范的措施，规范所有用户的操作行为和防范恶意代码的意识，要明确恶意代码防范工作中相关方的安全职责，提出预防、监测和处置恶意代码的要求避免感染恶意代码，降低恶意代码所造成的安全影响，让所有用户都能够从规范行为和使用等方面，增强对恶意代码的防范意识。

恶意代码防范管理在实际工作中要与网络和系统安全运营管理相结合，通过减少网络和系统自身存在的隐患，加强对恶意代码防护软硬件的部署和实施，开展恶意代码相关的网络安全运营工作，确保针对恶意代码防护、监测、响应和处置等各环节控制的有效实施。

2.6.7　配置和变更管理

配置和变更管理与信息化运维中的配置、变更管理保持一致。其中配置管理重点关注影响网络安全的配置信息，包括但不限于网络拓扑结构、各个设备安装的软件组件、软件组件的版本和补丁信息、各个设备或软件组件的配置参数等。机构应建立网络中各类资产的配置信息库，当产生可能影响资产安全的漏洞或威胁信息时，机构能够根据配置信息库快速定位相关资产，并积极采用相应的安全控制措施。机构应建立安全配置基线规范，定期检查和评估信息资产的安全配置基线执行情况，对不满足配置基线规范的隐患资产要及时进行整改。

变更管理重点关注由于变更所产生的安全风险，应通过测试、演练或审核控制等方式，降低由于变更导致的风险隐患。在安全运营的工作中应遵循变更管理的控制要求，对信息系统配置、升级或改造等方面的变更应明确审批流程，控制变更风险，留存变更操作记录，操作结束后应同步更新配置信息库。依据变更的影响范围和紧急程度合理分级，制定与变更级别相匹配的管理和恢复流程，确保影响范围内各相关方能够充分参与，在变更过程中能够有效协同、及时响应，控制变更风险。

2.6.8　密码应用安全管理

依据《中华人民共和国密码法》《商用密码管理条例》《国家政务信息化项目建设管理办法》《商用密码应用安全性评估管理办法》等要求，业务系统在规划、建设和运行过程中应遵循"同步规划、同步建设、同步运行"的原则，使用密码技术对网络和信息系统进行保护。

（1）密码应用需求分析。按照国家网络安全法律法规和密码有关要求，第三级及以上信息系统应依据《信息安全技术 信息系统密码应用基本要求》（GB/T 39786—2021）开展业务系统密码应用需求分析，制定密码应用方案，规划和建设密码保障系统，开展密码应用安全性评估。根据业务安全需求、数据安全保护需求和业务系统网络安全保护等级，对系统面临的安全风险和风险控制需求进行分析，结合密码应用有关要求对系统的密码应用需求进行全面分析。

（2）密码应用方案设计和评审。根据密码应用需求分析设计相对应的密码应用方案，明确密码保护的对象，采用的密码措施，密码系统组成、功能、服务、算法、协议以及密钥管理体系等内容。信息系统项目立项时应编制密码应用方案，且通过密码应用安全性评估或评审。

（3）密码应用建设实施。按照密码应用方案开展密码保障系统建设，确保系统密码应用符合国家密码管理要求，采用符合法律法规的规定和密码相关国家标准、行业标准中有关要求的密码算法和密码技术，使用符合法律法规要求的密码产品、密码服务，密码产品应具备商用密码产品认证证书。

（4）密码应用安全评估。系统建设完成后应委托密码检测机构对系统开展密码应用安全性评估，项目验收应通过密码应用安全性评估。第三级及以上信息系统应每年开展一次密码应用安全性评估，且应按有关规定对评估结果进行报送和备案。

（5）密钥安全管理。机构要建立安全、有效的密钥管理措施，可结合网络安全管理制度同步落实和执行密码相关的建设和运维等有关管理要求。

（6）持续改进。密码应用安全应遵循持续改进的原则，根据安全需求、系统脆弱性、风险威胁程度、系统环境变化以及系统安全的深化程度等，及时调整、总结、检查密码应用措施和技术落实情况。系统变化或升级改造应按要求对系统密码应用方案和建设措施进行再次评估。

2.6.9　监测预警和信息通报管理

机构应建立并落实常态化监测预警、快速响应机制。建立网络安全监测预警和信息通报管理制度，确定网络安全预警分级准则，明确安全监测预警和信息通报管理的流程，对关键信息基础设施的安全风险进行监测预警。

依据《国家网络安全事件应急预案》有关要求，网络安全事件预警等级分为四级：由高到低依次用红色、橙色、黄色和蓝色表示，分别对应发生或可能发生特别重大、重大、较大和一般网络安全事件。按照"谁主管谁负责、谁运行谁负责"的要求，组织对本机构建设运行的网络和信息系统开展网络安全监测工作，根据监测研判情况，发布对应等级范围的预警信息，预警信息包括事件的类别、预警级别、起始时间、可能影响范围、警示事项、应采取的措施和时限要求、发布机关等。根据不同等级预警信息开展相应的响应和处置工作。信息通报应根据国家有关规定进行报送，报送内容包括但不限于网络安全工作情况、网络安全运行情况、网络安全事件和处置情况等。

2.6.10　安全事件处置和应急管理

依据《中华人民共和国网络安全法》、《国家网络安全事件应急预案》和《信息安全技

术 网络安全事件分类分级指南》（GB/Z 20986—2023）等相关法律法规和标准要求，网络安全事件是指由于人为原因、网络遭受攻击、网络存在漏洞隐患、软硬件缺陷或故障、不可抗力等因素，对网络和信息系统或者其中的数据和业务应用造成危害，对国家、社会、经济造成负面影响的事件。网络安全事件级别分为特别重大、重大、较大和一般网络安全事件四级。

机构在开展网络安全事件管理的过程中，要对网络安全事件进行分级分类管理，结合机构的业务和实际情况，分析机构发生网络安全事件的影响程度，对网络安全事件各级别的情况进行定义，形成机构自身的网络安全事件等级。通常情况，一般级别的网络安全事件可通过日常网络安全运营工作进行响应和处置，机构要对网络安全事件相关的漏洞、威胁和风险等进行持续的监测、分析和处置，同时开展网络安全事件的监测预警和信息通报管理，确保网络安全风险和事件能够早发现、早分析、早预警、早处置。在一般级别事件影响蔓延或变得更严重时，要分析是否满足启动应急预案的条件，在符合应急响应条件的情况下，要及时启动网络安全事件应急预案。

根据《国家网络安全事件应急预案》要求，网络安全事件的应急工作原则是坚持统一领导、分级负责；坚持统一指挥、密切协同、快速反应、科学处置；坚持预防为主，预防与应急相结合；坚持谁主管谁负责、谁运行谁负责，充分发挥各方面力量，共同做好网络安全事件的预防和处置工作。机构应建立网络安全应急响应领导小组和工作组，指挥、协调网络安全事件应急处置工作。

机构要根据自身的组织职能，制定本行业或机构内的总体应急预案，应急预案要明确所辖范围的应急预案启动条件、分级事件的应急处置流程、应急措施以及事后调查评估、事前预防和保障措施等内容；应急预案的相关内容应进行培训和演练，确保应急措施的有效性、应急流程的适用性等。重要信息系统还应根据实际情况，制定专项应急预案。关键信息基础设施要制定专项的应急预案，同时机构应根据实际情况，定期开展基于应急预案的演练、应急知识的培训和网络安全事件预防处置措施的教育宣传。网络安全事件应急响应工作要进行经验总结和调查评估，针对机构网络安全管理的缺失和不足，要及时采取纠正和完善措施，从而减少相似类型网络安全事件的发生，提升机构的网络安全防护能力。

2.6.11 业务连续性安全管理

业务连续性是指保证业务及信息系统免受重大失误或灾难的影响，防止业务和网络系统中断，确保网络系统一旦中断能够及时恢复。业务连续性安全管理包括业务连续性风险分析、识别影响业务中断的事件以及灾难恢复措施等。为确保业务连续性应制定灾难恢复计划和预案，建立灾难恢复中心，确保发生重大灾难时能够按网络系统的重要程度以及业务功能优先级进行灾难恢复。灾难恢复资源包括但不限于数据备份系统、备份应用系统、数据处理系统、备用网络系统、备用基础设施、专业技术支持能力、运行管理能力和灾难恢复预案等。

《安全与韧性　业务连续性管理体系　要求》（GB/T 30146—2023）中，业务连续性是指中断期间，机构以预先设定的能力在可接受的时间内连续交付产品和服务的能力。机构建立业务连续性安全管理体系的目的在于通过实施和运行控制措施来管理组织机构应对中断事件的整体能力从而保障当组织机构的核心业务发生中断后，在规定的时间内将核心业务从中断事件中进行恢复，并通过控制措施保障组织机构在进行业务恢复过程中和业务恢复后能够与媒体、组织机构自身员工进行良好的沟通交流。机构的业务连续性安全管理不仅仅是网络安全管理的工作，还同时跨越了风险管理、灾难恢复、紧急事件管理、知识管理、危机通信和公共关系等多个学科，为了保持机构的业务连续性，需要机构管理、业务和各有关部门的共同协作。

保障业务连续性的主要手段是建立容灾备份中心，确保重要业务信息、系统数据以及软件系统等能够定期备份，根据数据和系统的运行影响程度，制定不同的备份策略、恢复策略以及备份恢复程序等。根据《信息安全技术　信息系统灾难恢复规范》（GB/T 20988—2007），机构应确定灾难恢复需求、策略、预案等，提供灾难恢复中心日常的安全运营，针对关键业务功能及恢复的优先顺序和事件范围，确定相应的备份恢复策略。关键信息基础设施要根据备份恢复策略，实现异地备份，其中数据可用性要求高的要采取数据库异地实时备份措施，系统可持续性要求高的要采取系统异地实时备份措施，确保关键信息基础设施一旦被破坏，能够及时进行恢复和补救。

2.7　安全监督管理

2.7.1　国家监督管理

1. 网信部门

《中华人民共和国网络安全法》第八条明确规定："国家网信部门负责统筹协调网络安全工作和相关监督管理工作。"第二十三条规定："国家网信部门会同国务院有关部门制定、公布网络关键设备和网络安全专用产品目录，并推动安全认证和安全检测结果互认，避免重复认证、检测。"同时，在第三十九条、第五十一条、第五十三条中进一步细化统筹协调工作内容，分别规定国家网信部门应当统筹协调有关部门对关键信息基础设施的安全保护采取措施；国家网信部门应当统筹协调有关部门加强网络安全信息收集、分析和通报工作，按照规定统一发布网络安全监测预警信息；国家网信部门协调有关部门建立健全网络安全风险评估和应急工作机制，制定网络安全事件应急预案，并定期组织演练。这些条款共同形成了网信部门的网络安全统筹协调和监督管理主要工作。

2. 公安机关

《中华人民共和国网络安全法》第八条明确规定："国务院电信主管部门、公安部门和其他有关机关依照本法和有关法律、行政法规的规定，在各自职责范围内负责网络安全保护和监督管理工作。"《中华人民共和国计算机信息系统安全保护条例》第六条明确规定："公安部主管全国计算机信息系统安全保护工作。"《关键信息基础设施安全保护条例》第三条明确规定："在国家网信部门统筹协调下，国务院公安部门负责指导监督关键信息基础设施安全保护工作。"《公安机关互联网安全监督检查规定》第三条明确规定："互联网安全监督检查工作由县级以上地方人民政府公安机关网络安全保卫部门组织实施。"这些条款共同形成了公安机关的网络安全监督职责和主要职能。

公安机关是执法机构，通常会针对机构的网络安全法律法规执行情况进行监管，监督网络安全等级保护制度和关键信息基础设施安全保护的执行落实情况，在出现对机构造成一定影响的网络安全事件时，可报告当地公安机关进行事件查处。机构一方面要全力配合公安机关的网络安全执法监管，另一方面也要建立并完善与公安机关信息通报、事件报告等工作机制。

3. 国家密码管理部门

《中华人民共和国密码法》第五条明确规定："国家密码管理部门负责管理全国的密码工作。县级以上地方各级密码管理部门负责管理本行政区域的密码工作。"第十七条明确规定："密码管理部门根据工作需要会同有关部门建立核心密码、普通密码的安全监测预警、安全风险评估、信息通报、重大事项会商和应急处置等协作机制，确保核心密码、普通密码安全管理的协同联动和有序高效。密码工作机构发现核心密码、普通密码泄密或者影响核心密码、普通密码安全的重大问题、风险隐患的，应当立即采取应对措施，并及时向保密行政管理部门、密码管理部门报告，由保密行政管理部门、密码管理部门会同有关部门组织开展调查、处置，并指导有关密码工作机构及时消除安全隐患。"《商用密码管理条例》第九条、第十条、第四十三条进一步提出国家密码管理部门的监督管理职责，分别规定国家密码管理部门组织对法律、行政法规和国家有关规定要求使用商用密码进行保护的网络与信息系统所使用的密码算法、密码协议、密钥管理机制等商用密码技术进行审查鉴定；国家密码管理部门依据职责，建立商用密码标准实施信息反馈和评估机制，对商用密码标准实施进行监督检查；密码管理部门依法组织对商用密码活动进行监督检查，对国家机关和涉及商用密码工作的单位的商用密码相关工作进行指导和监督。

机构在开展密码相关工作时，接受国家密码管理部门的监管，应当按照国家有关要求落实相关密码应用和管理工作。

2.7.2 地方和行业监督管理

1. 地方监督管理

《中华人民共和国网络安全法》第八条明确规定："县级以上地方人民政府有关部门的网络安全保护和监督管理职责，按照国家有关规定确定。"第十九条规定："各级人民政府及其有关部门应当组织开展经常性的网络安全宣传教育，并指导、督促有关单位做好网络安全宣传教育工作。"第五十六条进一步提出："省级以上人民政府有关部门在履行网络安全监督管理职责中，发现网络存在较大安全风险或者发生安全事件的，可以按照规定的权限和程序对该网络的运营者的法定代表人或者主要负责人进行约谈。"这些条款共同构成各地方政府对机构网络安全工作的监管管理工作职责。机构要根据地方政府的管理要求，依法合规开展网络安全相关工作。

2. 行业监督管理

《党委（党组）网络安全工作责任制实施办法》明确了行业主管监管部门的网络安全监管责任和工作职责，明确规定："行业主管监管部门对本行业本领域的网络安全负指导监管责任。没有主管监管部门的，由所在地区负指导监管责任。主管监管部门应当依法开展网络安全检查、处置网络安全事件，并及时将情况通报网络和信息系统所在地区网络安全和信息化领导机构。各地区开展网络安全检查、处置网络安全事件时，涉及重要行业的，应当会同相关主管监管部门进行。"

《中华人民共和国网络安全法》第三十二条规定："按照国务院规定的职责分工，负责关键信息基础设施安全保护工作的部门分别编制并组织实施本行业、本领域的关键信息基础设施安全规划，指导和监督关键信息基础设施运行安全保护工作。"第五十二条、五十三条进一步规定负责关键信息基础设施安全保护工作的部门，应当建立健全本行业、本领域的网络安全监测预警和信息通报制度，并按照规定报送网络安全监测预警信息。负责关键信息基础设施安全保护工作的部门应当制定本行业、本领域的网络安全事件应急预案，并定期组织演练。《关键信息基础设施安全保护条例》第八条规定："本条例第二条涉及的重要行业和领域的主管部门、监督管理部门是负责关键信息基础设施安全保护工作的部门。"

通常情况，行业主管监管部门会发布和出台指导行业网络安全工作的管理办法、总体策略等顶层要求；编制出台网络安全工作某些领域性政策文件、专项的网络安全规范性文件，例如面向行业进行全局管理的信息通报管理要求、网络安全事件应急总体预案、网络安全联防联控等管理要求；结合行业网络安全保护对象和网络安全技术，参考国家有关标准规范，出台网络安全技术相关的标准规范，用于指导各有关机构开展相关领域的网络安全建设和运营。为了从行业整体网络安全防护和保障水平提升的角度，行业主管监管部门会通过网络安全检查、风险评估、实战攻防等方式，发现行业网络安全防护短板，识别行业网络安全风险，修订和完善行业的网络安全管理要求，形成更实用、全面、有效的网络安全管理策略、要求和规范等。

关键信息基础设施涉及的重要行业和领域的主管部门、监督管理部门是负责关键信息基础设施安全保护工作的部门，主要职责包括：

（1）要结合本行业、本领域实际，制定关键信息基础设施认定规则，报国务院公安部门备案，并根据认定规则组织机构认定本行业、本领域的关键信息基础设施。

（2）应当制定本行业、本领域关键信息基础设施安全规划，明确保护目标、基本要求、工作任务、具体措施。

（3）应当建立健全本行业、本领域的关键信息基础设施网络安全监测预警制度，及时掌握本行业、本领域关键信息基础设施运行状况、安全态势，预警通报网络安全威胁和隐患，指导做好安全防范工作。

（4）应当按照国家网络安全事件应急预案的要求，建立健全本行业、本领域的网络安全事件应急预案，定期组织机构应急演练；指导运营者做好网络安全事件应对处置，并根据需要组织机构提供技术支持与协助。

（5）应当定期组织机构开展本行业、本领域关键信息基础设施网络安全检查检测，指导监督运营者及时整改安全隐患、完善安全措施。

不同领域、行业应根据本领域、本行业的实际情况对网络安全工作进行监督管理，机构要充分熟悉行业网络安全工作的相关政策文件要求，按照行业或领域的网络安全要求开展工作，积极配合行业主管监管部门的监督检查，对发现的网络安全问题积极进行整改和完善。

3. 联防联控管理

机构之间为了能够协同有效、形成合力共同对抗网络安全攻击，应由行业主管单位或地方监管单位等组织建立信息通报机制，能够对网络安全威胁、漏洞和事件等情报信息进行共享，能够建立闭环的信息通报、预警和处置机制，从而提升整体的网络安全对抗能力。

同时，为了能够提升行业威胁监测和预警处置水平，确保行业情报共享、内外协同、上下联动，具备应对重大威胁及防御有组织攻击的能力，行业主管单位可结合行业网络安全工作管理的实际情况，建立网络安全联防联控机制，形成"牵一发而动全身"的连锁响应机制，实现"一处报警，处处设防；一处威胁，处处处置"的联防联控协同效果。

网络安全联防联控管理包括但不限于：①确定联防联控组织分工，明确上下级机构以及机构内部之间的协同责任分工；②建立日常网络安全协调沟通机制，通过建立信息共享工作群等方式，加强对日常网络安全政策要求、漏洞情报、威胁预警以及网络安全风险等相关信息的沟通和共享；③建立正式、有效、安全的网络安全信息通报渠道，按要求开展网络安全信息通报工作；④明确网络安全事件协同处置机制，明确网络安全事件的协同处置流程，加强统一指挥、资源共享、内外协同、上下协调等，切实提升机构整体的网络安全风险的应对和攻击对抗能力。

2.7.3 运营者内部监督管理

机构内部应根据实际情况建立或明确内部的网络安全监管和审计部门，发现网络安全工作中的不足，推进网络安全工作持续改进，开展内部监督管理和持续改进的相关工作主要包括：

（1）网络安全监督审核。对安全建设、运营和改进过程进行监督和评估，以确保安全措施的有效实施和持续改进。监督审核工作包括制定监督计划和评估标准，监测安全控制措施的执行情况，定期督促安全风险的改进情况，提供安全建议和指导，以及协调安全审核和审计工作。

（2）网络安全指标评价。定义、收集、分析和管理机构的网络安全指标，评价网络安全工作开展情况和效果。网络安全指标可能涉及对安全能力、管理过程和执行结果的评价，通过制定指标、确定收集和分析的方法、进行计算和评价等方式对数据结果进行展示。机构要能够从指标的结果中发现问题，提出改进建议并完善网络安全管理和技术措施。

（3）网络安全合规审查。依据国家网络安全法律法规和标准规范，基于机构自身制定的网络安全管理制度要求，定期开展网络安全内部审查，针对内部审查发现的问题，要评估、分析问题产生的原因，采取修补相应的防护措施，完善安全管理制度等要求。

（4）网络安全风险评估。对机构的网络安全风险进行评估和分析，以识别和评估潜在的威胁和漏洞，为制定有效的风险管理策略提供支持。具体工作包括收集和整理相关数据和信息，识别和分类安全威胁和风险，分析威胁的潜在影响和可能性，评估现有的安全控制措施的有效性和弱点，提出风险缓解和管理的建议和措施，编制风险评估报告和分析，推动风险管理策略的执行。

（5）网络安全策略有效性验证。评估和验证机构安全策略的实施情况和有效性，通过使用安全评估工具和技术，对纵深防御措施、应用和数据防护措施、主动防御措施等技术措施及相关安全策略的有效性进行审查、验证和评估，并提供改进建议。

2.7.4 安全管理指标与考核评价

1. 管理指标

机构通过建立网络安全管理指标体系，可以有效地评估机构的网络安全管理工作，及时发现和解决问题，提高网络安全管理的质量和效率。同时，还需要不断总结和改进网络安全管理评价体系，以更好地适应业务和技术的发展。机构可参考《信息安全技术 信息安全保障指标体系及评价方法 第 2 部分：指标体系》（GB/T 31495.2—2015）对信息安全保障指标体系进行管理指标设计。安全管理指标主要评价法规标准体系建设情况、组织机构建设情况、人才队伍保障情况、安全意识保障情况、资金投入保障情况等方面。安全管理指标设计可选择网络安全工作中具有代表性的易操作、可量化、可比性高、能够客观反映网络安全的实际情况信息作为指标，对整体网络安全水平进行评估，促进网络安全工作持续改进，为监督者提供工具。

安全管理指标也可以根据机构和个人等不同类型进行划分，面对机构的安全管理指标可结合实际网络安全工作情况。安全管理指标应考虑安全战略管理、安全责任和意识、安全人员和技术能力、安全运行工作等日常工作落实情况，以及等级保护、安全检查、信息通报等网络安全专项工作落实情况。个人的安全管理指标可结合机构实际工作情况进行设计，机构内领导班子和有关领导干部关于网络安全责任的考核指标评价内容，包括但不限于网络安全责任制落实情况，网络安全的主要目标、基本要求、工作任务和保护措施部署情况，网络安全工作重大事项的研究和资源保障情况，网络安全事件的处置、通报和反馈等情况，网络安全教育培训以及网络安全检查开展情况等。

2. 考核评价

机构可通过安全管理指标考核评价网络安全绩效和网络安全管理体系的有效性。《党委（党组）网络安全工作责任制实施办法》提出应当建立网络安全责任制检查考核制度，完善健全考核机制，明确考核内容、方法、程序，考核结果报主管部门，作为对领导班子和有关领导干部综合考核评价的重要内容。

（1）机构在设计安全管理组织架构和职责时，应明确机构内安全考核评价组织，明确机构内安全评价考核的职责和权限，以确保考核评价工作的协调和执行。

（2）机构的安全管理制度体系中，应制定考核评价流程、考核评价周期、考核评价范围、考核评价方法等相关制度，以确保考核工作规范有序开展；制定根据考核评价结果的奖惩及总结整改制度，以强化网络安全管理工作的责任和意识。

2.8 实践案例

2.8.1 安全管理体系设计实践

某机构在设计网络安全管理体系框架时，顶层提出网络安全方针策略，明确了网络安全管理的目标，在策略的指导下建立网络安全组织架构，网络安全管理制度着重体现了以风险管理为核心的可持续改进的过程管理思想，形成的网络安全管理体系框架如图 2-2 所示。

（1）网络安全方针策略和目标。网络安全目标是全面提升机构的网络安全能力，达到国家相应等级的网络安全整体防护等级水平，全面保障机构的业务系统安全稳定运行，同时提出"主管领导负责、全员参与、合规性管理、监督制约、规范化管控、持续改进"等网络安全管理原则。网络安全方针和策略是网络安全管理体系中的管理承诺，网络安全方针通过文件的形式描述机构的安全目标，并描述机构业务框架下的网络安全策略要求。明确的方针和策略是网络安全管理体系的关键成功因素之一，机构管理者应首先能够充分理解和认识机构所面临的风险，在保障业务的基础上将机构战略与网络安全战略相结合，形成机构的网络安全方针。

（2）网络安全管理机构由网络安全和信息化领导小组、网络安全和信息化领导小组办公室、网络安全职能部门以及网络安全专职岗位人员组成。网络安全和信息化领导小组由机构主管领导牵头，各部门负责人为成员，建立网络安全工作的领导、决策机构，批准机构的网络安全方针策略和目标，从决策层角度对网络安全管理提供支持；网络安全和信息化领导小组下设办公室，网络安全和信息化领导小组办公室作为网络安全的管理机构，组织拟定网络安全总体策略、规划、各项规章和标准规范等，组织协调网络安全等级保护、应急响应、安全教育培训等网络安全管理协调工作；机构设置网络安全职能部门，负责具体落实网络安全的日常工作，包括但不限于网络安全合规管理、风险管理、人员安全管理、建设安全管理和运维安全管理等网络安全工作；网络安全职能部门设立网络安全专职岗位，包括安全主管、安全管理员、安全审计员等。

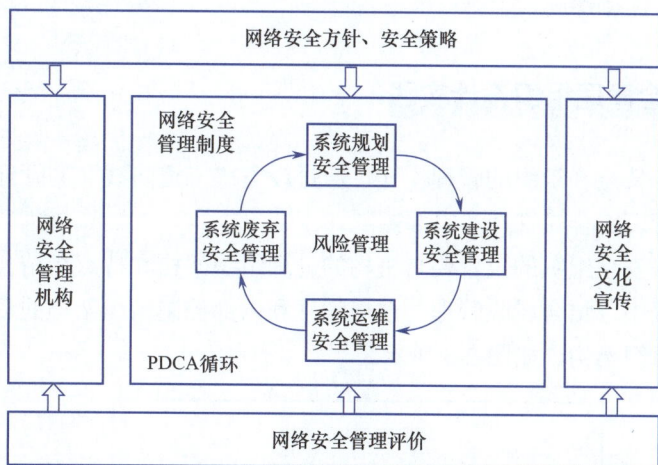

图 2-2　网络安全管理体系框架

（3）网络安全管理制度和标准规范，在网络安全方针策略和目标的指导下，满足国家网络安全等级保护要求，结合网络安全管理体系编制网络安全组织管理、人员安全管理、安全检查和审核管理、安全制度管理、风险管理、机房安全管理、办公环境安全管理、信息资产安全管理、设备安全管理、介质安全管理、应用系统安全管理、信息安全事件处置和应急响应等安全管理制度。配合网络安全保护对象和技术措施，编制主机服务器安全配置规范、网络和安全设备安全配置规范、应用中间件和数据库安全配置规范、身份和授权安全技术规范、密码应用安全技术规范、访问控制技术要求、应用系统开发安全技术规范和设备安全运营技术规范等标准规范。

（4）网络安全管理制度的执行采用过程管理（PDCA 循环）的方法，通过识别和评估机构的安全风险，选择相应的网络安全风险控制措施，并把控制措施形成网络安全管理制度和技术要求，通过持续地执行、评估和监督检查进行改进和完善，同时网络安全管理制度和技术要求应覆盖网络和信息系统生命周期，覆盖从规划、建设、运维到废弃的各个阶段。通过风险评估确定所识别网络信息资产的安全风险以及处理信息安全风险的决策，形成网络安全要求。选择和实施控制措施以降低风险，确保风险降至可接受的水平。控制措施的实施要与业务信息化的规划、建设、运维相同步，否则可能导致额外的成本或较低的效果，甚至可能无法实现足够的安全性。

（5）网络安全管理评价是促进网络安全管理能够执行并持续改进的有效措施，机构可建立网络安全管理评价的指标体系，通过监控和评估网络安全指标或绩效推进网络安全管理体系的改进和完善。在评价安全管理体系的有效性时，通过确定监测和评价对象，选择相适应的评价和分析方法对安全管理控制是否发挥作用进行评价，可分成对网络安全工作执行、网络安全态势以及网络安全防御能力等各方面进行评价。另外，机构应定期对网络安全管理体系执行的过程和结果进行审计，审计结果应报告至相关管理层，同时管理者按计划评审机构的网络安全管理体系，确保其持续的适用性、充分性和有效性，促进机构的网络安全管理水平保持螺旋式上升。

2.8.2 安全管理组织设计实践

机构根据业务特点和组织的管理模式，通过设立"三道防线"的管理组织架构，开展机构内部的风险管理、合规管理和内部控制。

这些机构网络安全组织的设置要与机构的管理组织架构和特点相结合，在落实网络安全管理责任的过程中，结合风险管理、合规管理和内部控制组织架构的责任分工，对照形成网络安全管理组织架构，如图 2-3 所示。

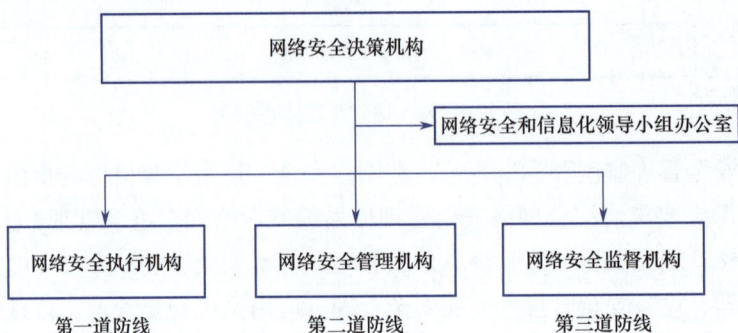

图 2-3 网络安全管理组织架构

成立网络安全和信息化领导小组，作为网络安全决策机构，整体负责网络安全、数据安全以及个人信息保护等重大事项的决策议事工作，同时下设网络安全和信息化领导小组办公室，负责网络安全日常事务工作、网络安全事项初步审计，由网络安全管理部门具体负责执行。同步设立网络安全三道防线，分别是：

第一道防线为各业务部门、运维部门、开发部门、数据处理部门、网络安全工程和网络安全运营等部门，是网络安全执行机构。主要负责网络安全风险的事前、事中预防防护工作，包括按安全要求实施、处置风险问题、落实整改建议等。

第二道防线为网络安全管理部门，是网络安全管理机构。负责网络安全风险事前识别和事中监督工作，包括网络安全风险识别、风险分析、提出风险处置建议措施等；负责网络安全策略、规划和安全管理制度的编制；负责网络安全培训、应急演练、风险评估等工作；

第三道防线为内部审计和风险管理部门，是网络安全监督机构。负责网络安全风险的事后审计，包括审计计划、审计实施、提出审计整改建议等。

2.8.3　安全管理制度设计实践

基于我国的网络安全等级保护制度的安全管理要求，依据网络安全法律法规和标准规范要求，结合信息安全管理体系标准和文件体系结构，形成网络安全管理制度框架参考如图 2-4 所示。

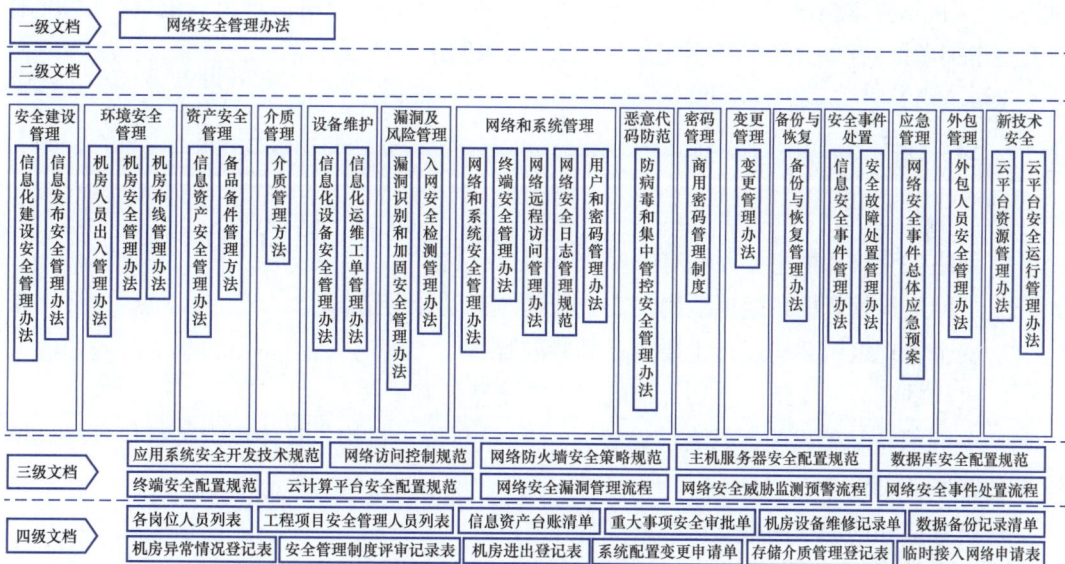

一级文档：网络安全管理办法

二级文档：

分类	文档
安全建设管理	信息化建设安全管理办法；信息发布安全管理办法
环境安全管理	机房人员出入管理办法；机房布线管理办法
资产安全管理	信息资产安全管理办法；备品备件管理办法
介质管理	介质管理方法
设备维护	信息化设备安全管理办法
漏洞及风险管理	漏洞识别和加固安全管理办法；入网安全检测管理办法
网络和系统管理	网络和系统安全管理办法；终端安全管理办法；网络远程访问管理办法；网络安全日志管理规范；用户和密码管理办法
恶意代码防范	防病毒和集中管控安全管理办法
密码管理	商用密码管理制度
变更管理	变更管理办法
备份与恢复	备份与恢复管理办法
安全事件处置	信息安全事件管理办法；安全故障处置管理办法
应急管理	网络安全事件总体应急预案
外包管理	外包人员安全管理办法
新技术安全	云平台资源管理办法；云平台安全运行管理办法

三级文档：应用系统安全开发技术规范、网络访问控制规范、网络防火墙安全策略规范、主机服务器安全配置规范、数据库安全配置规范、终端安全配置规范、云计算平台安全配置规范、网络安全漏洞管理流程、网络安全威胁监测预警流程、网络安全事件处置流程

四级文档：各岗位人员列表、工程项目安全管理人员列表、信息资产台账清单、重大事项安全审批单、机房设备维修记录单、数据备份记录清单、机房异常情况登记表、安全管理制度评审记录表、机房进出登记表、系统配置变更申请单、存储介质管理登记表、临时接入网络申请表

图 2-4　网络安全管理制度框架参考

（1）一级文档，是机构的顶层文件。机构制定并出台《网络安全管理办法》，提出网络安全遵循"积极利用、科学发展、依法管理、确保安全"的方针，坚持以"明确责任、依法合规、重点保护、分级负责、主动防御、强化监管"的总体原则开展网络安全工作，按照"谁主管谁负责、谁建设谁负责、谁运行谁负责、谁使用谁负责"的原则进行责任分工等，明确机构网络安全组织架构和组织职责，及不同部门的网络安全责任分工，同时提出网络安全人员安全、建设安全、运行安全、监测预警、应急响应、监督考核与责任追究等总体安全要求。

（2）二级文档，是机构的网络安全管理制度。针对网络安全建设管理、环境安全管理、资产安全管理、介质管理、设备维护、漏洞及风险管理、网络和系统管理、恶意代码防范、密码管理、变更管理、备份与恢复、安全事件处置、应急管理、外包管理和新技术安全等方面，制定并发布了相应的管理办法。

（3）三级文档，是机构网络安全技术配置规范、操作规程和工作流程。针对网络和系统相关应用、数据库、防火墙、主机服务器、数据库等保护对象技术要求制定了安全规范，同时针对日常的网络安全运营工作制定了流程和操作规程，这些规范和流程包括但不限于《应用系统安全开发技术规范》《网络访问控制规范》《网络防火墙安全策略规范》《主机服务器安全配置规范》《数据库安全配置规范》《终端安全配置规范》《云计算平台安全配置规范》《网络安全漏洞管理流程》《网络安全威胁监测预警流程》《网络安全事件处置流程》等。

（4）四级文档，是机构执行网络安全管理制度和操作规程的记录表单。各类制度的执行配套了各类表单和记录单，包括但不限于《各岗位人员列表》《工程项目安全管理人员列表》《信息资产台账清单》《重大事项安全审批单》《机房设备维护记录单》《数据备份记录清单》《机房异常情况登记表》《安全管理制度评审记录表》《机房进出登记表》《系统配置变更申请单》《存储介质管理登记表》《临时接入网络申请表》等。

习 题

1. 网络安全管理的主要原则有哪些？
2. 从网络运营者的角度谈谈网络安全管理体系设计思路。
3. 安全管理组织架构设计主要涵盖哪些内容？
4. 机构的党委（党组）主要承担的网络安全责任有哪些？
5. 关键信息基础设施运营者应设置＿＿＿＿＿＿＿＿机构，具体负责关键信息基础设施的安全保护工作。
6. 机构应如何加强网络安全沟通和合作？
7. 安全管理制度体系通常分成几层？每层主要包括哪些文件类型？
8. ＿＿＿＿＿＿是网络安全运营和活动执行的重要体现。
9. 机构针对内部人员与外部人员的安全管理有什么区别？
10. 安全建设管理中对于信息化项目建设的安全管理需要满足哪些要求？
11. 安全运营管理中提出了哪些方面的安全管理要求？
12. 请列举网络安全事件预警等级及对应的颜色。
13. 网络安全联防联控管理主要包含哪些工作？
14. 运营者内部应如何落实监管要求，如何开展内部监督管理工作？
15. ＿＿＿＿＿＿＿＿＿＿提出应当建立网络安全责任制检查考核制度。

第 3 章

网络安全技术体系

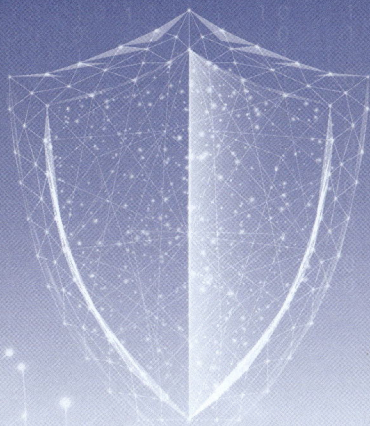

本章介绍网络安全技术体系，主要包括网络安全技术架构、基础安全防护措施、数据安全防护措施、扩展安全防护措施和统一安全支撑平台五部分。其中，基础安全防护措施包括安全物理环境、安全通信网络、安全区域边界和安全计算环境等；数据安全防护措施包括数据采集安全、数据传输安全、数据存储安全、数据处理安全、数据交换安全、数据销毁安全等；扩展安全防护措施包括云计算安全、移动互联安全、物联网安全、工业控制系统安全等；统一安全支撑平台包括安全管理与运营平台、统一身份认证管理平台、统一密码服务平台等。通过对本章的学习，读者可以深入了解网络安全技术体系建设的整体内容，为从事网络安全建设工作打好基础。

3.1　网络安全技术架构

网络安全技术体系涵盖基础安全防护措施、数据安全防护措施、扩展安全防护措施，以及统一安全支撑平台等相关的网络安全设备与系统，旨在为机构网络安全管理、运营与保障体系提供系统和工具支撑，以预防、识别并抵御外来威胁与内部风险，保障机构网络和数据安全。在开展网络安全技术体系建设时，机构应参考成熟先进的网络安全技术架构，如 NIST 网络安全框架、P2DR 模型、自适应安全架构等。机构根据所处发展阶段、数字化转型水平、信息化业务等实际情况，首先开展网络安全技术架构设计，再在此基础上开展基础安全防护、数据安全防护等网络安全建设。

3.1.1　网络安全技术架构的重要性

网络安全技术架构设计是网络安全技术体系建设的基础。先进实用的网络安全技术架构可以提高抗打击能力、弹性应对能力，提升网络的可用性和稳定性。例如，通过使用负载均衡、冗余备份和容灾技术，可以确保网络在面临攻击时仍能正常运行，保障业务的连续性和稳定性。

先进实用的网络安全技术架构有助于提高网络的灵活性和可扩展性。随着业务的不断发展和网络环境的快速变化，网络规模和复杂性也在不断增加，采用模块化设计和可配置的安全策略，可以方便地调整和优化网络架构，满足不同业务的网络安全需求。

先进实用的网络安全技术架构有助于提高网络安全的管理效率并降低成本。一个合理的网络安全技术架构能够提供集中管理和监控的服务，可以减少人工操作和管理的工作量，提高管理效率。

3.1.2　网络安全技术架构发展

随着网络安全技术架构不断发展，常见的架构包括边界防御架构、纵深防御架构、零信任架构和可信计算架构等，下文分别展开介绍。

1. 边界防御架构

边界防御架构通过在网络边界处严密设防，如代理、网关、路由器、防火墙、加密隧道等，监控进入终端的外界程序，在恶意代码尚未运行时即对其安全性进行鉴定，从而最大限度地保障本地计算机的安全。其中，4 类较为常见的边界防御技术分别是防火墙技术、多重安全网关技术、网闸技术，以及虚拟专用网（Virtual Private Network，VPN）技术。

边界防御技术架构如图 3-1 所示，它可以控制外部网络对内部网络的访问，加强内部网络安全。边界防御还可以通过对进入内部网络的文件进行安全鉴定，防止内部信息外泄，隐藏内部网络的敏感信息。由于内外网之间数据的传输必须经过边界防御，一切未被允许的就是禁止的，只有被授权合法的数据，即在边界防御系统安全策略中允许的数据，才能穿过网络边界，保障内部网络的整体安全。此外，边界防御架构通过日志记录对网络存取和访问进行监控审计。在边界防御架构中，边界防护机制是内、外部网络的唯一通信通道，它们可以详细记录所有针对内部网络的访问，形成完整的日志文件，以此达到监控审计的目的。

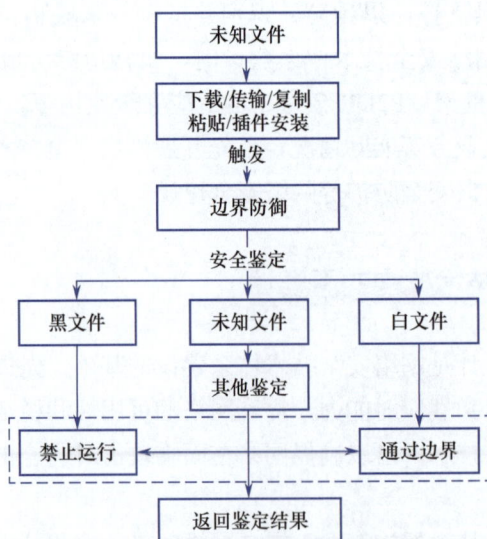

图 3-1　边界防御架构

边界防御架构的优势主要集中在 3 个方面。首先，可以快速鉴别未知文件是否安全。未知文件一旦到达网络边界，将触发边界防御对其安全性迅速做出判断，从而保证安全防护的效率。其次，无需安装专门的杀毒软件。避免传统杀毒软件对系统资源的不合理占用，解放了系统资源，同时人机界面良好，用户配置方便。最后，低成本实现有效防御。由于传统杀毒软件重客户端轻服务端，客户端对抗病毒的成本高昂，而边界防御架构只需配置防火墙等防御机制，就能控制外部网络对内部网络的访问，保障内部网络的安全。

边界防御架构虽然在网络边界处部署了防护机制，但受限于其产生的时代背景，该架构在当前来看存在一定的局限性。首先，无法防范来自网络内部的安全威胁。由于边界防御架构只在网络边界处设置防护措施，将不安全的外部威胁挡在边界外，而内部恶意用户和缺乏安全意识的用户的存在，都会给系统内部带来安全风险。其次，无法防范绕过边界防御的攻击。边界防御是单一的、静态的安全防护技术，只要携带病毒的文件通过某种手段绕过边界防御的检测，便可以进入网络内部散播病毒，威胁整个系统的安全。最后，无法抵御数据驱动型攻击。边界防御架构通常无法抵御数据投毒等数据驱动型网络攻击，这意味着在当前以高隐蔽性复杂攻击为新安全挑战的网络环境中，边界防御正面临着极大危机。

2. 纵深防御架构

由于攻击方式的多样性，任何单一防御机制都不足以对抗所有类型的攻击，网络存在被攻破的可能性，为此纵深防御架构应运而生。"纵深防御"也被称为深度防护策略（Defense in Depth，DiD），是一种采用多样化、多层次的防御措施来保障信息系统安全的策略，其主要目标是在攻击者成功破坏某种防御机制的情况下，仍能利用其他防御机制继续为信息系统提供保护。

纵深防御架构的基本思路是将各类网络安全防护措施有机结合，针对保护对象，部署合适的安全措施，形成多道保护防线，在各安全防护措施相互支持和补救下，尽可能地阻断攻击者的威胁。根据美国国防部提出的"防护、检测、响应、恢复"（Protection，Detection，Reaction，Recovery，PDRR）模型，纵深防御架构通过在这些技术框架区域中实施保障机制，最大程度地降低风险，应对攻击并保护信息系统的安全。

纵深防御架构如图 3-2 所示，它不是安全设备或系统的简单堆积，而是在各个层面有针对性且合理地部署各类防护或检测系统，形成系统间的优势互补，从而实现对安全态势的全面感知。纵深防御架构通过多点布防、以点带面、多面成体，形成一个多层次、立体的全方位防御体系来维护网络安全，其特点可概述为以下三点。

（1）多点防护

部署位置主要包括网络和基础设施、区域边界、计算环境和支撑性基础设施，通过在这四个重点方位布置全面的防御机制，将信息系统的安全风险降至最低。

（2）分层防御

在攻击者和目标之间部署多层防御机制，每个机制都能对攻击者形成一道屏障，且各防御机制在功能上相互协同和补充。根据网络的层次化体系结构，分层部署防护和检测措施形成了层次化的安全配置，增加了攻击被检测到的概率，大大提高了攻击成本。

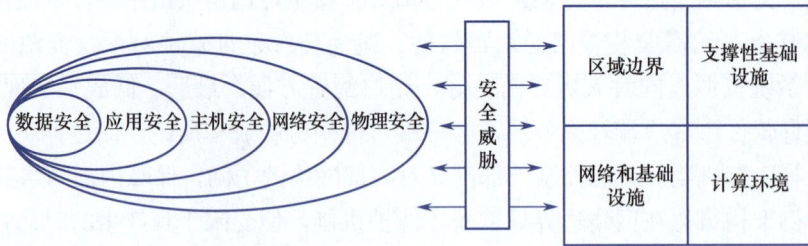

图 3-2　纵深防御架构

（3）分级防护

根据信息系统各部分的重要性等级，在对应安全强度下配置防护措施，以平衡纵深防御架构建设成本和安全需求之间的关系。

纵深防御架构虽然搭建了多层防护屏障，避免了对单一安全机制的依赖，但其仍然存在三个方面的局限性。

首先，各区域安全措施相对独立，缺乏统一的管理。由于纵深防御架构将人作为核心要素，安全人员一旦发现潜在风险，需要对所有安全措施进行逐个配置，增加了管理的复杂度。而且纵深防御架构的各层防御之间的协同机制薄弱，其中的检测手段多基于规则和黑白名单，对于抱有经济、政治目的的专业黑客，攻克这种防御体系只是时间问题。

其次，缺乏主动防御安全威胁的机制。尽管各重点区域都部署了安全检查和防御措施，但并没有主动进行安全威胁检查和防御。随着攻击方式的不断演进、病毒特征的不断变化，如果不及时主动更新防御机制，就会有新的中毒风险。目前，一些专门用来对付纵深防御架构的高级网络攻击工具可被轻易获取，导致网络攻击数量大幅增加，以至于纵深防御架构面临巨大的安全威胁。

最后，没有考虑虚拟网络的防御问题。纵深防御架构主要针对传统物理信息系统设计，没有考虑云数据中心虚拟化带来的虚拟网络问题。虚拟网络运行在现有物理网络之上，具有网络边界弹性、生命周期短暂等动态特征，而传统纵深防御架构尚未考虑虚拟网络的安全防护问题。

3. 零信任架构

零信任架构是一种端到端的网络架构，重点关注身份、凭证、访问管理、操作、终端、主机环境和互连基础设施。美国技术委员会—工业咨询委员会于 2019 年发布了《零信任网络安全当前趋势》，同年，美国国防创新委员会发布了零信任架构白皮书《零信任安全之路》，强调了对零信任架构的重视。

传统的安全方案只注重边界保护，对授权用户开放了过多的访问权限，而零信任的主要目标是以身份的细粒度访问控制应对日益严重的未经授权的水平移动风险。零信任的本质是在新互联网环境下，在零信任安全架构的主体和客体之间构建一个基于身份的动态可信访问控制系统。该架构的主要特点可以概括为：以身份作为访问控制的基础，业务安全访问，持续信任评估，以及动态访问控制。

零信任防御架构如图 3-3 所示。在零信任网络架构中，身份是零信任的基石。为了构建基于身份而不是基于网络位置的访问控制系统，首先需要给网络中的人和设备赋予相应的身份，在运行时结合识别的人和设备来构建访问主体，并设置最小访问权限。零信任架构还具有以下三个特点。

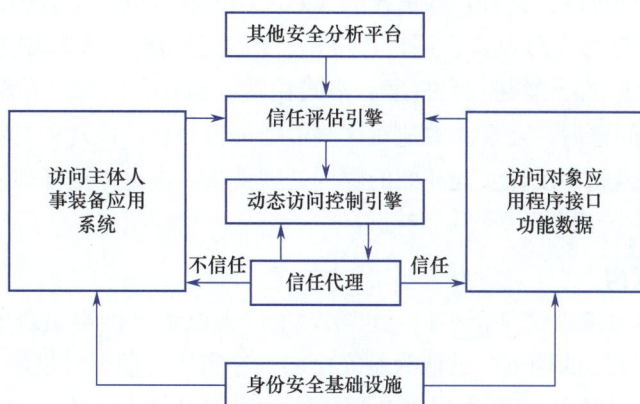

图 3-3　零信任防御架构

（1）业务安全访问。零信任架构侧重于业务防护面的构建，通过业务防护面来实现对资源的保护。在零信任架构中，应用、服务、接口和数据被认为是业务资源。通过对业务保护的操作，对所有服务默认隐藏，根据授权结果开启最小权限。所有服务访问请求都应进行加密和强制授权。

（2）持续信任评估。持续信任评估是零信任体系中从无到有建立信任的关键手段。通过信任评估模型和算法，可以实现基于身份的信任评估。同时通过判断访问上下文环境的风险，识别访问请求的异常行为，以调整信任评估结果。

（3）动态访问控制。动态访问控制是零信任架构安全闭环能力的重要体现。通常采用基于角色的权限控制（Role-Based Access Control，RBAC）和基于属性的权限控制（Attribute-Based Access Control，ABAC）相结合来实现灵活的访问控制基线，基于信任级别来实现分层业务访问。同时，当访问上下文和环境存在风险时，应进行访问权限的实时干预，评估访问主体的信任度。

零信任架构的关键能力需要通过特定的逻辑架构组件来实现。零信任的核心理念是没有人的参与。网络内外的设备/系统默认不信任，需要基于认证和授权重构访问控制的信任基础。单个 IP 地址、主机、地理位置、网络等不能作为可信凭证。零信任颠覆了访问控制范式，引领安全系统架构从"网络中心化"走向"身份中心化"。它的本质要求是基于身份和环境来控制访问，在多个场景方面具有极大的优势。

零信任架构的局限性主要表现在权限集中、实时性与控制精度之间的矛盾、数据处理难度等方面。

在零信任架构中，策略引擎需要解决对所有资源访问的授权工作，一旦策略引擎出现问题，对业务连续性和数据安全性都会产生较大的影响，因此，设计、开发高可用性的策略引擎是零信任领域下一步研究的重点方向。其次，零信任架构需要对对象进行实时校验，通过实时监督认证用户的行为，动态调整授权的范围，对应策略执行点与策略引擎，既要做到实时控制，又要做到最小化权限的精准度，无论是算法、性能还是认证逻辑方面都面临比较大的挑战。此外，零信任的成熟度很大程度取决于对相关数据的收集、分析与处理能力。首先需要对设备、用户、应用、历史行为的各类数据进行收集。分散的数据来源会导致数据的准确性、完整度、格式化等方面存在问题。在解决数据收集、过滤、归并、存储等问题后，需要高效地对这些数据进行处理，该过程对策略引擎的算法和性能要求非常高。因此，设计实现高效的数据处理算法，也是零信任架构需要重点关注的问题。

4. 可信计算架构

可信计算架构的核心是基于可信且可靠设备，为设备提供给定系统状态的证据。信任被定义为对系统状态的期望，被认为是安全的，它需要可信平台模块（Trusted Platform Module，TPM）中可信且可靠的实体来提供有关系统状态的可信证据。TPM 规范由被称为国际行业标准组织的可信计算组织（Trusted Computing Group，TCG）维护和开发，TCG 不仅发布了 TPM 规范，还发布了移动可信模块（Mobile Trusted Module，MTM）、可信多租户基础设施和可信网络连接。

可信平台的基本框架有一个可信根，其作用是衡量一个系统的可信度。TCG 规范中的信任根结合了可信度量根（Root of Trust for Measurement，RTM）、可信存储根（Root of Trust for Storage，RTS）和可信报告根（Root of Trust for Reporting，RTR）。RTM 是一个独立的计算平台，具有最少的指令集，这些指令被认为是可信任的，用于测量系统的完整性矩阵。在典型的台式计算机上，RTM 是基本输入输出系统（BIOS）的一部分，在这种情况下，它被称为可信度量的核心根。RTS 和 RTR 是独立、自给自足且可靠的计算设备，该计算设备具有预定义的指令集以提供身份认证和证明功能，这种设备被称为可信平台模块。信任传递背后的基本原理是，如果实体信任平台的 TPM，则也会信任其度。可信平台架构如图 3-4 所示。

可信平台 TPM 最大的优势在于安全启动和报告操作。现阶段的可信计算热潮是从可信电脑客户端平台起步的，但是它涉及了广泛的研究和应用领域，主要包含关键技术、理论基础和应用等三个方面。关键技术指可信计算的系统结构、TPM 的系统结构、可信计算中的密码技术、信任链技术信任的度量、可信软件和可信网络。理论基础包括可信计算模型、可信性的度量理论、信任链理论和可信

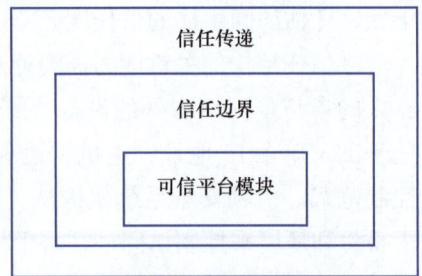

图 3-4 可信平台架构

软件理论。可信计算技术的应用是可信计算发展的根本目的。可信计算技术与产品主要用于电子商务、电子政务、安全风险管理、数字版权管理、安全检测与应急响应等领域。

但是 TCG 的 TPM 设计存在一些明显不足，其原因可能是主要考虑了低成本以及希望回避对称密码在产品出口方面的政策障碍。这些不足包括：TPM 被设计成一种被动部件，缺少对平台安全的主动控制；采用 LPC（Low pin count Bus）总线与系统连接，不适合大数据量的通信；缺少芯片本身物理安全方面的设计；可信度量根是一个软件模块，它存储在 TPM 之外，容易受到恶意攻击；在密码配置方面也存在一些不足，例如密钥种类繁多、授权协议复杂、存在 TPM 密钥内外部不同步问题，缺少对称密码等；TPM 的设计主要是面向 PC 平台的，对于服务器和嵌入式移动计算平台并不完全适合。

针对 TCG 的 TPM 所存在的一些不足，我国研究制定了自己的可信平台控制模块（Trusted Platform Control Module，TPCM）。TPCM 主要技术特点包括：一是具备主动的度量功能，既包括平台启动时 TPCM 首先掌握对平台的控制权，又包括平台启动后对平台关键部件的完整性度量；二是加入了我国国家商用密码算法的硬件引擎；三是将可信度量根、可信存储根和可信报告根集于 TPCM 一体；四是为了提高 TPCM 对上层操作系统或应用程序的支持，采用了带宽更宽的 PCI（Peripheral Component Interconnect）、PCI-E（Peripheral Component Interconnect-Express）总线作为 TPCM 与系统之间的连接；五是增加了身份认证功能，实现口令、智能卡、指纹等方式的身份认证；六是通过 GPIO（General-Purpose Input/Output）总线实现 TPCM 对计算机资源（硬盘、USB、并口、串口和网络设备等）的控制。

3.1.3　网络安全技术架构设计

1. 常见问题

网络安全技术架构设计需要综合考虑业务安全需求、网络安全风险和网络安全技术水平现状等多方面因素。网络安全技术架构设计常见问题包括以下六个方面。

（1）架构设计考虑不全面

若网络安全技术架构设计缺乏全面性考虑，可能存在明显漏洞，会导致网络安全技术措施的部署失效，无法起到保护作用。

（2）保护范围界定不清晰

保护范围界定不清晰直接影响架构设计的针对性和有效性。常见问题包括保护对象资产不完整、网络边界不清晰等，可能导致架构设计偏离实际需求，影响安全防护效果。

（3）风险管理与实际脱节

架构设计过程中，对网络安全风险的考虑不足或与实际情况不匹配，将导致设计出的架构与实际风险脱节，缺乏针对性。一方面可能无法满足维护网络安全的需要，另一方面可能造成网络安全投入过大。

（4）已有网络安全基础利用不充分

架构设计时应充分利用已有的网络安全设备系统作为基础。若忽略现有的网络安全能力，可能导致设计出的架构与已有控制措施存在不一致，不仅可能导致控制措施的不足或缺失，还可能导致不必要的网络安全投入。

（5）与业务融合不够

只有对具体业务流程深入了解，才能够确定符合实际的网络安全技术需求。信息收集不充分或对业务发展理解不够深入，都难以确定准确的安全需求，可能导致架构设计不合理，无法满足实际安全需求。

（6）架构灵活性不足

随着业务目标的变化和技术的发展，架构设计需要具备一定的灵活性。在架构设计中如果没有考虑更新机制和动态适应性，可能导致架构无法及时适应新的安全需求或业务变化，不仅会增加潜在网络安全风险，还可能影响机构业务的健康发展。

2. 设计原则

为避免以上问题的发生，网络安全技术架构设计主要遵循以下原则。

（1）风险驱动：架构设计应以风险分析为基础，根据实际可能面临的网络安全风险情况确定安全需求和控制措施。

（2）安全性与可用性平衡：在架构设计中，要平衡安全性和可用性的需求，防止网络安全措施过度限制业务操作和用户体验。

（3）最小权限：对访问权限实施最小化管理，即用户或系统只能访问和执行必要的操作和功能，减少潜在的攻击面和风险。

（4）纵深防御：在网络中的多个层次设置网络安全措施，形成多重防线，增强抗打击能力。

（5）分区防御：将网络划分为多个安全域，每个安全域设置不同的安全级别和访问控制策略。

（6）统一管理：对全网网络安全设备系统开展集中管理和监控，提高监测响应能力，降低管理维护的复杂性。

（7）情报共享：加强与其他机构和监管部门的信息共享，及时获取最新的威胁情报和网络安全漏洞信息。

（8）持续改进：网络安全技术架构需要不断评估和改进，以适应不断变化的威胁和攻击方式，通过不断升级安全设备和系统，适时更新网络安全技术架构，提升弹性应对能力。

3. 设计步骤

没有一个网络安全技术架构可以适用于任何场景，一个机构的网络安全技术架构需满足自身业务场景和安全需求。结合众多机构的技术架构实践经验和国际咨询机构 Gartner 的网络安全架构指导框架，网络安全技术架构设计可分为以下四个步骤。

（1）界定范围并深入理解业务逻辑。本阶段需明确网络安全技术架构设计的具体保护对象和网络边界，并对机构的主要业务系统进行深入剖析。本阶段的核心目标是全面收集关于范围界定、风险状况及现有网络安全控制措施的信息，为具体架构设计提供充分的数据支撑和决策依据，确保架构设计能够紧密结合机构的实际情况和风险状况。

（2）构建安全防护措施与策略框架。深入挖掘并确定具体的网络安全需求，对应梳理网络安全防护措施与策略，形成逻辑框架。可参考成熟的网络安全架构开展梳理，如可借助 NIST 网络安全框架（Cyber Security Framework，CSF）从识别、保护、检测、响应、恢复等方面梳理防护措施与策略。

（3）安全技术架构详细设计。首先，根据逻辑框架中的安全需求和安全策略，选择适当的网络安全技术和设备，包括但不限于防火墙、入侵检测系统、安全信息和事件管理系统、密码技术等。其次，需要进行技术措施的详细规划，包括各个网络安全设备的部署位置、网络连接方式、数据流向等。另外，还需要制定一套安全规则策略方案，包括各个网络安全设备详细的配置方案、安全规则和安全策略。

（4）动态持续优化。持续对架构进行评估，更新安全控制措施，确保架构适应业务和技术变化，逐渐与业务深度融合，互相支撑。

3.2 基础安全防护措施

参考我国网络安全等级保护体系架构中的网络安全通用技术要求，开展基础安全防护措施建设，主要包括安全物理环境、安全通信网络、安全区域边界、安全计算环境等内容。

3.2.1 安全物理环境

安全的物理环境能够有效地防止各种物理攻击、自然灾害及意外事件对系统网络和数据的损害，从而保障整个网络系统的稳定运行和网络安全。参考数据中心设计规范及网络安全等级保护相关标准，本节将详细介绍机构如何构建安全的物理环境，提供实用的建议和措施。

1. 物理位置选择

机构数据中心的物理地址应选择在具有防震、防风和防雨等能力的建筑内。数据中心所在建筑物应具有建筑物抗震设防审批文档，不能存在雨水渗漏或沙尘严重情况，屋顶、墙体、门窗和地面不能存在破损开裂。数据中心选址应避免设在建筑物的顶层或地下室，否则需加强防水和防潮措施。同时应该充分考虑地理环境、周边环境及设备的易访问性等因素，以确保所选位置具有较高的安全性和适用性。在具体选择物理位置时，遵循以下原则。

（1）地理位置：物理位置的地理环境应尽可能稳定和安全，远离可能受到自然灾害影响的地区，如洪水、地震等。同时，应避免选址在靠近高污染源、高辐或潜在的危险区域。

（2）周边环境：选择周边环境相对安全的地区，避免选择在犯罪率高、安全风险大的地区，以减少被盗或遭受破坏的风险。考虑周边环境的安全性、稳定性以及对设备正常运行的影响。

（3）易访问性：物理位置应便于运维人员进行维护和管理，同时也要考虑如何保持安全性。最好设计多个进出通道，确保设备的可访问性，但又不会降低安全性。

2. 物理访问控制

物理访问控制是确保只有授权人员可以进入信息系统及设备区域的关键措施之一，有效的访问控制可以防止未经授权的人员进入，从而降低物理攻击的风险。实现途径通常有以下三种。

（1）门禁系统：安装门禁系统以控制人员进出。门禁系统可以采用基于卡片、密码或生物识别技术，只有经过授权的人员持有效凭证才能进入设备区域。

（2）安全门锁：在设备区域的入口处安装高安全性的门锁，确保只有授权人员才能进入。可以采用电子密码锁、磁卡锁或生物识别锁等技术。

（3）监控摄像头：配备监控摄像头实时监视设备区域的活动情况。监控摄像头可以记录进出人员的行为，并在发生异常情况时提供视频证据。

3. 防盗窃和防破坏

信息系统的数据资产容易遭受物理盗窃与破坏。防盗窃和防破坏对于保护设备和数据非常重要，有效的防盗窃和防破坏措施可以降低设备和数据遭受损失的风险。机构数据中心的物理设备要进行固定安装，并设置明显的不易除去的标识。同时通信线缆应铺设在隐蔽安全处，如放在防静电地板下或顶棚线槽中。对重要的网络设备进行锁定，确保设备不易被盗窃或擅自移动，如可以使用设备锁具、钢丝绳锁或防盗链条等工具对设备进行固定和锁定。

对于防窃和破坏人员的闯入，机构可以采取以下两种措施。

（1）安全警报系统：配备安全警报系统，一旦发生入侵或异常情况，立即触发警报。安全警报系统可以采用声光报警器、短信报警等方式进行警报。

（2）安保人员巡逻：配备安保人员定期巡逻设备区域，及时发现并应对异常情况。安保人员可以通过巡逻、检查和监控等方式提高设备区域的安全性。

4. 防雷击

因信息系统的数据资产特性，数据中心易因雷击导致数据丢失或硬件故障。为了保障设备和数据的安全，机构需要将各类机柜、设施和设备等通过接地系统安全接地，同时采取一系列防雷措施。具体方法如下。

（1）避雷针：安装避雷针，以引导雷电，减少雷击危害。避雷针通常安装在建筑物的顶部或高耸物体上，形成有效的防雷保护。

（2）接地网：构建接地网系统，将雷击引入地下，减少对设备的影响。接地网通常由导电材料构成，将雷电迅速引入地下，降低雷击损害。

（3）雷电感应器：安装雷电感应器以监测雷电活动，及时发现雷电威胁并采取相应的保护措施。雷电感应器可以实时监测雷电场强和雷电活动，为防雷工作提供数据支持。

5. 防火

数据中心因数据资产的重要性，需要注意防止火灾。此外，火灾也威胁到人身安全。机构应在数据中心设置火灾自动消防系统，自动检测火情，自动报警，并自动灭火。机房及相关的工作房间和辅助房间应采用具有耐火等级的建筑材料，也可以对机房划分区域进行管理，区域和区域之间设置隔离防火措施。机构可以采取以下措施防火。

（1）烟雾探测器：安装烟雾探测器，一旦探测到烟雾，立即发出警报。

（2）火灾报警器：配备火灾报警器，一旦发现火灾，立即触发报警，通知相关人员及时采取应急措施。

（3）灭火器：在数据中心内部设备密集区域和易燃区域配备干粉灭火器和二氧化碳灭火器，以便在火灾发生时迅速扑灭火源。

（4）自动灭火系统：安装自动灭火系统，如气体灭火系统，一旦检测到火灾，系统将自动释放灭火剂，控制火势扩散。

（5）防火门：安装防火门，防止火灾蔓延，保护人员安全逃生和设备安全。

（6）过载保护：配备过载保护装置，确保电路不会因负荷过大而引发火灾。

（7）接地保护：实施良好的接地措施，减少因电气故障引发火灾的可能性。

6. 防水和防潮

在数据中心的运行中，防水和防潮是至关重要的，因为水灾或潮湿环境可能会导致设备故障和数据损失。机构应采取措施防止雨水通过机房窗户、屋顶和墙壁渗透，防止机房内水蒸气结露和地下积水的转移与渗透，同时安装对水敏感的检测仪表或元件，对机房进行防水检测和报警。机构可采取以下防水和防潮措施。

（1）设备安置高度：将设备安置在离地面较高的位置，避免受到地面积水的影响。

（2）水浸传感器：安装水浸传感器，一旦检测到水浸，立即发出警报，并采取相应的应急措施，如关闭电源、移动设备等。

（3）排水系统：建立良好的排水系统，及时排除地面积水，避免水浸造成设备损坏。配备抽水设备，在水浸严重时启动。

7. 防静电

数据中心大量设备包含无数的电子元件，当人体或其他带静电设备接触不带静电防护的电子元件或设备时，可能会产生静电损坏电子元件，导致设备故障。因此静电防护也是数据中心物理安全的一环。数据中心可以采用防静电地板或地面，工作人员在操作设备时应佩戴防静电手环。机构可以采取以下具体措施防止静电。

（1）地面静电导电系统：在地面铺设静电导电材料，将静电导入地下，减少对设备的影响。

（2）静电消除器：在关键位置安装静电消除器，及时排除静电，降低静电对设备的影响。静电消除器可以有效地消除设备和人员身上的静电，减少静电对设备的损坏。

（3）防静电工作服或手环：工作人员应穿防静电工作服或佩戴防静电手环，减少静电的产生和积累，保护设备的安全运行。

8. 温湿度控制

数据中心的设备，特别是服务器、网络设备和存储设备，对温度和湿度非常敏感。温度过高或过低，以及湿度过大或过小都可能导致设备性能下降甚至损坏，缩短设备的寿命。适当的温湿度控制可以确保设备处于最佳工作状态，延长其使用寿命。同时，在适宜的温度和湿度范围内运行设备可以降低能源消耗，减少冷却系统的负荷，从而降低能源成本。因此温湿度是衡量数据中心机房运行稳定性的重要指标。数据中心机房可通过设置温、湿度自动调节设施，使机房温、湿度的变化在设备运行所允许的范围，具体可以采取以下措施。

（1）精密空调：精密空调系统能够提供非常精确的温度控制，通常变化仅在摄氏度的小数位上，这种精准的控制有助于保持设备在最佳的温度范围内工作。除温度控制外，精密空调还能够对湿度进行精确控制。此外，精密空调通常会配备高效的空气过滤系统，可以过滤空气中的尘埃、微粒和其他污染物，提供清洁的工作环境，有助于维护设备的性能和可靠性。

（2）温湿度监控系统：配备温湿度监控系统，实时监测数据中心的温湿度变化，及时发现异常情况并采取措施。

（3）空气循环系统：建立良好的空气循环系统，确保空气流通畅通，减少局部温度和湿度的波动，提高设备的稳定性。

9. 电力供应

电力是数据中心正常运行的基础，因此电力供应非常重要。数据中心通常要求供电线路上配置稳压器和过电压防护设备，设置冗余或并行的电力电缆线路为计算机系统供电，保障在特殊情况下具备短期的备用电力提供能力。机构可采取以下措施。

（1）供电备份设备：配备不间断电源（Uninterruptible Power Supply，UPS）和发电机（配备燃料）等供电备份设备，确保在停电或电力波动时数据中心能够正常运行。其中UPS需要根据所连接设备的功率需求和工作时间要求，选择合适的容量。UPS电源容量通常以VA（视在功率）或W（有功功率）来表示。此外，UPS一般至少要有2路供电，需要定期测试与维护，避免关键时刻无法正常使用。

（2）电源过载保护装置：安装电源过载保护装置，防止设备因电流过载而损坏，确保电力系统的稳定运行。

（3）定期检查维护：定期对电力设备进行检查维护，确保电力系统的安全运行，及时发现并排除潜在故障隐患。

10. 电磁防护

机房的电磁防护是指采取各种措施来保护机房内的设备免受外部电磁干扰，同时减少机房内设备产生的电磁辐射对外部环境和其他设备的干扰。具体要求包括电源线和通信线缆应隔离铺设，避免互相干扰，并对关键设备实施电磁屏蔽。机构可采取以下电磁防护措施。

（1）屏蔽设备：对敏感设备进行屏蔽，防止外部电磁信号的干扰。屏蔽设备可以采用金属屏蔽罩或金属屏蔽板等材料，将设备与外界电磁信号隔离开。

（2）电磁隔离区域：设置电磁隔离区域，将敏感设备置于电磁屏蔽的房间内，减少外部电磁信号的干扰。

（3）良好的布局设计：机房的布局设计需要考虑到电磁防护的要求，包括避免电缆和通信线路之间的交叉干扰、合理安排设备和机柜的位置，以及避免设备之间的电磁干扰。

3.2.2　安全通信网络

安全通信网络可以保障网络通信的可用性、保密性、真实性和身份的不可抵赖性。网络通信保障是确保通信网络安全的关键措施，机构通过建立有效的技术手段和安全策略，可以最大程度地降低网络安全风险，保护用户的数据和隐私，确保网络通信的稳定和安全。

网络通信的可用性是指网络系统能够在需要时正常运行，并且能够及时响应用户请求，提供稳定、高效的服务。为了保障网络通信的可用性，机构可以采取多种措施，包括建立冗余系统以应对硬件故障或网络拥塞、采用负载均衡技术来平衡服务器负载、实施有效的网络监控和故障诊断等。通过这些措施，可以最大程度地减少网络中断和服务不可用的情况，保障用户的正常使用体验。

网络通信的保密性是指在数据传输和存储过程中，确保数据不被未授权的人员访问或窃取。为了实现网络通信的保密性，机构可以采用我国国家商用密码技术对数据进行加密，包括传输层加密（如 SSL/TLS 协议）、数据加密（如 SM2、SM3、SM4 等商用密码算法）等。此外，机构还可以建立严格的访问控制机制，对用户进行身份认证和授权，确保只有授权用户才能访问敏感数据。通过这些措施，可以有效防止数据泄露和信息被篡改，保护用户的隐私和数据安全。

网络通信的真实性和身份的不可抵赖性是指通过有效的身份验证机制，确认通信双方的身份真实可靠，防止非法用户的入侵和欺骗行为。机构可采用的身份验证方式包括基于我国国家商用密码技术的认证、双因素认证、生物识别技术等。这些身份验证机制可以有效地防止口令被盗用或猜测，提高用户身份验证的安全性。

安全通信网络主要从网络架构和通信传输两个方面开展安全防护。

1. 网络架构

网络架构是支撑机构运营和服务的基础设施，更是网络通信安全和稳定性的重要保障。机构应重点从网络设备、宽带资源、网络区域、网络隔离和硬件冗余五个方面考虑，实现稳定可靠的网络架构。

（1）网络设备的业务处理能力应能够满足业务高峰期的需求。网络架构必须充分考虑业务高峰期的需求，确保网络设备具备足够的处理能力，能够应对突发的大流量和高负载情况，保障网络的稳定运行。

（2）带宽资源应能够满足业务高峰期的需求。带宽资源是网络通信的基础资源，直接影响着网络传输速度和数据传输效率。为了应对业务高峰期的需求，网络架构应当合理规划带宽资源，确保网络各个部分都具备足够的带宽资源，避免出现因带宽资源不足而导致的网络拥堵和传输延迟问题，保证业务的正常运行。

（3）应划分不同的网络区域，并按照方便管理和控制的原则为各网络区域分配地址。通过对网络进行区域划分，可以更好地管理和控制网络资源，提高网络的安全性和管理效率。在划分网络区域时，需要考虑业务需求、安全要求和管理便利性等因素，合理分配网络地址，确保各个网络区域之间的通信畅通，并实施有效的网络访问控制策略，保障网络的安全性和稳定性。

（4）重要网络区域与其他网络区域之间应采取可靠的技术隔离手段。重要网络区域通常包括核心业务系统、敏感数据存储区域等，对这些重要网络区域应当采取严格的安全防护措施，避免直接暴露在外部网络环境中。通过采取如网络防火墙、访问控制列表等技术，有效隔离重要网络区域与其他网络区域，防止网络攻击和信息泄露风险。

（5）网络架构应当提供通信线路、关键网络设备和关键计算设备的硬件冗余，保证系统的可用性。硬件冗余是提高系统稳定性和可靠性的重要手段，通过在关键节点部署冗余设备，可以在主设备出现故障时自动切换到备用设备，避免因单点故障而导致的系统中断和服务中断问题，从而保证系统的持续可用性和业务的连续性。

2. 通信传输

随着网络技术的不断发展，对通信传输过程中数据完整性和保密性的需求也越来越高。为了满足这些需求，机构必须采用适当的技术手段来保障数据在通信传输过程中的安全性。其中校验技术与密码技术是保障通信传输过程中数据完整性和保密性的两种最核心的技术。

（1）校验技术。合理应用校验技术是确保通信传输过程中数据完整性的重要手段之一。通过在通信传输过程中对数据添加校验位或校验码，接收方可以在接收数据时验证数据的完整性，从而防止数据被篡改或损坏。常见的校验技术包括循环冗余校验（Cyclic Redundancy Check，CRC）和消息认证码（Message Authentication Code，MAC）等。

循环冗余校验通过对数据进行多项式计算生成校验码，然后将校验码附加到数据中一起传输。接收方在接收到数据后，利用相同的多项式计算方法重新生成校验码，并与接收到的校验码进行比较，以验证数据的完整性。

消息认证码通过对数据进行加密和认证的方式来验证数据的完整性。发送方使用密钥对数据进行加密和计算生成认证码，然后将认证码附加到数据中一起传输。接收方在接收到数据后，利用相同的密钥和算法重新计算认证码，并将它与接收到的认证码进行比较，从而验证数据的完整性。

（2）密码技术。除保证数据的完整性外，密码技术对保障通信过程中数据的保密性也至关重要。密码技术通过对通信数据进行加密处理，使未授权的用户无法读取或理解数据内容，从而实现数据的保密性。常见的加密技术包括对称加密和非对称加密。

对称加密使用相同的密钥对数据进行加密和解密。发送方和接收方在通信前必须共享同一个密钥。在数据传输过程中，发送方使用密钥对数据进行加密，接收方使用相同的密钥对数据进行解密，从而实现数据的保密性。

非对称加密使用一对密钥，即公钥和私钥。公钥可以公开分享，而私钥则保密保存。发送方使用接收方的公钥对数据进行加密，接收方使用自己的私钥对数据进行解密。由于私钥只有接收方拥有，因此即使公钥被窃取，也无法解密数据，从而实现了数据的保密性。

在实际应用中，采用国家商用密码技术的 VPN 设备是机构解决通信传输安全问题的主要手段之一。VPN 是一种通过公共网络建立安全连接的网络数据安全技术。VPN 通过在用户计算机或者所在网络和目标网络之间建立加密通道，使用户能够安全地访问互联网上的资源。它可以提供匿名性、隐私保护和安全性，可以隐藏用户的真实 IP 地址、绕过地理限制等。VPN 还可以用于远程访问和连接机构内部网络和服务的员工，以及在跨国办公的场景下建立安全的连接。

在所有的 VPN 技术中，IPSec（Internet Protocol Security）VPN 是目前应用最广的方案。它主要用于在公网上为两个私有网络提供安全通信通道，实现数据传输的加密和身份认证等多种安全功能。通过，可以在两个公共网关间提供私密数据封包服务，避免因为数据泄露和网络攻击等安全威胁而导致的信息泄露和损失问题。IPSec VPN 也被广泛应用于各种网络场景中，包括远程办公、云计算、物联网等，因为它可以有效地保障网络传输的安全性，并提高网络的稳定性和可靠性。IPSec VPN 支持在主机、路由器或防火墙上实现，这些设备被称为安全网关。通过 IPSec VPN 隧道来构建第三层 VPN，IPSec VPN 提供了对 IP 报文的验证、加密和封装，从而创建安全可靠的隧道，实现 IP 数据包的传输。

3.2.3　安全区域边界

安全区域边界是指在网络架构中对网络进行划分和隔离，以便控制和管理不同区域的流量和访问。机构应根据自身的业务需求和安全策略灵活划分区域边界，常见的安全区域包括内部网络、隔离区（Demilitarized Zone，DMZ）、外部网络等。

内部网络是机构内部的核心网络，包括员工工作区域、服务器存储区域等。内部网络通常包含敏感数据和关键业务系统，需要严格的访问控制和监控。DMZ 是位于内部网络和外部网络之间的中间区域，用于部署公共服务和承载对外服务的访问。外部网络是指与机构内部网络隔离的外部环境，包括互联网和其他未受信任的公共网络。外部网络是攻击者发起攻击的主要来源，需要建立有效的边界防护来保护内部网络免受攻击。

区域隔离在网络安全中扮演着重要的角色，其重要性体现在多个方面。首先，可以防止攻击传播，通过将网络划分为不同的安全区域，并在区域之间建立有效的隔离，一旦发生攻击，区域隔离可以将其限制在受影响的区域内，避免对整个网络造成严重影响。其次，可以实现控制访问权限，区域隔离可以帮助机构更精细地控制用户和设备对网络资源的访问权限。不同安全级别的区域可以设置不同的访问策略，以确保只有经过授权的用户和设备才能访问敏感数据和关键系统。再次，可以提高安全性和可靠性，对网络进行区域隔离，即使发生安全事件，也不会对整个网络造成影响，从而降低网络遭受攻击的风险。

安全区域边界的实现主要采取边界防护、访问控制、入侵防范等措施。

1. 边界防护

网络边界是指网络中的物理或逻辑边界，用于分隔内部网络和外部网络之间的通信流量。它可以是由防火墙、路由器、交换机等网络设备构成的物理边界，也可以是由访问控制列表（Access Control List，ACL）、VPN 等技术构成的逻辑边界。网络边界的主要功能包括控制入站和出站流量、监控网络访问、实施访问控制策略等，是保护网络安全的第一道防线。

机构在构建网络边界时，需要遵循一定的划分原则，以确保网络边界的有效性和可靠性。一般考虑业务需求、安全等级、功能分区、访问控制、监控与审计等方面。

（1）业务需求：边界划分应根据机构的业务需求进行，确保内部网络和外部网络之间的通信符合业务流程和操作规范。

（2）安全等级：不同安全等级的网络应划分不同的边界区域，根据安全需求实施相应的访问控制和安全策略。

（3）功能分区：网络边界应根据功能划分为不同的边界区域。如将服务器区域、客户端区域、DMZ 等。

（4）访问控制：根据安全原则，对不同边界区域的访问进行严格控制，限制非授权访问和通信。

（5）监控与审计：在边界划分中应考虑监控和审计的需求，确保能够及时发现和应对潜在的安全威胁和攻击行为。

2. 访问控制

访问控制是指在计算机系统或网络中，对用户、程序或设备访问资源的行为进行控制和管理的过程。其目的是确保只有经过授权的用户或设备才能够访问和使用系统资源，防止未经授权的访问和滥用，从而保护信息系统应用及其数据的安全。

机构实现访问控制主要基于身份验证、授权管理、审核与审计这几种基本原理。身份验证，指的是用户或设备需要提供有效的身份凭证，如用户名口令、数字证书等，以验证其身份的合法性。授权管理，指的是一旦身份验证通过，系统将根据用户或设备的身份和权限，决定是否被授权访问特定资源，以及可以执行哪些操作。审核与审计，指的是对访问控制的实施过程进行记录和审计，包括记录用户的登录、访问和操作行为，以便及时发现和应对安全事件。

根据控制粒度和实现机制的不同，访问控制可以分为基于角色的访问控制、强制访问控制、自主访问控制和基于属性的访问控制四种类型。

（1）基于角色的访问控制：是将用户分配到不同的角色中，每个角色拥有特定的权限，用户的访问权限由角色决定，简化了权限管理和维护。

（2）强制访问控制：是基于系统管理员定义的安全策略，强制规定了对资源的访问权限，用户无法更改或绕过这些安全策略。

（3）自主访问控制：是资源的所有者可以自行决定谁可以访问资源及访问权限的范围，具有较大的灵活性和自主性。

（4）基于属性的访问控制：是根据用户的属性、所处环境等因素，动态地决定用户对资源的访问权限，实现精细化的访问控制。

机构可以通过防火墙设备实现网络的访问控制。访问控制是防火墙产品最基础的安全功能，通过报文的特征定义一系列的 ACL 策略，通过这些 ACL 策略可以控制通过防火墙的报文。防火墙基于状态检测技术，通过安全域、IP 地址、端口、协议、用户、应用、时间等维度对数据报文进行深度检测，阻断违规数据访问。防火墙的应用控制防护策略的配置内容主要包括策略的源信息、目的信息以及生效的条件。源信息包括源区域及源地址信息；目的信息包括目的地址及应用或者服务；在生效的条件部分，可以设置生效动作是允许还是拒绝，以及生效的时间。

3. 入侵防范

入侵防范是指通过采取各种技术手段和安全措施，预防和阻止未经授权的用户或恶意攻击者进入网络系统，保护网络免受入侵和攻击。入侵防范不仅关注外部入侵威胁，还包括内部威胁和各种安全漏洞的防范。

机构可采取多种技术措施实现入侵防范，如依靠防火墙，通过设置访问控制策略和安全规则，限制和管理网络流量的进出，阻止未经授权的访问和攻击。机构也可以通过入侵检测系统（Intrusion Detection System，IDS）设备监测网络流量和系统日志，识别和检测网络中的异常行为和潜在威胁，及时发现并报警，以便及时采取应对措施；使用入侵防御系统（Intrusion Prevention System，IPS）设备来进行入侵防范，不仅可以检测到入侵行为，还可以采取主动防御措施，如阻断恶意流量和关闭漏洞等。通过实施严格的身份认证和访问控制策略，限制用户和设备对网络资源的访问权限，防止未经授权的访问和数据泄露。定期更新和修补系统和应用程序中的安全漏洞，及时更新防病毒软件和安全补丁，提高系统的安全性和稳定性，也是实现入侵防范的有效措施。

目前，机构可以通过具有 IPS 功能的下一代防火墙设备实现入侵防范，主要包括以下功能。

（1）设置访问控制规则。在下一代防火墙上设置访问控制规则，根据安全策略和需求，限制和管理网络流量的进出。可以根据源地址、目的地址、端口和协议等信息设置访问控制规则，只允许特定的流量通过，从而有效阻止未经授权的访问和攻击。

（2）过滤恶意流量。利用防火墙过滤恶意流量，包括针对常见攻击和威胁的数据包过滤，如 DDoS 攻击、SQL 注入、跨站脚本攻击等。下一代防火墙可以根据预先定义的攻击特征和规则，识别和阻止恶意流量，保护网络免受攻击。

（3）检测异常行为。防火墙可以通过监测网络流量和日志，识别和检测网络中的异常行为和潜在威胁。例如，防火墙可以检测到大量连接请求、异常端口扫描等行为，及时发现并报警，以便及时采取应对措施。

3.2.4　安全计算环境

安全计算环境包括身份鉴别、访问控制、安全审计、恶意代码防范、可信验证等方面的安全措施和技术。以下参考第三级的等级保护对象在安全计算环境方面的要求，以操作系统为实例介绍相关技术措施。

1. 身份鉴别

身份鉴别是指确认用户或实体身份的安全措施。身份鉴别机制是机构信息系统的第一道"安全闸门"，是构建安全计算环境首先考虑的问题。

采取身份鉴别技术措施时，机构应对登录的用户进行身份标识和鉴别，身份标识具有唯一性，身份鉴别信息具有复杂度要求并需定期更换；应具有登录失败处理功能，配置并启用结束会话、限制非法登录次数和登录连接超时自动退出等相关措施；当进行远程管理时，应采取必要措施防止鉴别信息在网络传输过程中被窃听；应采用用户名口令、商用密码技术、生物识别技术等中的两种或两种以上组合的鉴别技术对用户进行身份鉴别，且其中至少一种鉴别技术应使用我国国家商用密码技术来实现。

以操作系统为例，身份鉴别是确保操作系统安全的关键环节，通常采用用户名和口令的组合来实现。当用户尝试登录时，系统会首先要求输入用户名和口令，并将其与系统中存储的凭证进行比对，以验证用户的身份。这种基本的身份验证方式是许多系统的标准做法，通过正确的凭证匹配来确认用户的合法身份。然而，随着技术的不断发展和安全需求的增加，仅凭用户名和口令可能存在一定的风险，因此可以采用密码技术实现更加安全的身份验证机制。为了增强系统的安全性，可使用生物识别技术作为额外的身份验证因素，包括指纹识别、面部识别等。

2. 访问控制

访问控制是指管理用户对系统资源的访问权限的安全措施。机构通过正确配置访问控制策略，可以限制用户对系统资源的访问权限，阻止未经授权的访问和操作。

采取访问控制技术措施时，机构应对登录的用户分配账户和权限；应重命名或删除默认账户，修改默认账户的默认口令；应及时删除或停用多余的、过期的账户，避免共享账户的存在；应授予管理用户所需的最小权限，实现管理用户的权限分离；应由授权主体配置访问控制策略，访问控制策略规定主体对客体的访问规则；访问控制的粒度应达到主体为用户级或进程级，客体为文件、数据库表级；应对重要主体和客体设置安全标记，并控制主体对有安全标记信息资源的访问。

以操作系统为例，实现对资源的访问控制是确保操作系统安全的关键措施之一。ACL是一种常用的访问控制机制，通过在文件或文件夹上设置 ACL，管理员可以精细地控制用户或用户组对资源的访问权限。ACL 中包含一系列访问控制条目，每个条目指定了一个用户或用户组以及其对资源的具体访问权限，如读取、写入、执行等。管理员可以根据实际需求，灵活地配置 ACL，以实现对资源的精确控制和保护。

除了 ACL，操作系统还提供了组策略功能，用于管理用户账户的权限和访问控制规则。通过组策略，管理员可以统一管理和配置多台计算机上的用户权限，确保系统在不同环境下的安全性和一致性。组策略可以进行各种安全设置，如口令策略、账户锁定策略、用户权限设置等，以及控制用户对系统资源的访问权限。管理员可以根据机构的安全政策和实际需求，制定相应的组策略，并应用到域内的计算机或用户账户上，以确保系统的安全性和合规性。

在实际应用中，管理员可以根据资源的重要性级别，合理地配置 ACL 和组策略，以实现对资源的细粒度控制。例如，对于重要文件或敏感数据，可以限制只有特定的用户或用户组才能访问，并且配置复杂的访问控制规则和权限设置，以阻止未经授权的访问和操作。同时，管理员还可以定期审查和更新 ACL 和组策略，及时调整和优化系统的访问控制规则，以应对不断变化的安全威胁和需求。

3. 安全审计

安全审计是指记录和审计系统中的关键操作和安全事件的安全措施。机构可以通过安全审计措施帮助系统管理员检测和响应安全事件。

采取安全审计措施时，机构应启用安全审计功能，审计覆盖到每个用户，对重要的用户行为和重要安全事件进行审计；审计记录应包括事件的日期和时间、用户、事件类型、事件是否成功及其他与审计相关的信息；应对审计记录进行保护，定期备份，避免受到意外的删除、修改或覆盖等；应对审计进程进行保护，防止未经授权的中断。

在操作系统中，配置安全审计策略是实现安全审计功能的关键步骤。通过启用安全审计，管理员可以跟踪系统中发生的各种重要事件和活动，监控用户行为，并及时发现和响应安全威胁和风险。安全审计可以记录包括登录事件、文件访问、账户管理、系统配置变更等在内的各类事件，为管理员提供全面的系统安全状态监控和分析功能。

在配置安全审计策略时，管理员可以根据实际需求选择需要审计的事件类型和级别。例如，可以选择仅审计重要的安全事件，如用户登录失败、账户锁定等，也可以选择审计更加详细的事件，如文件访问、对象操作等。通过灵活配置审计策略，管理员可以实现对系统安全事件的全面监控和记录。

此外，管理员还可以配置审计日志的存储位置和保护措施，以确保审计记录的完整性和保密性；可以将审计日志存储在安全的位置，并限制只有授权用户才能访问和修改审计日志文件；可以启用审计日志的加密和签名功能，以防止审计记录被篡改或伪造，确保其可靠性和可信度。

4. 恶意代码防范

恶意代码防范是指防止恶意软件对系统和数据造成损害的安全措施。

为了实现恶意代码防范，机构应采用免受恶意代码攻击的技术措施或主动免疫可信验证机制及时识别入侵和病毒行为，实现有效阻断。

安装反病毒软件是防范恶意代码的主要措施之一。反病毒软件可以检测和清除系统中的恶意软件，包括病毒、间谍软件、木马等，从而保护系统和数据免受恶意攻击的侵害。管理员可以根据实际需求选择合适的反病毒软件，并定期更新病毒定义文件，以确保反病毒软件能够及时识别和清除最新的恶意代码。

5. 可信验证

可信验证是指确保系统和软件的完整性和可信度的安全措施。

采取可信验证措施时，机构可基于可信根对计算设备的系统引导程序、系统程序、重要配置参数和应用程序等进行可信验证，并在应用程序的关键执行环节进行动态可信验证，在检测到其可信性受到破坏后进行报警，并将验证结果形成审计记录送至安全管理中心。

基于可信根的可信验证是可信计算技术的基本思想。可信根的可信性由物理安全、技术安全与管理安全共同确保。基于可信根建立一条可信链，从可信根开始到硬件平台，到操作系统，再到应用，一级认证一级，把这种可信扩展到整个计算机系统，从而确保整个计算机系统的可信。该可信计算的思想源于人类社会，通过把人类社会成功的管理经验用于计算机信息系统和网络空间，以确保计算机信息系统和网络空间的安全可信。

可信计算系统是能够提供系统的可靠性、可用性、信息和行为安全性的计算机系统。可信包括许多方面，如正确性、可靠性、安全性、可用性、效率等。但是，系统的安全性和可靠性是现阶段可信最主要的两个方面。

可信平台模块（TPM）是可信计算系统的可信根，是可信计算的关键技术之一。TPM以密码技术支持了可信计算组织（TCG）的可信度量、存储、报告功能，为用户提供确保平台系统资源完整性、数据安全存储和平台安全远程的证明。

以操作系统为对象，利用 TPM 实现可信验证是一项关键的安全措施。TPM 是一种硬件安全芯片，其内置的安全功能可以为系统提供额外的保护。TPM 可以存储密钥、证书和密码等敏感信息，并在硬件级别上执行加密和验证操作，从而保障更高级别的安全性。

通过在操作系统中配置和启用 TPM 功能，管理员可以充分利用 TPM 的安全功能来增强系统的可信性。一种常见的方法是使用 BitLocker 等功能对系统进行硬件级别的加密。BitLocker 是 Windows 操作系统提供的一项全磁盘加密功能，可以使用 TPM 来存储加密密钥，并利用 TPM 的验证功能确保系统启动过程的完整性和安全性。

启用 TPM 功能后，系统将会在启动时自动验证硬件的完整性，并确保系统的启动过程没有被篡改或受到恶意软件的攻击。同时，TPM 还可以用于存储和管理系统中的重要密钥和证书，提供更安全的密钥管理和访问控制机制。

除用于加密和验证系统启动过程外，TPM 的安全功能还可以用于安全启动、远程认证和数据保护等方面。通过充分利用 TPM 的安全功能，管理员可以有效地提升系统的安全性和可信性，保护系统和数据免受未经授权的访问和攻击。

3.3　数据安全

数据安全是指通过采取必要措施，确保数据处于有效保护和合法利用的状态，并具备保障持续安全状态的能力。按照数据流转环节，可以分为数据采集安全、数据传输安全、数据存储安全、数据处理安全、数据交换安全、数据销毁安全等。

3.3.1　数据采集安全

数据采集安全首先应明确数据采集的目的、规模、方式、范围、频度、类型、存储期限、存储地点等，并在采集前进行安全评估，确保数据采集的合法合规性；数据采集原则遵循最小必要原则，数据采集的数据应为满足业务所必需的最少数量。机构应采取合法、正当的方式采集数据，并对数据采集过程进行跟踪和记录，记录数据采集时间、类型、规模、流向等，保证数据采集活动的可追溯性。数据采集可利用国家商用密码技术对原始数据进行加密保护，对数据采集源进行身份验证。此外，应对采集数据的质量进行分析和监控，及时对异常数据进行警告、修正。

常用的数据采集技术手段包括接口对接方式和感知终端采集方式。

通过接口对接方式采集重要数据，机构应在数据采集前，与数据提供方协商确定数据采集规模、范围、类型、频度等；应验证接口的真实性，采用绑定 IP、令牌认证、数字证书等技术进行校验；应采用消息摘要、消息校验码、数字签名等技术保证采集过程数据的完整性。

通过感知终端采集方式采集重要数据，机构应满足以下要求：感知终端应用安全应符合相关标准要求，如《信息安全技术 物联网感知终端应用安全技术要求》（GB/T 36951—2018）等；应对感知终端的身份进行鉴别，结合数字证书、设备指纹、设备物理位置、网络接入方式等多种因素进行终端身份验证；应采用消息摘要、消息校验码、数字签名等技术，保证采集过程数据的完整性。

机构可在数据采集过程应用数字签名技术实现身份鉴别和数据的完整性。数字签名技术是在数字社会实现类似于手写签名或者印章的功能，即实现对数字文档进行签名。一个有效的数字签名能够确保签名确实由认定的签名人完成，即签名人身份的真实性（Authentication）；被签名的数字内容在签名后没有发生任何的改变，即被签名数据（也称签名消息或消息）的完整性（Integrity）；接收人一旦获得签名人的有效签名（包括被签名数据的）后，签名人无法否认其签名行为，即不可抵赖性（Non-repudiation）。

数字签名技术一般采用非对称密码机制来实现签名。一个签名人具有一对密钥，包括一个公钥和一个私钥。签名人公开其公钥，签名验证人（简称验签人）需要在验证签名前获取签名人的真实公钥。如果验签人需验证多个签名人的签名，则必须预先知道每个签名人和其公钥的对应关系。在满足以上前提的情况下，签名人就可以使用其私钥对任意消息进行签名操作，生成签名值；任意知道公钥的验签人都可以通过验签操作验证对消息的签名值相对于公钥是否有效。若待签名的消息过大，可以先采用杂凑算法生成消息的摘要（类似于数据的指纹）后再对摘要进行数字签名。为了保障真实性、完整性和不可抵赖性，数字签名机制需要满足一定的安全需求。安全的数字签名机制要求：（1）在没有私钥的情况下，生成某个消息的有效签名在计算上是不可行的；（2）根据公钥和消息，计算出签名私钥是不可行的。在实际应用中建议机构采用基于我国国家商用密码技术的数字签名技术。

3.3.2 数据传输安全

数据在流转过程中，会在不同节点之间传输。在数据传输过程中，机构需采用适当的加密保护措施，保证传输通道、传输节点和传输数据的安全，防止数据在传输过程中被窃听、篡改或破坏。

在实现数据传输安全时，机构应注意以下安全事项。

（1）应对数据传输的通信双方进行身份认证，确保数据传输双方是可信任的。

（2）应采取加密、签名、防重放等措施，确保数据在传输过程中的保密性、完整性、不可否认性。

（3）宜在数据传输前，对数据内容进行加密。

（4）应在不同网络区域或安全域之间进行安全隔离，对数据传输至外部主体的情况进行重点监控。

（5）应对数据传输过程进行实时监测和内容检测，发现数据异常传输行为时进行实时阻断。

（6）应在数据传输不完整时清除传输缓存数据，在数据传输完成后立即清除传输历史缓存数据。

3.3.3 数据存储安全

数据存储安全主要包括对存储保护、存储位置、存储期限和备份与恢复四个方面的要求。

（1）存储保护方面，机构应制定存储管理制度，对安全保护措施、网络区域划分、权限管理等作出规定；应采用我国国家商用密码技术保证数据存储的保密性和完整性，建设统一的密码服务资源；应采用同态加密、隐私计算等技术手段保障重要数据可用不可见。应对运维人员访问重要数据所在网络区域进行身份鉴别和权限控制，可采用固定终端、运维审计系统等方式实现访问。

（2）存储位置方面，机构在中国境内采集和产生的重要数据应在境内存储；应为重要数据存储划分专门的网络区域，存储重要数据的区域与其他网络区域间应配置有效的边界防护措施，重要数据存储区域不应部署在网络边界处；重要数据存储的服务器等设备应严格与互联网隔离；应采取流量监控等手段，对不同区域间的数据流动进行监测管控。

（3）存储期限方面，数据存储时间应为业务必需的最短时间，在存储期限到期前，机构可以自动化方式提示数据处理者；应对超过存储期限或已不需要的数据设置标志位，并按照要求及时销毁相关数据。

（4）备份与恢复方面，机构应建立完备的数据备份策略，备份策略中应说明备份数据放置场所、数据传递方式、备份方式、备份周期或备份频率、备份数据范围等；应建立同城或异地数据备份中心，利用通信网络定时、定期将重要数据备份至备份中心；实时数据宜采用数据库双活、远程镜像、多副本等方式备份，历史数据可采用磁带、冷备等方式备份；应制定数据恢复策略，结构化数据可采用数据库回滚和数据文件备份恢复相结合的方式进行数据恢复，非结构化数据可采用日志备份恢复和文件系统备份恢复相结合的方式进行数据恢复；数据恢复应在安全环境下进行，确保恢复过程中不会出现泄露、破坏等问题；应定期评审备份数据的可用性、完整性和一致性，定期对备份数据进行恢复测试，评估数据恢复质量并采取处理措施；应建立容灾备份中心实现数据级容灾和应用级容灾。

机构可以采用商用密码技术实现数据存储安全。数据存储安全的主流密码技术包括文档管控技术、文件存储加密技术、数据库加密技术。

（1）文档管控技术面向非结构化电子文件数据，基于密码技术提供集中式电子文档加密存储、身份鉴权认证、文件授权访问控制、受控流转等服务，用于解决电子文档的安全管控问题。

（2）文件存储加密技术是利用磁盘加密、文件系统加密等技术，实现对本地存储文件数据的加密保护。

（3）数据库加密技术主要采用透明加解密、列加密等技术方式，对数据库中存储的明文数据进行加密存储、访问权限控制等。通过对数据库进行加密，能够有效地防止敏感数据被外部非法入侵窃取、内部高权限用户窃取、合法用户违规访问而引发的安全风险。数据库加密技术根据加密位置的不同，可以分为应用层加密、数据库代理加密、数据库加密、数据库文件系统加密、存储磁盘加密等。

3.3.4　数据处理安全

数据处理安全应重点考虑系统访问、数据加工安全和数据自身保护三个方面。

（1）系统访问方面

① 数据处理使用过程中机构应进行细粒度权限管控，综合考虑主体角色、业务需要、时效性等因素，将数据使用范围限制在最小的范围内；

② 应建立数据使用权限申请与审核机制，申请中应明确数据使用目的、内容、时间、技术防护措施、数据使用后的处置方式等，申请通过后方可授予相应的数据使用权限，并将审批记录留存；

③ 对数据批量查询、批量修改、批量下载等高风险操作应采取双因子认证、实人认证等鉴别方式，建设统一的身份认证平台；

④ 应定期对数据的访问权限进行梳理，及时清理过期账号、闲置账号及其授权；

⑤ 应能够限制数据访问频率，对数据的频繁查询、下载等可疑操作进行监控预警和自动阻断；

⑥ 应严格限定数据库、业务系统管理员等特权账号的设置和使用，明确特权账号使用场景和使用范围，建立特权账号的审批授权机制，并严格控制特权账号数量，对特权账号的操作进行记录，禁止特权账号修改、删除审计日志。

（2）数据加工安全方面

① 机构应明确数据加工过程中数据获取方式、访问接口、授权机制、安全防护措施、处理结果安全等内容；

② 应对接入数据库、大数据平台、存储等的数据计算分析设备、系统、组件等进行身份鉴别、访问控制、入侵防范、恶意代码防范等；

③ 数据加工过程中使用的外部软件开发包、组件、源码等，应事先进行安全检测和评估；

④ 数据加工过程中，可能危害国家安全、公共安全、经济安全和社会稳定的，应立即停止加工活动；

⑤ 数据加工后产生的衍生数据，应重新明确数据所属单位和安全保护责任部门，并评估衍生数据的数据级别；

⑥ 数据加工过程涉及第三方组织的，应以合同或协议等方式明确进行加工的数据内容和范围、各参与方的数据保护责任义务以及数据保护要求，并对第三方组织的数据安全保护能力、资质进行评估和核实，可采用同态加密、多方安全计算、联邦学习等技术，降低数据加工过程中数据泄露、窃取等风险。

（3）数据自身保护方面

① 机构应采用脱敏、水印、限制复制、去标识化等技术措施，确保数据自身安全性，防止数据泄露；

② 在数据下载或导出时可采用水印、二维码等技术实现数据的可追溯性。

在数据处理前，对数据进行脱敏是有效保护数据隐私的手段，数据脱敏使数据无法直接关联到特定个人或实体。数据脱敏通过对敏感数据进行修改、替换或删除等操作，降低数据的敏感性，从而减少数据泄露的风险。例如，在软件开发过程中，开发人员可能需要使用真实的用户数据来进行测试，但为了保护用户隐私，需要对数据进行脱敏处理。

常见的数据脱敏技术包括匿名化、脱敏、泛化、加密脱敏和随机扰动。匿名化（Anonymization）是指去除或替换敏感数据中的标识信息，使个人无法被识别。脱敏（Redaction）是指删除或屏蔽敏感数据的部分内容，保留其他非敏感数据，例如将手机号中间的四位使用星号代替或者替换成随机的内容。泛化（Generalization）是指将具体的敏感数据转换为更广泛、更抽象的表示形式，例如将连续的数值数据（如年龄）划分为范围或区间，将地理位置信息精确到城市级别而不是具体地址等。加密脱敏（Encryption-based Masking）是指使用加密算法对敏感数据进行转换，保持数据的格式和结构，同时隐藏或替换敏感信息。加密脱敏可以使用对称加密或非对称加密算法来实现。随机扰动（Randomization）是指通过在敏感数据中添加随机噪声来扰动数据。常见的随机扰动方法包括添加随机偏移、噪音或干扰。

3.3.5　数据共享安全

在数据共享过程中，合规性是非常重要的。在管理制度上机构需要明确数据共享的原则和安全规范，明确数据共享内容范围和数据共享的管控措施，以及数据共享涉及的机构或部门相关用户的职责和权限；需要明确数据提供者与共享数据使用者的数据安全责任和安全防护能力；还需要明确数据共享审计规程和审计日志管理要求，明确审计记录要求，为数据共享安全事件的处置、应急响应和事后调查提供帮助。

（1）在对外共享数据时，机构应与数据接收方签订合同或协议等法律文件，约定数据共享的目的、范围、方式、数据量、安全保护措施、数据返还或销毁方式等；向数据接收方共享数据前，应进行安全风险评估，评估结果应经本组织数据安全责任人审批同意，并将评估和审批记录留存；应采取数据水印、标记、脱敏、加密等措施，保证数据共享过程安全；向数据接收方提供个人信息，应向个人信息主体告知数据接收方的名称、联系方式、处理目的、处理方式、个人信息的种类、存储期限等，并取得个人信息主体的单独同意；发生收购、兼并、重组、破产时，数据接收方应继续履行相关数据安全保护义务，没有数据接收方的，应及时返还或销毁接收数据及其加工结果；利用自动化工具进行数据共享时，应通过身份鉴别、数据加密、反爬虫机制、攻击防护和流量监控等手段，避免数据泄露、丢失、非法获取、非法利用等风险，并定期检查和评估自动化工具的安全性和可靠性。

（2）在数据共享的技术层面，机构应建立完善的接口验证机制，对接口使用方进行身份验证，宜采用令牌（Token）、数字证书等方式进行验证；应对接口上线、变更、下线等环节进行统一管理，接口上线前应进行风险评估，发现问题应暂停上线并及时调整；接口上线后发现接口运行异常、恶意调用等情况应采取告警、阻断等措施，并及时修复相应问题；定期对无业务流量或已下线业务的接口进行清理；通常使用 API 接口来实现数据的共享，对接口使用范围、使用期限、使用频度、流量等进行统一管控和限制。

机构可采用 API 安全网关系统解决 API 安全风险问题。API 安全网关系统在兼顾常见的 Web 安全隐患防护的同时，能对敏感数据在应用访问中的生命周期进行防护，对 Web 应用系统、API 服务进行请求接口的自动梳理，实现对敏感数据的自动发现和敏感数据资产的可视化展现。基于用户、接口、数据的授权应用 API 的细粒度数据访问控制，可实现应用请求结果的动态数据脱敏，防止数据泄露，实现应用访问安全日志审计与风险识别、态势分析等安全功能，为应用系统的业务数据合规使用和流转提供数据安全保障。

3.3.6　数据销毁安全

数据销毁安全一般包括数据内容销毁和数据载体销毁两个方面。

（1）数据内容销毁

数据内容销毁的数据主要包括开发数据、测试数据、分析数据等使用需求执行完毕的数据，以及超出法律法规规定或超过约定存储期限的数据。在进行数据销毁时，机构应通过多次覆写等方式（如全零、全一或随机零一填写 7 次）安全地擦除数据，多次覆写填充的字符应完全覆盖存储数据区域，确保数据不可再被恢复或以其他形式被利用；同时，应同步对备份数据进行销毁；数据销毁的最后应进行数据销毁有效性复核和评估，验证数据销毁效果。

（2）数据载体销毁

数据载体销毁方面，机构应制定数据存储载体销毁操作规程，明确数据存储载体的销毁过程、销毁措施等要求。实施数据载体销毁时应采取双人制（执行人和复核人）实施，对数据载体销毁全过程进行记录，并定期对数据载体销毁记录进行检查和审计。在对数据载体进行报废处理时，应采用消磁、焚烧、粉碎等不可恢复的方式，以确保数据不能被恢复。

3.4　扩展安全

随着云计算、物联网、移动互联网等新兴技术的不断发展和应用，针对新技术新应用新场景，参考我国网络安全等级保护体系架构的扩展安全技术要求内容提出扩展安全的防护措施，主要包括云计算安全、移动互联安全、物联网安全、工业控制系统安全等。

3.4.1　云计算安全

1. 技术发展与挑战

云计算技术，作为计算机科学领域的一次重大革新，从根本上改变了人们处理、存储和访问数据的方式。其核心思想是将原本分散的计算资源、存储资源、网络资源等进行集中管理，形成一个巨大的资源池，然后通过网络以按需服务的方式提供给用户。云计算技术的发展不仅推动了信息技术的进步，还对各行各业产生了深远的影响。

然而，正如任何技术都有其两面性一样，云计算在带来巨大便利的同时，也带来了一系列的安全风险。云计算技术给传统的 IT 基础设施、应用、数据以及 IT 运营管理都带来了革命性改变。首先，云计算作为新技术引入了新的威胁和风险，也影响和打破了传统的网络安全体系设计、实现方法和运维管理，如网络的安全边界的划分和防护、安全控制措施选择和部署、安全评估和审计、安全监测和安全运维等方面；其次，云计算的资源弹性、按需调配、高可靠性及资源集中化等都间接增强或有利于安全防护，这给安全措施改进和升级、安全应用设计和实现、安全管理和运营等带来了问题和挑战。

（1）用户对数据和业务系统的控制能力减弱。传统模式下，用户的数据和业务系统都位于用户的数据中心，在用户的直接管理和控制下。云计算环境里，用户将自己的数据和业务系统迁移到云计算平台上，失去了对这些数据和业务的直接控制能力。

（2）用户与云服务商之间的责任难以界定。传统模式下，按照"谁主管谁负责、谁运行谁负责"的原则，网络安全责任相对清楚。在云计算模式下，云计算平台的管理和运行主体与数据安全的责任主体可能不同，相互之间的责任如何界定，缺乏明确的规定。不同的服务模式、部署模式增加了云计算环境的复杂性，也增加了界定云服务商与用户之间责任的难度。

（3）可能产生司法管辖权问题。在云计算环境里，数据的实际存储位置往往不受用户控制，用户的数据可能存储在境外数据中心，产生了数据和业务的司法管辖关系问题。

（4）数据所有权保障面临风险。用户将数据存放在云计算平台上，没有云服务商的配合很难独自将数据安全迁出。云服务商通过对用户的资源消耗、通信流量、缴费等数据的收集统计，可以获取用户的大量相关信息，对这些信息的归属往往没有明确规定，容易引起纠纷。

（5）数据保护更加困难。云计算平台采用虚拟机等技术实现多用户共享计算资源，虚拟机之间的隔离和防护容易受到攻击，跨虚拟机的非授权数据访问风险突出。随着复杂性的增加，云计算平台实施有效的数据保护措施更加困难，用户数据被未授权访问、篡改、泄露和丢失的风险增大。

2. 安全防护需求

参考《信息安全技术 网络安全等级保护基本要求》（GB/T 22239—2019）等国家有关标准规范的规定，云计算平台及平台上的业务系统应当具备一定的技术防护能力，主要包括如下内容。

（1）安全物理环境。依据《信息安全技术 网络安全等级保护基本要求》（GB/T 22239—2019）中的"安全物理环境"要求，同时参照《信息安全技术 信息系统物理安全技术要求》（GB/T 21052—2007）《数据中心设计规范》（GB 50174—2017）等，对等级保护对象所涉及的主机房、辅助机房和异地备份机房等进行物理安全设计，设计内容包括物理位置选择、物理访问控制、防盗窃和防破坏、防雷击、防火、防水和防潮、防静电、温湿度控制、电力供应及电磁防护等。

（2）安全通信网络。在网络架构的设计过程中，应保证云计算平台不承载安全保护等级高于它的业务应用系统，通信线路、关键网络设备（链路负载均衡设备、核心交换机、路由器等）采用冗余部署，保证系统的可用性；根据各部门的工作职能、重要性和所涉及信息的重要程度等因素，以及云服务客户的具体情况，划分不同的网段或虚拟局域网（Virtual Local Area Network，VLAN），实现虚拟网络之间的隔离；为云服务客户部署虚拟化 SSL VPN 设备，通过加密技术在业务终端与业务服务器之间建立安全路径；利用防火墙设备开启访问控制策略，使得存放重要业务系统及数据的网段无法直接与外部系统连接，并单独划分区域。

（3）安全区域边界。安全区域边界分为两部分：云计算平台与互联网或其他外联区域之间的边界、云服务客户的应用系统之间的边界。在私有云环境中，云服务客户的应用系统之间的边界由云计算平台提供相关安全防护功能。云计算平台与互联网或其他外联区域之间的边界，通过部署硬件防火墙和云端抗 DDoS 防护大流量攻击，对出口的规则做双重限制并部署链路负载，实现多运营商线路同时接入。

（4）安全计算环境。安全计算环境应对云平台的服务器、终端、网络安全设备等进行安全防护设计，从身份鉴别、访问控制、入侵防范、镜像和快照保护、数据完整性和保密性、数据备份恢复、剩余信息保护等方面展开。

（5）安全管理中心。安全管理中心对系统各组成部分的安全审计机制进行集中管理，包括审计记录存储、管理和查询等。安全管理中心应对安全审计员和安全管理员进行身份鉴别，只允许其通过特定的命令或操作界面进行操作。同时，应保证云计算平台管理流量与云服务客户业务流量分离，能够对物理资源和虚拟资源按照策略进行统一管理调度与分配。

3. 安全防护技术

结合云计算安全特点，机构可参照如图 3-5 所示的云计算安全防护技术设计框架开展云计算安全防护，该框架包括用户层、访问层、服务层、资源层和管理层安全。

（1）用户层安全主要是用户终端自身的安全保障。

（2）访问层安全是指用户通过安全的通信网络以网络直接访问、API 接口访问和 Web 服务访问等方式，安全地访问云服务商提供的安全计算环境，这也是云计算安全防护中的区域边界安全。

（3）资源层安全分为物理资源安全和虚拟资源安全，需要明确物理资源安全设计技术要求和虚拟资源安全设计要求，其中虚拟资源安全是云计算安全防护的核心技术。

（4）服务层安全是对云服务商所提供服务的实现的安全保障，包含实现服务所需的软件组件的安全保障。根据服务模式不同，云服务商和云服务客户承担的安全责任不同。服务层安全设计需要明确云服务商控制的资源范围内的安全设计技术要求，并且云服务商可以通过提供安全接口和安全服务为云服务客户提供安全技术和安全防护能力。资源层安全和服务层安全共同组成云计算安全防护的计算环境安全。

（5）管理层安全包括云计算环境的系统管理、安全管理和安全审计，是云计算的安全管理中心。

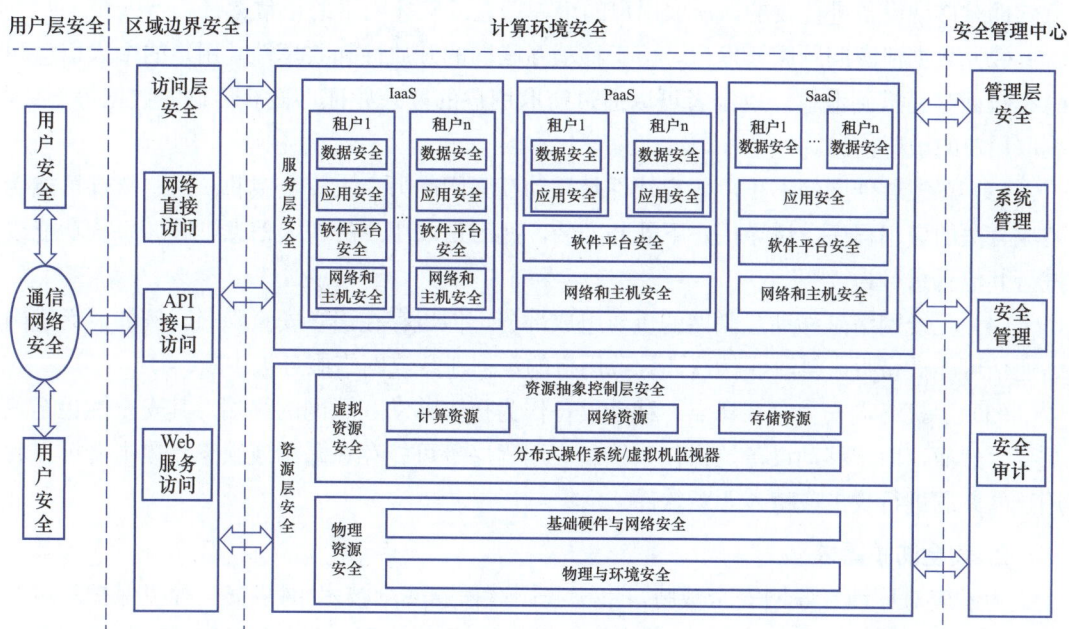

图 3-5　云计算安全防护技术设计框架

结合本框架对不同等级的云计算环境进行安全技术设计，同时服务层安全应当支持对不同等级云服务客户端（业务系统）的安全设计。

3.4.2　移动互联网安全

1. 技术发展与挑战

移动互联网，是将互联网的技术、平台、商业模式和应用与移动通信技术结合并实践的活动的总称。移动互联网技术发展非常迅速，从最初的 2G 时代到现在的 5G 时代，不断推动着移动互联网的革新和进步。2G 时代是移动互联网的起步阶段，手机开始从纯通信工具逐渐演变为具有基本短信和通话功能的智能手机。无线应用协议（Wireless Application Protocol，WAP）技术的引入，使得用户可以通过手机访问简单的互联网内容。随着 3G 技术的推广，移动互联网进入了快速发展阶段。更快的移动数据传输速度推动了智能手机的普及和各种移动应用的发展。移动应用商店的兴起，让用户可以方便地下载和安装各种应用程序。4G 技术的普及进一步提升了移动互联网的速度和性能，支持更多高质量的多媒体内容和应用。移动视频、社交媒体和在线购物等应用迅速崛起，智能手机变得更加普及，移动应用生态系统也蓬勃发展。5G 技术带来了更快的数据传输速度、更低的延迟和更多连接设备的能力，为虚拟现实和增强现实、物联网等技术提供了更大的发展空间。5G 技术的推广加速移动互联网在各个领域的应用和创新。

然而，随着移动互联网的快速发展，它面临的安全威胁也日益严重。

（1）网络攻击是移动互联网面临的主要安全威胁之一。攻击者可以利用网络漏洞或恶意软件对移动设备进行攻击，窃取用户的个人信息或破坏网络的正常运行。

（2）数据泄露问题频繁发生。由于移动互联网的开放性和共享性，用户的个人信息和隐私数据容易遭到泄露。攻击者可以通过窃取用户的登录凭证、截获传输的数据等方式，获取用户的敏感信息。

（3）恶意软件屡禁不止，恶意软件是移动互联网的另一大安全威胁。这些软件可能伪装成合法的应用程序，诱导用户下载并安装，然后窃取用户的个人信息、破坏系统功能或进行其他恶意行为。

（4）无线网络是移动互联网的重要组成部分，但也存在诸多安全隐患。例如，无线网络通信可能被窃听、篡改或伪造，导致用户的数据泄露或网络服务被中断。

（5）手机终端安全存在盲点。移动设备作为接入移动互联网的终端，其安全性也至关重要。然而，由于移动设备的操作系统、应用程序等可能存在漏洞或缺陷，攻击者可以利用这些漏洞进行攻击或植入恶意软件。

2. 安全防护需求

为了应对移动互联网安全威胁，参考我国《信息安全技术 网络安全等级保护基本要求》（GB/T 22239—2019）等相关技术标准及法律法规要求，机构开展移动互联网安全规划建设，需要满足以下网络安全技术要求。

（1）物理安全：确保设备和场地的物理环境安全，包括但不限于设备的物理存储、场地的物理访问控制及防止非法访问和破坏等措施。

（2）网络安全：加强网络架构安全和通信的安全性，例如采用先进的防火墙技术、入侵检测和入侵防御等安全措施，防止网络攻击和数据泄露。

（3）主机安全：保护操作系统和数据库的安全，需要实施严格的访问控制策略，定期开展安全审计，确保所有主机系统都符合最新的安全标准。

（4）应用安全：随着移动应用的普及，应对应用软件进行严格测试和审核，包括对应用程序进行静态和动态分析，确保其安全性和可靠性，同时也要对应用商店中的应用进行监管，防止恶意软件的传播。

（5）数据安全及备份恢复：机构需要采取有效的数据加密和备份措施保障数据的完整性和可用性。此外，还需要制定详细的数据恢复计划，以便在发生数据丢失或损坏时能够迅速恢复，降低业务中断的风险。

3. 安全防护技术

机构应综合运用各种技术手段和策略实现以上保护需求。机构在开发移动应用时可以采用安全的编程实践，确保应用本身的安全性，同时结合网络安全设备和策略，构建多层次的安全防护体系。此外，定期进行安全审计和风险评估，也是确保移动互联网安全的重要措施。

一个典型的移动互联系统安全防护技术设计框架如图 3-6 所示。

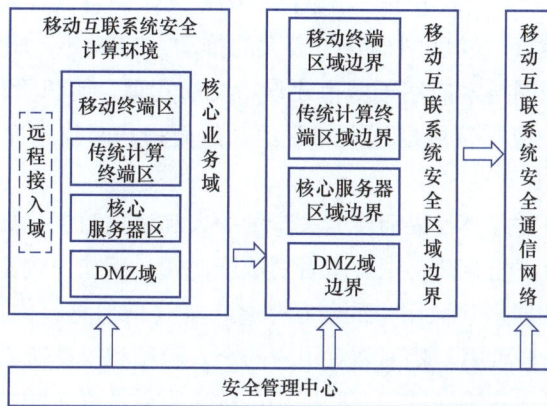

图 3-6　移动互联系统安全防护技术设计框架

移动互联系统安全计算环境由核心业务域、DMZ 域和远程接入域三个安全域组成。移动互联系统安全区域边界由移动互联系统安全区域边界、移动终端区域边界、传统计算终端区域边界、核心服务器区域边界、DMZ 域边界组成。移动互联系统安全通信网络由移动运营商或用户自己搭建的无线网络组成。

（1）核心业务域

核心业务域是移动互联系统的核心区域，该区域由移动终端区、传统计算终端区核心服务器区构成，完成对移动互联业务的处理、维护等。核心业务域应重点保障该域内服务器、计算终端和移动终端的操作系统安全、应用安全、网络通信安全、设备接入安全。

（2）DMZ 域

DMZ 域是移动互联系统的对外服务区域，部署对外服务的服务器及应用，如 Web 服务器、数据库服务器等，该域和互联网相连，来自互联网的访问请求需经过该域中转才能访问核心业务域。DMZ 域应重点保障服务器操作系统及应用安全。

（3）远程接入域

远程接入域由移动互联系统运营使用单位控制，通过 VPN 等技术手段远程接入移动互联系统运营使用单位网络的移动终端，完成远程办公、应用系统管控等业务。远程接入域应重点保障远程移动终端自身运行安全、接入移动互联应用系统安全和通信网络安全。

3.4.3　物联网安全

1. 技术发展与挑战

物联网（Internet of Things，IoT）是指通过各种信息传感设备，如射频识别（Radio

Frequency Identification，RFID）、红外感应器、全球定位系统、激光扫描器等，按照约定的协议对任何物品进行信息交换和通信，以实现智能化识别、定位、跟踪、监控和管理。2005 年，国际电信联盟（International Telecommunication Union，ITU）发布了《ITU 互联网报告 2005：物联网》，正式提出了"物联网"的概念。随着云计算、大数据、移动互联网等新兴技术的快速发展，物联网得到了极大的推动。2009 年，IBM 公司提出了"智慧地球"的概念，将物联网技术应用于城市建设、交通管理、能源管理等多个领域。此后，物联网技术不断成熟，应用领域也越来越广泛。然而物联网技术面临的安全威胁也日益突出。

（1）物联网设备通常需要收集和传输大量的个人和机构数据，如果这些数据没有得到充分地保护和管理，就可能会被恶意攻击者窃取或滥用。例如，攻击者可以通过入侵物联网设备或截获传输的数据来获取用户的隐私信息，如身份信息、位置信息、行为习惯等。这些数据一旦被泄露或被滥用，就可能对用户的个人隐私和权益造成严重损害。

（2）物联网设备通常直接暴露于互联网中，缺乏有效的安全防护机制。这使得攻击者可以利用物联网设备中的安全漏洞进行攻击，从而获取对设备的控制权或破坏系统的正常运行。例如，攻击者可以通过远程入侵物联网设备来实施 DDoS 攻击、勒索软件攻击等，导致系统瘫痪或服务中断。

（3）物联网设备的供应链通常涉及多个环节和多个参与者，包括设备制造商、软件开发商、服务提供商等。如果供应链中的任何一个环节存在安全隐患或被恶意攻击者利用，就可能会对整个物联网系统的安全性造成威胁。例如，设备制造商可能会在设备中植入恶意软件或后门程序，以便在后续进行攻击或窃取数据。

2. 安全防护需求

为了应对这些安全威胁，机构需要采取一系列综合性的安全措施和技术手段。机构需要加强物联网设备的安全设计和生产标准，确保设备在设计和生产阶段就充分考虑安全问题；需要加强物联网系统的安全防护和管理策略，包括加强身份认证、访问控制、数据加密等安全措施的实施和管理；需要加强用户的安全教育和培训，增强用户的安全意识和防范能力；需要加强相关技术标准制定，共同应对物联网技术面临的安全挑战和威胁。

物联网安全防护需求主要包括物理安全、网络安全、应用安全和数据安全及备份恢复。物理安全要求确保物联网系统的物理设备、设施和环境的安全，防止由于物理因素导致的系统损坏或数据丢失。网络安全要求采用防火墙、IDS、IPS 等网络安全设备和技术，保护物联网系统的网络通信安全，防止网络攻击和数据泄露。应用安全要求对物联网系统的应用软件进行安全设计和开发，确保应用程序的安全性，防止应用程序被攻击或滥用。数据安全及备份恢复要求对物联网系统中的数据进行加密存储和传输，确保数据的安全性，同时建立数据备份和恢复机制，以防止数据丢失或损坏。

3. 安全防护技术

为了保护物联网及相关应用的安全并满足相关等级保护的技术要求，机构可以采用加密算法和协议，对物联网设备和通信进行加密保护，防止数据被窃取或篡改；采用身份认证技术，确保只有合法的用户或设备才能访问物联网系统，有效防止未经授权的访问和攻击；采用入侵检测和防御技术，实时监测物联网系统的网络通信和应用程序行为，及时发现并处置异常行为，防止网络攻击和数据泄露；采用安全审计技术对物联网系统的安全策略、配置、日志等进行定期审计和分析，及时发现并修复潜在的安全风险和漏洞，并配置硬件安全模块为物联网设备提供硬件级别的安全保障，如安全芯片、安全存储等，防止物理攻击和数据泄露。

结合物联网系统的特点，机构可通过构建在安全管理中心支持下的安全计算环境、安全区域边界、安全通信网络三重防御体系实现物联网安全保护，如图 3-7 所示。

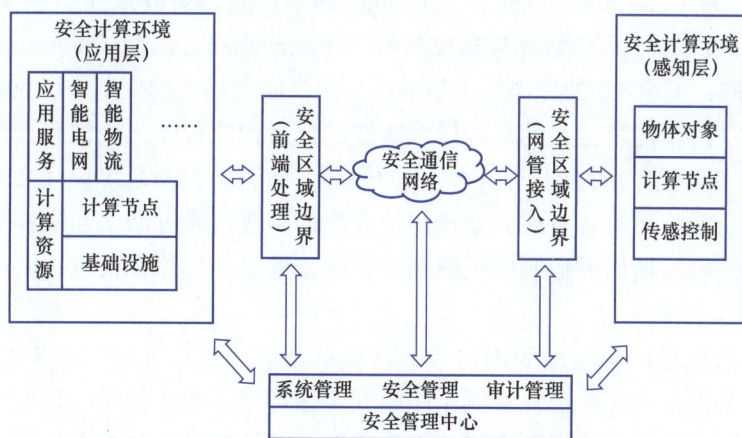

图 3-7　物联网安全防护技术设计框架

其中，安全计算环境包括物联网系统感知层和应用层中对定级系统的信息进行存储、处理及实施安全策略的相关部件，如感知层中的物体对象、计算节点、传感控制，以及应用层中的计算资源及应用服务等。该部分可利用商用密码技术、可信计算、数据安全等技术保障感知层和应用层的设备与数据。

安全区域边界包括物联网系统安全计算环境边界，以及安全计算环境与安全通信网络之间实现连接并实施安全策略的相关部件，如感知层和网络层之间的边界，网络层和应用层之间的边界等。该部分可有效利用身份认证技术、安全接入和访问控制等安全措施实现安全区域边界。

安全通信网络包括物联网系统安全计算环境和安全区域之间进行信息传输及实施安全策略的相关部件，如网络层的通信网络以及感知层和应用层内部安全计算环境之间的通信网络等。该部分可以采用身份鉴别、访问控制、加密算法和协议、入侵检测防御等技术实现通信网络的安全。

安全管理中心是对物联网系统的安全策略及安全计算环境、安全区域边界和安全通信网络上的安全机制实时统一管理的平台，包括系统管理、安全管理和审计管理三部分。安全管理中心利用态势感知和威胁检测与处置、安全审计技术，实时监测物联网系统的网络安全威胁，定期审计和分析，及时发现并修复潜在的安全风险和漏洞，保障物联网系统的安全。

3.4.4 工业控制系统安全

1. 技术发展与挑战

工业控制系统（Industrial Control Systems，ICS）是支撑现代工业运行的大脑和神经，涉及能源、制造、交通等多个关键领域。随着技术的不断进步，ICS 已经从传统的机械、电气控制发展到如今的数字化、网络化、智能化控制。典型的 ICS 包括数据采集与监控系统（Supervisory Control and Data Acquisition，SCADA）、集散式控制系统（Distributed Control System，DCS）、可编程序逻辑控制器（Programmable Logic Controller，PLC）等。

工业互联网、工业 4.0 的提出极大地推进了生产制造模式的变革、产业的组织创新及产业结构升级，使得传统行业的基础设施能够进行远程的智能化控制和操作，高度融合 IT 技术的工业自动化应用得到迅速而广泛的使用。而工业控制系统设计之初是为了完成各种实时控制功能，并没有考虑到安全防护方面的问题，通过网络互联将他们暴露在外部网络上，无疑将给他们所控制的关键基础设施、重要系统等都带来巨大的安全风险和隐患。

工业控制系统已广泛应用于国内各大基础设施中，与传统的基于 TCP/IP 协议的网络与信息系统的安全相比，工业控制系统的安全保护水平明显偏低，长期以来没有得到关注。大多数工业控制系统在开发时，由于传统工业控制系统技术的计算资源有限，在设计时只考虑到效率和实时等特性，并未将安全作为一个主要的指标考虑。随着信息化的推动和工业化进程的加速，越来越多的计算机和网络技术应用于工业控制系统，在为工业生产带来极大推动作用的同时，也带来了工业控制系统安全问题，如系统终端平台安全防护弱点、系统配置和软件安全漏洞、工控协议安全问题、私有协议的安全问题等。一旦敌对政府、恐怖组织、商业间谍、内部不法人员、外部非法入侵者利用系统上的漏洞或管理上的疏漏侵入工业控制系统，都有可能造成系统停机、机密信息泄露甚至系统的运行被恶意控制等问题。

2. 安全防护需求

在工业控制系统中，业务的连续性是至关重要的。而工业控制系统由于其长期封闭、独立的特性，在安全方面的建设有所欠缺，不具备更多的容错处理，如异常指令的处理，不具备较大压力的处理，如快速数据传输、访问等。因此不仅需要对在工业控制系统中使用的传统 IT 设备/系统，如操作系统、交换机、路由器、弱口令、FTP 服务器、Web 服务器等提供安全保障，还需要覆盖工业控制系统中所特有的设备/系统，如 SCADA、DCS、PLC 等，以及处于上游的数字化设计制造软件等；同时，还需要支持 ModBus TCP 协议和 IEC 104 等工业协议的识别和解析，实时监控各种数据报文及攻击行为。

对于工业控制系统网络安全建设，机构应当以适度安全为核心，以重点保护为原则，从业务的角度出发，重点保护重要的业务系统，参考网络安全等级保护相关标准开展工作。网络安全防护需求主要包括以下方面。

（1）网络架构。工业控制系统与机构其他系统之间应划分为两个区域，区域间应采用符合国家或行业规定的专用产品实现单向安全隔离；工业控制系统内部应根据业务特点划分为不同的安全域，安全域之间应采用技术隔离手段；涉及实时控制和数据传输的工业控制系统，应使用独立的网络设备组网，在物理层面上实现与其他数据网及外部公共信息网的安全隔离。

（2）通信传输。在工业控制系统内使用广域网进行控制指令或相关数据交换，应采用加密认证技术手段实现身份认证、访问控制和数据加密传输。

（3）访问控制。应在工业控制系统与机构其他系统之间部署访问控制设备，配置访问控制策略，禁止任何穿越区域边界的 E-mail、Web、Telnet、Rlogin、FTP 等通用网络服务；应在工业控制系统内的安全域和安全域之间的边界防护机制失效时，及时报警。

（4）无线使用控制。应对所有参与无线通信的用户（人员、软件进程或者设备）提供唯一性标识和鉴别，进行授权并对执行使用进行限制。应对无线通信采取传输加密的安全措施，实现传输报文的机密性保护。其中，针对采用无线通信技术进行控制的工业控制系统，应能识别其物理环境中发射的未经授权的无线设备，报告未经授权试图接入或干扰控制系统的行为。

（5）控制设备安全。控制设备自身应实现相应级别要求的身份鉴别、访问控制和安全审计等安全需求，如受条件限制控制设备无法实现上述要求，应由其上位控制或管理设备实现同等功能，或通过管理手段控制实现。对控制设备进行补丁更新、固件更新等工作时，应经过充分测试评估后，在不影响系统安全稳定运行的情况下开展，并应使用专用设备和专用软件对控制设备进行更新。控制设备在上线前应经过安全性检测，避免控制设备固件中存在恶意代码程序。

3. 安全防护技术

机构可应用如图 3-8 所示的工业控制系统安全防护技术设计框架实现工业控制系统安全防护。该框架根据定级不同其安全保护设计的强度不同，采用分层、分区的架构，结合工业控制系统总线协议复杂多样、实时性要求强、节点计算资源有限、设备可靠性要求高、故障恢复时间短等特点进行设计，以实现可信、可控、可管的系统安全互联、区域边界安全防护和计算环境安全。

工业控制系统按照功能层次划分为第 0 层现场设备层（图中简称第 0 层）、第 1 层现场控制层（图中简称第 1 层）、第 2 层过程监控层（图中简称第 2 层）、第 3 层生产管理层（图中简称第 3 层）、第 4 层企业资源层。一个信息安全区域可以包括多个不同等级的子区域；纵向上分区以工业现场实际情况为准，图中分区为示例性分区，分区方式包括但不限于：第 0～2 层组成一个区域、第 0～1 层组成一个区域等。安全计算环境包括工业控制系统 0～3 层中的信息进行存储、处理及实施安全策略的相关部件。安全区域边界包括安全计算环境边界，以及安全计算环境与安全通信网络之间实现连接并实施安全策略的相关部件。安全通信网络包括安全计算环境和网络安全区域之间进行信息传输及实施安全策略的相关部件。安全管理中心是对定级系统的安全策略及安全计算环境、安全区域边界和安全通信网络上的安全机制实施统一管理的平台，包括系统管理、安全管理和审计管理三部分。

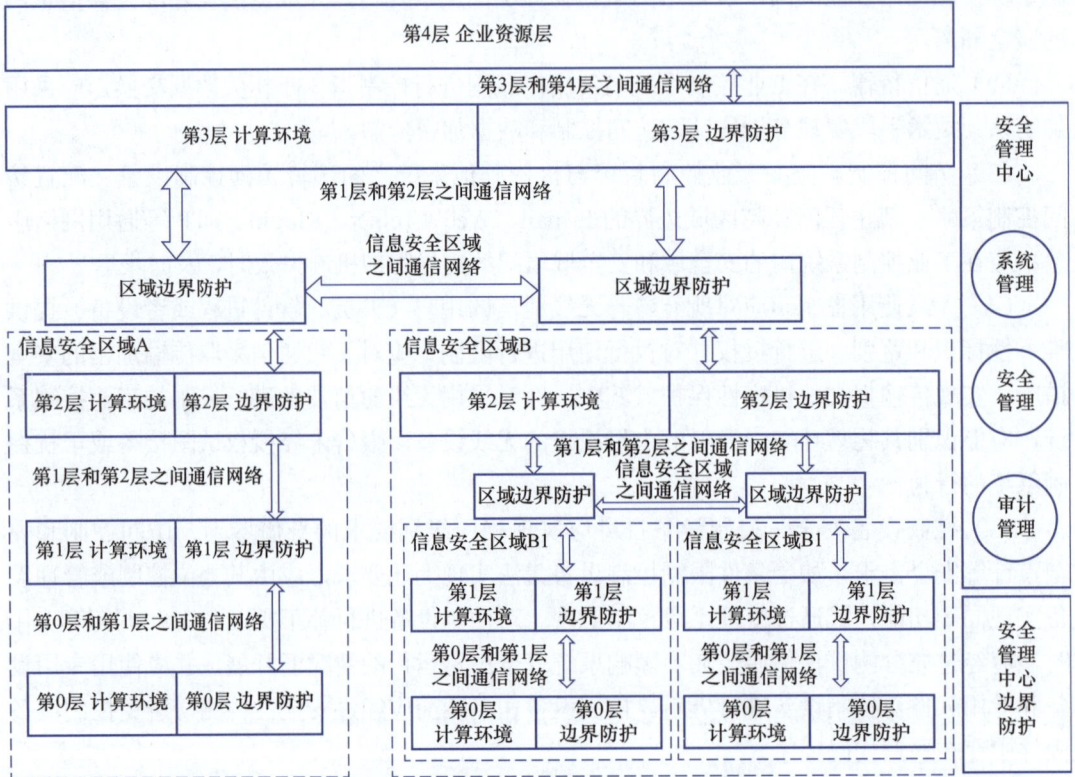

图 3-8　工业控制系统安全防护技术设计框架

工业控制系统安全计算环境设计应采用工业控制身份鉴别、现场设备访问控制、现场设备安全审计等技术，并采用商用密码技术或物理保护机制保证现场控制层设备和现场设备层设备之间通信会话的完整性。此外，工业控制系统应当对控制过程完整性进行保护，即在规定时间内完成规定的任务，数据应以授权方式进行处理，确保数据不被非法篡改、不丢失、不延误，确保及时响应和处理时间，保护系统的同步机制、校时机制，保持控制周期稳定、现场总线轮询周期稳定，现场设备可采用故障隔离措施和控制行为监测技术，识别和防范破坏控制过程完整性的攻击行为。

工业控制系统安全区域边界设计应采用工控通信协议数据过滤技术，对安全区域边界的工控通信协议进行分析识别，并对其所承载的数据进行识别，防止它对工业控制系统造成攻击或破坏。采用过滤变换技术隐藏登录的用户名和口令等关键信息，防止工控通信协议端点设备的用户名和口令信息泄露。此外，应在安全区域边界设置实时监测告警机制，通过安全管理中心集中管理，对违规行为及时报警并处置，再开展安全审计工作。

工业控制系统安全通信网络设计应采用商用密码技术实现对现场总线、无线通信、工业控制网络中数据的完整性和保密性保护。利用安全网关设备和安全监测系统对工控系统的通信数据、访问异常、业务操作异常、网络和设备流量、工作周期、运行模式、冗余机制等进行监测，发现异常及时报警。

工业控制系统安全管理中心设计应采用工控态势感知技术对工业控制系统设备的可用性和安全性进行实时监控，对监控指标设置告警阈值，并对告警进行记录；应能够呈现设备间的访问关系，及时发现未定义的信息通信行为，识别重要业务操作指令级的异常；应对工业控制现场控制设备、网络安全设备、网络设备、服务器等设备中的主体和客体进行登记，并对各设备的日志信息进行集中管理，根据安全审计策略对各类网络安全信息进行分类管理与查询，并生成统一的审计报告。

3.5　统一安全支撑平台

参考我国网络安全等级保护体系架构中安全管理中心的要求，机构可建设统一安全支撑平台，以实现集中管理、集中监控、集中分析、统一防护的目标。统一安全支撑平台作为支撑性安全基础设施在网络安全技术体系中的地位越来越重要。以下将介绍安全管理与运营平台、统一身份认证管理平台、统一密码服务平台等系统。

3.5.1　安全管理与运营平台

安全管理与运营平台采用集中管理方式，支撑机构开展网络安全管理与运营活动。平台统一管理相关安全产品，收集所有网内资产的安全信息，并通过对收集到的各种安全事件进行深层的分析、统计和关联，及时反映被管理资产的安全态势，对各类安全事件及时发现和定位，并协助管理员进行事件分析、风险分析、预警管理和应急响应处理。

传统的网络运行中心（Network Operations Center，NOC）仅仅强调对用户网络的运行和维护，而在安全管理方面缺乏技术支撑。随着网络安全问题的日益突出和安全管理理论与技术的不断发展，安全管理与运营平台逐渐出现并发展起来。在此期间，安全事件管理（Security Event Management，SEM）和安全信息管理（Security Information Management，SIM）产品诞生，形成以安全信息和事件管理（Security Information and Event Management，SIEM）系统为基础的安全管理与运营平台。而随着大数据技术的不断发展，安全管理与运营平台具备更强的数据处理和分析能力，开始构建以信息系统资产为核心的全面安全监控、分析、响应系统。以资产为主线，为用户实现了较为全面的面向机构资产的风险管理与运维流程以及安全事件管理与处理流程，还强调对历史数据的深度挖掘和分析，以发现机构资产潜在的安全威胁和漏洞。同时，还可通过与其他安全系统和工具更好地深度集成和协作，实现更为全面和高效的安全防护。

当前，安全管理与运营平台是一个集成各种安全工具和技术的平台，用于监测、感知、检测和响应安全威胁与事件，主要包括安全信息和事件管理、网络安全态势感知、威胁检测和响应等功能。

1. 安全信息和事件管理

安全管理与运营平台集成多个安全工具和系统，包括入侵检测系统、防火墙、终端安全软件、日志管理系统等，收集来自不同安全源的数据。这些数据可以包括网络流量、终端日志、安全事件等。

安全信息和事件管理（SIEM）同时执行安全信息管理（SIM）和安全事件管理（SEM）的功能，为机构提供全面的安全信息和事件管理能力。

SIM 主要应用于安全日志数据的收集、存储和分析，以满足审计、溯源取证以及合规性管理的需求。SIM 具备数据归一化、关联分析、过滤和优先级排序等能力。

SEM 涉及对安全事件的监控、检测、分析、响应和恢复等一系列活动。安全事件可以是任何违反安全策略、威胁系统或数据完整性、机密性、可用性的行为或情况。SEM 侧重于实时监控安全事件以及事件的相关性。它强调事件的归一化、关联分析，并关注实时事件的应急处理。

SIM 注重历史数据分析和合规性管理，而 SEM 则更侧重于安全事件发现和响应处置的管理。

2. 网络安全态势感知

网络安全态势感知是指通过采集的网络流量、资产信息、日志、漏洞信息、告警信息、威胁信息等数据，掌握机构全局网络安全状态，预测网络安全趋势，并进行展示和监测预警的活动。通过网络安全态势感知，安全管理与运营平台可以通过可视化的方式展示机构内部的安全风险和威胁情况，为机构提供更全面的威胁评估和态势感知，帮助安全运营团队快速了解当前的安全状况，以便做出及时的决策和响应。

网络安全态势感知的核心功能包括态势展示和监测预警。

态势展示是指系统通过可视化手段向用户展示机构内部的网络安全风险和威胁情况，不仅包括安全事件的数量、类型、严重程度等基本信息，还涉及安全报告的生成，以帮助用户深入理解当前的安全状况。可视化技术的应用，如分布式被动和主动网络传感器以及流量可视化特征（1D、2D 和 3D 基于网络流量显示），能够有效地呈现有用信息，便于人工分析师进行分析。

监测预警功能依赖于历史数据和相关算法，对机构未来的安全状况进行监测和预警。这一过程有助于机构提前发现潜在的安全风险，从而采取相应的措施进行防范。例如，基于时间序列分析的网络安全态势预测技术，通过分析过去和当前的网络安全状况，结合时间序列分析模型对历史网络安全态势序列进行分析，可对网络安全态势发展进行预测。

3. 威胁检测和响应

威胁检测和响应涉及两个方面，一方面是威胁检测，是指通过实时监控和分析网络和终端数据来识别各种安全威胁，包括恶意软件、网络攻击、数据泄露等。随着技术的发展，机器学习和人工智能技术在安全数据分析中的应用越来越广泛，这些技术能够对大量的安全数据进行自动化分析和挖掘，从而提高威胁检测的效率和准确性。另外一个是威胁响应方面，一旦检测到安全威胁，平台可以自动或手动触发相应的响应措施，如隔离受感染的终端、阻止恶意流量、修复漏洞等。同时，平台还可以提供实时的安全事件响应指导，帮助安全团队快速、准确地应对安全事件，降低安全事件对机构的影响。

当前，可拓展威胁检测与响应（Extended Detection and Response，XDR）技术是一种集安全检测、分析、响应于一体的综合性安全解决方案，通过整合多种安全数据源，如网络流量、终端日志、应用数据等，实现对安全威胁的全面监控和深入分析，提供自动化响应机制，能够在发现威胁后迅速采取措施，从而为机构的网络安全提供有力保障。

XDR 系统的主要功能包括安全检测、安全分析和安全响应。

（1）安全检测：XDR 系统可以实时监测网络流量、终端行为、应用活动等多维度数据。通过内置的安全规则和机器学习算法，准确识别出各种恶意行为，如 DDoS 攻击、勒索软件、钓鱼攻击等。此外，XDR 系统还支持自定义规则，用户可以根据自身业务需求设置特定的检测策略。

（2）安全分析：一旦检测到安全威胁，XDR 系统能够对威胁的来源、传播途径、影响范围等进行全面剖析，帮助机构了解威胁的本质和严重程度。同时，XDR 系统还会提供详细的报告和可视化界面，方便机构快速掌握安全状况。

（3）安全响应：XDR 系统不仅具备检测和分析能力，还能提供自动化响应机制。在发现威胁后，XDR 系统会根据预设的响应策略自动采取相应措施，如隔离受感染设备、阻断恶意流量、通知相关人员等。这种自动化响应机制能够大幅缩短响应时间，减少损失。

4. 平台建设思路

安全管理与运营平台的优势在于其集成性和综合性，可以提供统一的安全管理和运营能力，简化安全运营团队的工作流程，提高工作效率。机构在建设安全管理与运营平台时，可根据自身预算和实际需求情况进行模块化建设。例如，仅从满足合规需求方面考虑，可以重点建设安全信息和事件管理功能模块；大型机构为满足全局性威胁态势感知的需求，可以重点建设网络安全态势感知功能模块；关键信息基础设施运营者或重要信息系统管理者从网络安全对抗和实战效果考虑，可以重点建设威胁检测和响应功能模块。

此外，安全信息和事件管理功能的实现，应重点关注信息搜集的标准化问题；网络安全态势感知功能的实现，要充分发挥外部威胁情报的作用，全局性掌握内外部态势情况，重点关注机构网络关键节点的威胁情况；威胁检测与响应功能的实现，则应重点关注智能化深度分析能力以及自动化联动处置能力的建设，如安全编排自动化与响应（Security Orchestration, Automation and Response，SOAR）技术的应用。

3.5.2 统一身份认证管理平台

统一身份认证管理平台是一种集中管理和控制用户身份认证的系统。它通过统一的身份认证机制，实现了用户在多个应用系统中的单点登录和身份验证，为机构提供了便捷、安全和高效的用户身份管理和访问控制服务。

常见的统一身份认证管理平台应用架构如图 3-9 所示。平台用户包括机构办公网络和分支机构的相关应用系统、管理员用户、本地用户和分支机构用户等。管理员用户、本地用户和分支机构用户通过用户终端与统一身份认证管理平台通信，实现用户身份的认证和访问控制，应用系统接入统一身份认证管理平台的各个业务系统，通过与平台通信，实现对访问需求的用户身份的认证和授权。

统一身份认证管理平台一般主要包括以下功能。

（1）统一认证

平台提供多种身份认证方式，包括用户名口令认证、短信验证码认证、商用密码技术实现的认证、指纹等生物识别认证等。平台可实现单点登录、多因子认证、关键操作保护等功能。单点登录是指用户只需在认证中心进行一次登录，即可访问所有已接入的系统，无需重复输入用户名和口令。多因子认证是指用户可以根据自己的需求选择适合的认证方式进行登录，采取多重认证方式增强认证的安全性。关键操作保护是指通过管理员根据不同的应用系统和用户需求设置不同的认证方式和安全策略，或根据用户的角色和权限对用户进行访问控制，针对关键操作进行高强度认证，确保系统应用访问的安全性。

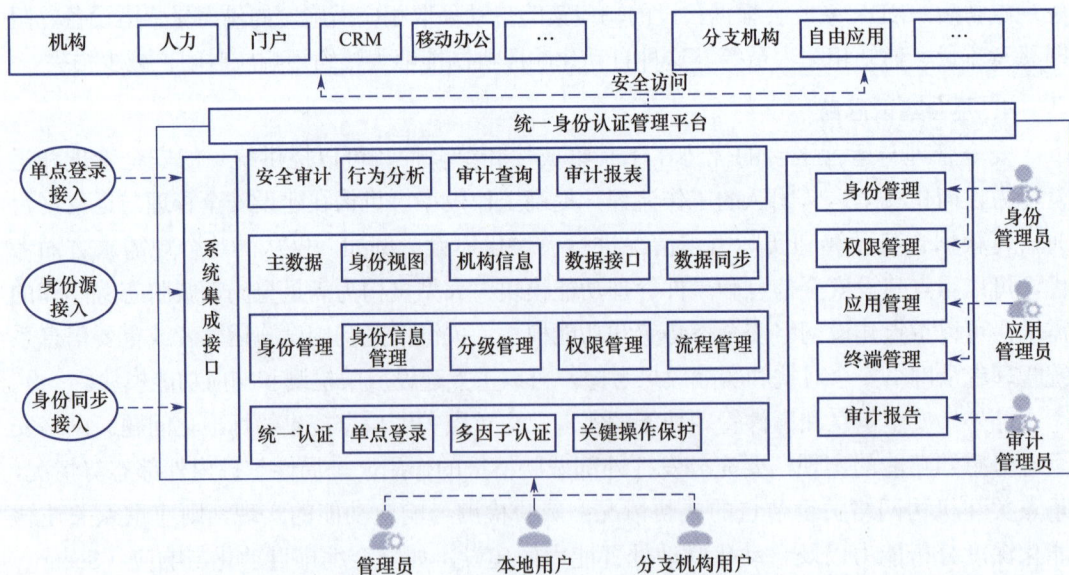

图 3-9　统一身份认证管理平台应用架构

（2）身份管理

统一身份认证管理平台集中管理用户的身份信息，包括用户名、密码、权限等。管理员可以通过系统管理界面对用户进行添加、删除、修改和查询等操作，实现对用户身份的全面管理。具体包括身份信息管理、分级管理、权限管理、流程管理等功能模块。

（3）主数据

主数据模块包括身份视图、机构信息、数据接口和数据同步等功能。用户身份和机构应用等信息存储在该平台中，供身份认证管理使用。数据接口提供与其他应用系统集成的接口，方便应用系统与统一身份认证管理平台进行对接。数据同步是指应用系统可以通过接口获取用户的身份信息和认证状态，实现与统一身份认证管理平台的无缝集成。

（4）安全审计

安全审计主要包括行为分析、审计查询和审计报表等功能模块。平台通过安全审计功能记录用户的登录和操作日志，包括登录时间、登录 IP、操作内容等。管理员可以通过审计日志对用户的操作进行查询、监控和追踪，及时发现和处理异常行为。

大型机构一般具有多个分支机构，拥有众多应用系统和大量员工用户，通过建设统一身份认证管理平台，能够方便有效地对用户身份和权限进行访问控制管理，防范网络安全风险。机构在建设统一身份认证管理平台时应当注意以下问题。

（1）机构应对所有用户业务应用场景、用户权限关系和用户分类情况进行细致的梳理，只有全面了解以上信息，才能够实施更加细粒度的分级角色管理访问控制，从而让平台真正发挥统一管理、统一认证的作用，杜绝因用户身份访问带来的网络安全风险；

（2）对于安全性要求比较高的重要应用系统，应采用商用密码技术及双因子或多因子认证方式实现身份鉴别；

（3）在选择统一认证方式时，机构也要充分考虑用户应用的便利性，不能由于复杂和增强的身份认证给用户实时业务应用带来服务延时，从而造成业务运行问题；

（4）新建统一身份认证管理平台应具有较强的兼容性，应用层需要支持机构已建的 B/S（Browser-Server）架构应用、当前常用的 C/S（Client-Server）架构，以及最新的 HTML5 的轻量级应用，终端层需要支持计算机和移动终端等设备。

3.5.3 统一密码服务平台

密码是保障网络安全的核心技术，在网络空间安全防护中发挥着重要的基础支撑作用。密码技术作为业务系统及重要数据安全防护的关键技术，实现了对信息进行"明""密"变换，保证了信息的保密性、信息来源的真实性、数据的完整性和行为的不可否认性。随着《中华人民共和国密码法》的颁布和实施，我国商用密码技术和产品将加大推广应用力度，切实发挥密码技术作用。

统一密码服务平台是密码资源池、基础密码服务、通用密码服务和密码应用服务聚合的密码集约化平台，一个集中化统一服务的平台、一套多样化密码服务模式、一组标准化密码调用接口、一个一体化密码管理体系，为机构应用提供"一站式"统一商用密码服务、密码管理和密码监管能力。

统一密码服务平台一般包含密码服务、服务支撑、密码资源池三个部分，平台框架如图 3-10 所示。

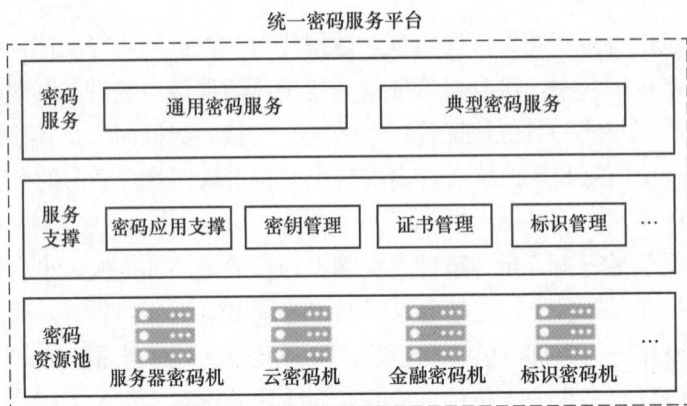

图 3-10 统一密码服务平台框架

（1）密码服务将密码服务支撑系统提供的能力微服务化，提供标准的通用密码服务和各类场景化封装的典型密码服务能力，通过密码服务软件开发工具包（Software Development Kit，SDK）及 API 网关为应用提供基础密码、数据传输、密钥管理等各类密码服务。

（2）服务支撑由密码应用支撑、密钥管理、证书管理、标识管理、信任服务、传输保护等功能组成，是密码服务的基础支撑。

（3）密码资源池包括服务器密码机、云密码机、金融密码机、标识密码机等密码设备，通过密码设备进行资源管理、应用接入管理、租户管理、用户管理、身份认证及日志管理等多个维度的管理，实现对整个密码设备及服务能力的统一管理。

针对密码技术与应用系统集成困难的问题，结合密码应用的技术特点和发展趋势，统一密码服务平台，针对不同的服务需求，提供基础密码服务、通用密码服务、典型密码服务等层次化服务体系。一方面满足基础软硬件设备对基础密码运算能力的需求，另一方面提供针对业务逻辑和业务应用的场景化或业务化的通用密码服务。

统一密码服务平台通过统一、标准化 API 接口的封装，提供易用的服务对接能力，实现多层次、不同平台、不同开发语言的密码服务 SDK 封装。统一密码服务平台以密码中间件作为与业务应用系统的对接入口，以 API 网关构建统一密码服务平台的认证和管控机制，屏蔽底层密码服务支撑系统的接口差异，简化业务应用集成的复杂性和难度，使应用系统对接密码中间件即可获取密码基础服务平台的各类密码服务能力。

随着国产商用密码技术的应用发展，机构在建设统一密码服务平台时应注意以下事项。

（1）机构应梳理密码应用场景，重点考虑统一密码服务平台的网络链路时延问题，确保不会对业务应用产生不利影响具体方法包括优化网络配置、采用高效的数据传输技术和轻量级的密码技术，以减少延迟并提高响应速度。

（2）机构应确保在不同场景下使用密码的正确性和合规性。这涉及遵循国家标准和法律法规，如《中华人民共和国密码法》和商用密码应用安全性评估标准等。严格按照要求开展密评工作，以评估和提升密码技术的应用水平和安全性。

（3）平台应用过程中应确保密码资源的冗余性，利用负载均衡提升密码服务的可靠性，提升软硬件的兼容性和可靠性，以保障整个系统的稳定运行。

（4）对于关键系统，必须设计有效的逃生机制，以便在统一密码服务平台发生故障时能够迅速恢复服务，最大限度地减少对用户的影响。逃生机制的架构设计是至关重要的，可以通过预设的备份和自动化的故障转移来实现。

（5）跟踪前沿密码技术，扩展隐私计算和同态加密技术的应用能力，以提高数据处理的效率和安全性。

3.6　实践案例

3.6.1　某机构"纵深防御－监测预警－应急响应"技术架构

某机构根据《中华人民共和国网络安全法》《关键信息基础设施安全保护条例》要求，依据网络安全等级保护和关键信息基础设施安全保护相关技术标准，以基础信息网络、云计算平台、大数据、业务应用系统、物联网等为保护对象，从整体夯实安全基础、全面提升主动防御能力出发，建立和完善涵盖纵深防御、监测预警和应急响应的技术防护体系，如图 3-11 所示。

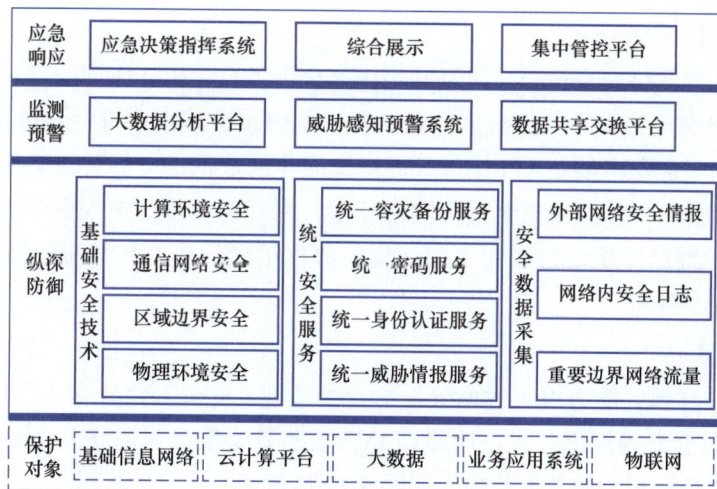

图 3-11　"纵深防御－监测预警－应急响应"技术防护体系

1. 纵深防御

网络安全纵深防御包括基础安全技术、统一安全服务、安全数据采集三个方面。基础安全技术构成网络安全等级保护安全合规运营的技术基础，也形成体系化的纵深防御安全能力基础。统一安全服务旨在构建统一安全服务基础设施，保证体系覆盖范围内一致性、可持续的安全能力组件，也实现体系安全保障资源的集约化和各层级单位整合共享。安全数据采集主要用于采集外部网络安全情报和网络内与网络安全相关的各类数据信息。

（1）基础安全技术

基础安全技术主要是依据国家法律法规和网络安全等级保护相关标准，充分考虑数据中心、移动互联网、园区网、网络边界、工控网及物联网等各类防护对象，围绕物理环境安全、通信网络安全、区域边界安全、计算环境安全等内容，满足网络安全等级保护安全合规要求，增强基础安全防护能力。

（2）统一安全服务

统一安全服务主要包括：统一身份认证服务、统一密码服务、统一威胁情报服务、统一容灾备份服务。

统一身份认证服务通过建立以密码和生物识别技术为基础的统一身份认证平台，为机构内各级单位提供移动端与桌面端身份认证服务，实现统一的用户管理、身份认证、单点登录。

统一密码服务通过建立公用的商用密码基础设施，为机构内各级单位重要数据、指令的传输和存储提供密码服务。

统一威胁情报服务通过建立机构各单位统一共享的安全情报中心，完善机构内各级单位之间的情报交换机制，为安全威胁分析预警提供情报服务。

统一容灾备份服务通过同城和异地灾备中心，为各级单位关键业务"双活"、重要数据备份提供支撑。

（3）安全数据采集

通过采集外部网络安全情报，以及网络内安全设备、主机、应用的日志及重要边界网络流量等与网络安全相关的各类数据信息，形成威胁预警体系中进一步分析的数据基础。通过流量探针、日志服务器、API接口等灵活适应化的数据接口部署，实现对网内安全设备、主机、应用的日志，以及重要边界网络流量、内外部威胁情报等安全相关数据采集的初步处理；通过数据清洗、范式化、归一化等数据治理技术对数据进行整理，形成有意义、可分类的安全数据。

2. 监测预警

网络安全监测预警能力以大数据分析平台为基础，充分利用分布式处理、深度学习、异构计算等大数据处理挖掘技术，建设威胁感知预警系统，对网络安全状态进行实时感知，并在机构内进行相关的数据共享，如图 3-12 所示。

数据共享交换平台			
机构内部共享	机构间共享	行业共享	监管部门共享

威胁感知预警系统			
漏洞感知	攻击感知	内控合规	警告预警

大数据分析平台			
分布式存储	数据总线	计算平台	算法支持

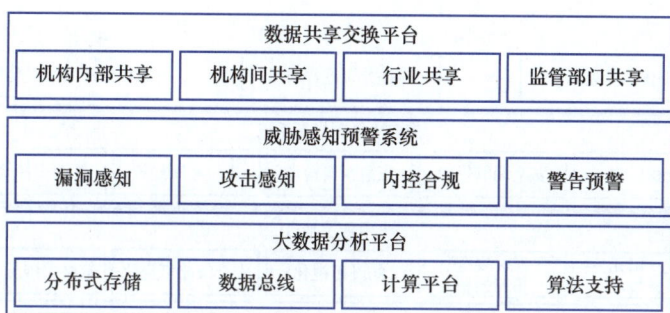

图 3-12 监测预警能力建设架构

（1）大数据分析平台

大数据分析平台对网络安全相关各类数据进行分析计算，通过分布式存储、数据总线、计算平台、算法支持等，为威胁感知预警等安全业务系统提供数据、存储和计算等资源。为全面的漏洞、规则、统计、资产、知识库等的关联分析奠定基础，为各类网络安全分析模型算法提供计算引擎和数据治理能力。

（2）威胁感知预警系统

基于安全数据采集系统采集的数据，在大数据分析平台的基础上，实现海量数据快速分析、安全日志集中关联分析、异常行为分析检测、用户行为画像、攻击溯源分析等能力，实现对本级及下级单位的网络安全漏洞感知、攻击感知、内控合规和威胁告警。在传统态势感知的算法和模型基础上，通过机器学习、强化学习等人工智能相关技术进一步构建各类安全威胁的数据流或模型，加强态势感知系统发现威胁的速度和准确度，提升应对未知威胁的自适应能力。

（3）数据共享交换平台

数据共享交换平台实现威胁情报、安全事件、安全相关通知通告等安全信息的共享交换，在机构各级单位之间建立安全数据共享交换平台，实现机构内部单位之间、行业内机构与机构之间，以及与行业监管部门之间的数据共享交换。

3. 应急响应

网络安全应急响应能力是对基于威胁情报态势感知的不同层级信息进行应急响应，及时处置网络安全事件，控制减少网络安全威胁的重要抓手。安全能力从监测响应式主动防御进一步升级到威胁情报预警指挥智能处置能力，包括应急决策和指挥系统、综合展示和集中管控平台等维度的内容，应急响应能力建设架构如图 3-13 所示。

（1）集中管控平台

机构各级单位建设集中管控平台，实现对本单位网络安全设备设施的统一管理与控制，实现统一的网络安全设备管理策略编制、服务管理等，自动控制安全设备设施动作。集中管控平台是连接应急响应措施与设备系统动作的桥梁，是网络安全运维人员提升运维效率的重要基础，更是实现网络安全防御向智能化发展的中枢。

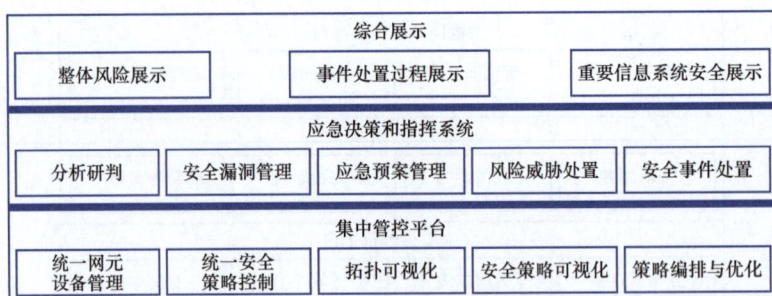

图 3-13　应急响应能力建设架构

（2）应急决策和指挥系统

机构各单位建设应急决策和指挥系统，形成覆盖各级单位的网络安全应急响应和指挥调度体系，对安全威胁事件应急响应准备、检测、控制、恢复等进行全过程管理。在与集中管控平台实现联动的基础上，探索利用人工智能、强化学习等技术加强网络安全应急决策系统的自主判断和决策处置能力，逐渐由人工处理向智能处置转变。

（3）综合展示

综合展示是利用可视化呈现技术，对网络安全状况、事件处置过程等进行可视化展现，主要包括整体风险展示、重要信息系统安全展示、事件处置过程展示。

整体风险展示从宏观层面展示机构整体安全风险情况，直观展示网络、漏洞、威胁、安全事件等安全态势，为指挥决策提供技术支撑。

重要信息系统安全展示以信息系统资产为核心，展示信息系统可能面临的安全风险或遭受的攻击事件，为安全研判处置提供技术支撑。

事件处置过程展示在安全应急响应过程中，展示安全事件处置流程及状态的跟踪情况，协助相关安全人员随时掌握安全事件的遏制情况。

3.6.2　某机构云安全建设实践

随着云计算技术的快速发展，各行各业也开始进行业务云化发展，以期利用云计算技术提升业务上线、运行效率，让现有业务系统发挥更大价值。某机构开始规划建设云数据中心，搭建业务应用统一云平台。云平台一期主要提供的服务模式包括基础设施即服务（Infrastructure as a Service，IaaS）和平台即服务（Platform as a Service，PaaS），后续可能提供软件即服务（Software as a Service，SaaS）类服务。机构针对云平台一期建设安全需求，同步规划云安全建设，主要由云管平台、云内负载均衡和安全资源池实现。

1. 云管平台

云管平台主要提供租户管理、资源申请、配置跳转、态势感知、资产管理和计费管理等服务，需要和态势感知平台、云内负载均衡、安全资源池进行对接。

2. 云内负载均衡

云内负载均衡主要给云租户提供业务负载服务，用于解决业务的高可用、扩展性、业务弹性，从而实现网络隔离、管理高可靠、业务高可靠、高性能与扩展性。同时，可以对跨租户流量和外部用户访问流量进行调度。通过对各个服务器状态的实时监控，根据预设规则将用户的访问请求分配给相应服务器，进而实现数据流的合理分配，使所有的服务节点都得到充分的利用。运用多台服务器集群的机制，能将所有真实服务器配置成虚拟服务来实现负载均衡，对外直接发布一个虚拟服务 IP。把用户请求根据预先设定的基于多重四、七层负载均衡算法的调度策略，快速地分配到相应的服务器，从而合理利用服务器资源。

云内负载均衡主要包括以下基本功能。

（1）负载均衡算法－根据设定的策略机制将来自业务访问的数据流量调度到不同的真实服务，确保服务器使用效率。

（2）健康检查－对服务器以及链路进行主动探测，依据不同的健康性检测方法，可以判断服务器或链路的健康状况。

（3）虚拟服务－对外发布的服务被称为虚拟服务，包含了服务类型（协议）、节点池（一台或多台服务器的 IP 地址和端口的集合）等配置属性。

（4）会话保持－识别客户与服务器之间交互过程的关联性，在实现负载均衡的同时，还可保证一系列相关联的访问请求会保持分配到同一台服务器之上。

3. 安全资源池

安全资源池主要通过网络功能虚拟化（Network Functions Virtualization，NFV）组件的方式提供，包括虚拟防火墙、虚拟 Web 应用防火墙（Web Applicaiton Firewall，WAF）、数据库审计、VPN、堡垒机、日志审计、漏洞扫描、主机安全、容器安全、数据安全、代码审计等。云安全管理平台需要和云管平台进行对接，支持以链接跳转的方式从云管平台跳转到云安全管理平台，对各个安全组件进行策略配置、组件编排和日志管理等。

（1）虚拟防火墙

虚拟防火墙具备状态检测、网络地址转换（Network Address Translation，NAT）、访问控制、入侵检测、流量会话管理等功能，能够进行事前资产发现，风险评估，联动防御，失控主机检测，联动态势感知平台、主机安全组件等协同处置。

（2）虚拟 WAF

虚拟 WAF 对应用系统的流量、上下文、行为进行持续监控，识别及防御已知及未知威胁，有效防御 SQL 注入、命令执行、文件上传、任意文件读写、反序列化、Struts2 等基于传统签名方式无法有效防护的 0day 应用漏洞。

（3）数据库审计

数据库审计通过对数据库进行各种访问操作审计，通常具备捕包、解析、响应能力，捕包能力负责对网络数据包进行捕获和重组，并根据预置的审计范围进行初步过滤，为后续解析做好准备。解析能力利用状态检测、协议解析等技术，对网络数据库包进行分类过滤和解析，然后依据审计规则对重要事件和会话进行审计，同时也会检测数据包是否携带关键攻击特征。审计事件、会话和攻击均会提交至响应模块，响应能力负责根据审计策略对此进行响应，包括将审计日志上传至数据中心进行存储、发送事件到实时告警界面进行告警、对关键威胁操作进行阻断，或通过邮件、Syslog、SNMP 信息的方式将审计日志发送给其他外部系统。

（4）VPN

VPN 提供 SSL VPN 接入服务能力，为 HTTPS 类业务提供加密传输能力；支持第三方标准 IPSec VPN 进行对接；总部与分支有多条线路，可在线路间一一进行 IPSec VPN 隧道建立，并设置主隧道及备份隧道，对主隧道可进行带宽叠加、按包或会话进行流量平均分配，主隧道断开备份隧道自动启用，保证 IPSec VPN 连接不中断；可为每一分支单独设置不同的多线路策略。

（5）堡垒机

堡垒机提供运维审计服务，支持 SSH、RDP 等多种协议，对运维人员进行身份鉴别、单点登录、访问授权、关键访问二次审批、违规访问告警与阻断、操作过程监控，并提供历史记录查询、综合审计报告。

（6）日志审计

日志审计将各类日志数据采集并进行归一化处理，保存为专用日志格式，通过字段翻译转义，降低对审计员的技术要求，更方便日志阅读及后续程序处理。它具有日志数据采集、实时动态分析、安全存储管理、历史事件检索、综合审计报告等功能。

（7）主机安全

主机安全支持对虚拟主机等进行入侵防御、Webshell 检测、杀毒检测、后门检测、应用控制白名单、弱口令检测和联动响应，支持对进程信息、日志文件、流量等进行采集，支持微隔离的访问控制策略统一管理，支持对发生安全事件的主机进行一键隔离，以及热点事件威胁情报（Indicators of Compromise，IOC）的全网定位，远程协助取证调查分析。

（8）容器安全

容器安全主要解决镜像安全、容器运行安全和集群安全；镜像安全会对主机上的镜像进行扫描，检测安全漏洞、Webshell、病毒、"僵木蠕"（僵尸、木马、蠕虫病毒）、历史行为等内容；容器运行安全检测 Webshell 文件、挖矿行为、勒索病毒文件、提权逃逸行为、敏感文件操作、危险命令、可疑进程和未授权访问等内容；集群安全主要检测 Kubernetes（K8s）集群内微服务和 API 检测，包括目录遍历漏洞、SQL 注入漏洞、XSS 跨站脚本漏洞、命令执行漏洞、备份文件漏洞、API 越权访问等内容。

3.6.3 某机构工业控制系统安全建设实践

某机构响应国家矿山行业智慧制造要求，大力推动数字化、网络化、智能化技术与矿山开采过程的深度融合，有效提高了生产效率、安全性和环境保护水平，但同时也给该机构带来了新的网络安全风险和挑战，如信息孤岛、数据泄露、系统攻击、恶意篡改等，可能会导致生产中断、数据泄露等问题。

通过对该机构的工控网络进行全面规划，在不同安全区域部署相应的工控安全设备，形成满足国家及机构自身安全防护需求的工控网络安全整体解决方案，其网络拓扑如图 3-14 所示。

（1）边界防护

在工业网络边界或井下工业环网边界部署工控防火墙，能够对工控网络边界流量进行安全检测，基于工控协议深度解析、网络流量实时监测、安全策略智能优化等技术手段能够检测并阻断攻击者的非法访问、病毒传播和恶意攻击等行为，对矿山工控网络中的 DCS、PLC 等工业控制系统和终端设备进行有效的安全防护。

（2）区域隔离

在工业网络与机构办公网络之间、工业网络不同网络层级之间部署工控安全隔离网闸，能够对通过网络边界的工业网络数据进行过滤、检测、审计等一系列操作，以"摆渡"的方式进行跨网数据交互，在保障安全隔离的前提下，实现数据安全交换，有效防止外部网络的攻击及内部区域之间的非法访问等行为。

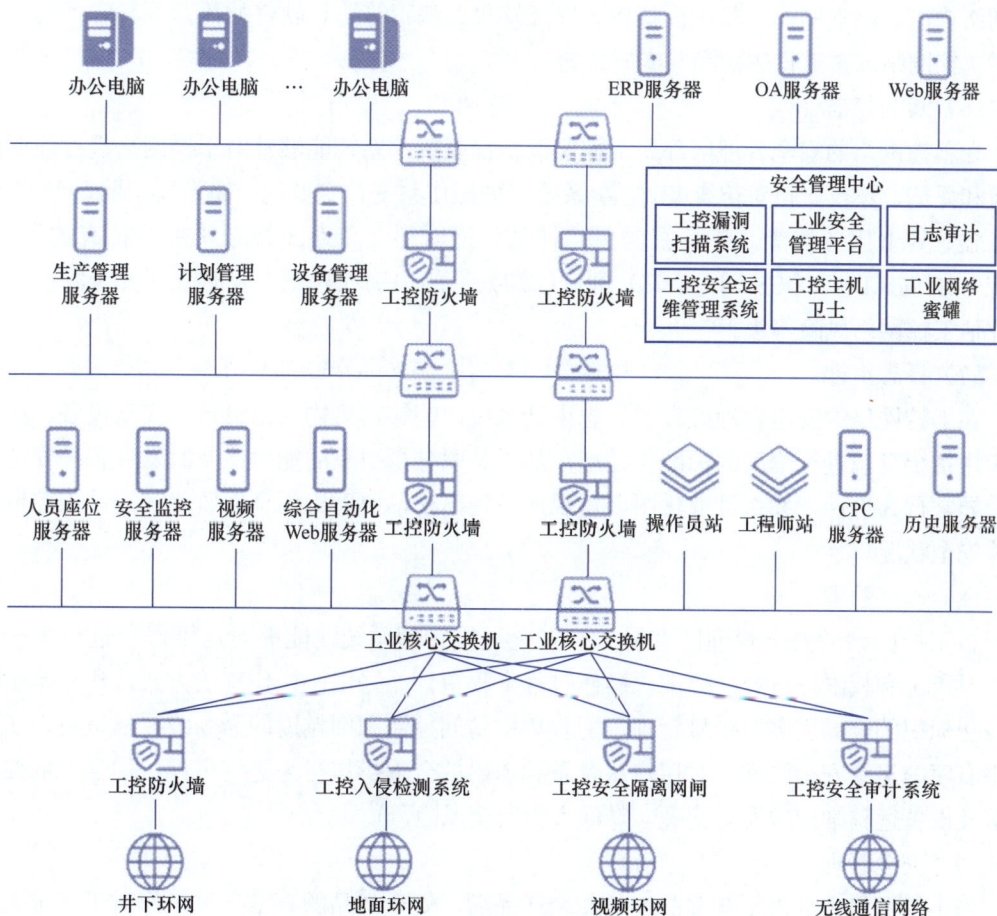

图 3-14 某机构工控网络拓扑

（3）入侵防御

在工业网络边界部署工控入侵检测系统，基于系统内置的攻击特征库和工控规则库，对工控网络流量进行实时监测，对实时检测到的网络入侵攻击行为、违反安全策略等异常行为及时进行告警或直接阻断，并生成日志，实现对工控网络安全威胁事件的事前预警、事中响应、事后取证。

（4）终端安全

在工业主机（操作员站、工程师站等）上部署，对主机登录信息、操作信息、运行状态、移动存储设备接入、网络外联等信息进行监测。系统采用白名单机制，拦截一切未知程序和脚本的执行，既可有效抵御已知和未知的恶意代码，又规避了传统杀毒软件病毒库更新不及时的问题，从根本上保障了主机运行环境的安全。

（5）网络审计

在工业核心交换机及工业环网交换机部署工控安全审计系统，通过镜像的方式获取工控网络中的流量数据，对工控协议（如 Modbus TCP、OPC、DNP3、IEC104、S7 等）的通信报文进行深度解析，能够实时检测出针对 PLC、DCS、上位机等重要工控系统/设备的网络攻击、误常操作、非法设备接入以及蠕虫、病毒等恶意软件的传播等异常行为，实现对工控网络异常流量的检测与实时告警。

（6）漏洞扫描

在工控网络的安全管理区部署工控漏洞扫描系统，系统能够针对工控网络进行脆弱性分析和评估，不仅支持对传统 IT 设备/系统（如操作系统、交换机、路由器、弱口令、FTP 服务器、Web 服务器等）进行漏洞风险评估，同时还支持对工控系统中所特有的设备 /系统（如 SCADA、DCS、PLC 等）进行已知漏洞的识别和检测，及时发现安全漏洞，客观评估工控网络风险等级。

（7）日志审计

在工控网络的安全管理区部署日志审计系统，能够对机构网络设备、安全设备、主机和应用系统日志进行全面的标准化处理，基于关联分析引擎的能力，及时发现各种安全威胁、异常行为事件，并在可视化图上直观地呈现出来，协助机构全面监测、审计工控网络整体安全状况。

（8）运维管理

在工控网络的安全管理区部署工控安全运维管理系统，能够对运维账号进行统一管理，对资源和权限进行统一分配，操作过程全程审计。采用协议代理的方式，建立基于唯一身份标识的全局实名制账号管理，配置集中访问控制和细粒度的命令级授权策略，实现集中有序的运维安全管理，对用户从登录到退出的全程操作行为进行审计，加强工业控制系统及设备远程维护的安全管理，降低人为安全风险。

（9）安全管理

当工控网络中部署了众多的工控安全产品后，安全产品的日常运维工作对于运维人员来说是不小的工作量，工业安全管理平台能够对所有工控安全设备进行统一安全管理，提升运维效率。

　　机构在工控网络的安全管理区部署工业安全管理平台，能够实现对工控防火墙、工控安全隔离网闸、工控入侵检测系统、工控安全审计系统、工控主机卫士等工控安全产品及第三方设备的统一监控、日志采集、安全分析、策略下发，为工控网络安全运营提供决策支持，加强安全事件响应速度与安全运维能力，提升工控网络整体信息安全水平。

习　题

1. 边界防御技术架构的优势有哪些？

2. 零信任架构的特点是什么？

3. 网络安全架构设计主要遵循哪些原则？

4. 网络安全基础安全防护措施中安全物理环境建设应考虑哪些方面因素？

5. 常见的安全区域边界包括哪些？

6. 安全计算环境包括哪些安全措施和技术？

7. 数据安全防护具体包括哪些方面？

8. 数据安全销毁一般包括_____和_____。

9. 简述云计算给机构安全措施改进和升级、安全应用设计和实现、安全管理和运营等方面带来的问题与挑战。

10. 机构开展移动互联网安全规划建设需要满足哪些网络安全技术要求？

11. 工业控制系统按照功能层次划分为_____、_____、_____、_____和_____。

12. 当前主要应用的统一安全支撑平台包括哪些？简述平台的基本作用。

13. 安全管理与运营平台中涉及的 3 个系统是哪些？

14. 统一身份认证管理平台的功能有哪些？

15. 机构在建设统一密码服务平台时应注意哪些事项？

第 4 章

网络安全运营体系

本章主要介绍网络安全运营体系相关内容，主要包括网络安全运营组织、网络安全运营的关键环节、网络安全运营的关键指标和实践案例四部分。其中，网络安全运营组织包括网络安全运营组织形式与架构、网络安全运营工作岗位。网络安全运营的关键环节和关键指标分别从分析识别、安全防护、检测评估、监测预警、主动防御、事件处置六个环节展开描述。通过对本章的学习，可以深入了解网络安全运营的整体内容，为从事网络安全运营工作打好基础，对理解网络安全运营的关键环节和关键指标，及与人员、制度、系统、工具、数据等各元素综合的关系具有重要意义。

4.1　网络安全运营组织

网络安全运营是统筹协调机构网络安全运营团队人员，利用网络安全技术体系的系统和工具，按照网络安全管理要求，开展网络安全治理的一系列持续活动的总称。网络安全运营的目标是发现机构已存在或未来可能会出现的安全风险，并利用高效的安全防控措施来主动化解风险，以此不断改善机构的安全状况。机构应参考成熟先进的网络安全架构，如 NIST 网络安全框架、P2DR 模型等，根据机构所处发展阶段、数字化转型水平、信息化业务程度等实际情况，按照安全运营管理要求，如环境安全管理、介质和设备安全管理、网络安全风险管理、配置和变更管理、安全事件应急管理等，开展网络安全运营体系建设。参照国家标准《信息安全技术 关键信息基础设施安全保护要求》（GB/T 39204—2022）等标准规范，网络安全运营可分为分析识别、安全防护、检测评估、监测预警、主动防御和事件处置六个环节。

当前，网络安全运营发展逐渐体现出业务化、自动化、智能化、混合化的发展趋势和特点。

（1）网络安全运营业务化。网络安全运营早期更多地被视为一种响应性的任务，只有在网络安全事件发生时才被关注。然而，在网络安全威胁环境不断演变的今天，网络安全运营将作为对机构输出安全能力和展示安全价值的关键。因此，网络安全运营是一项长期业务，要持续开展安全监控和威胁情报分析，定期评估和改进安全控制策略。只有将网络安全运营业务化后，才能让机构的核心安全能力得以固化，并以一种稳定的方式对外进行持续且高质量的输出，最终将机构的安全水平维持在一定范围内。

（2）网络安全运营自动化。面对当前复杂的网络安全环境和专业网络安全人员缺失的现状，网络安全运营团队越来越倾向于采用自动化技术来提高网络安全运营工作各环节的效率，增强网络安全运营的效果。网络安全运营团队可以利用自动化技术解决大量重复性、简单性的工作，减轻网络安全运营团队人员的工作负担，降低人为错误发生的可能性，提升日常工作的整体效率。例如，对具有明确风险特征的告警建立自动化流程进行优先级排序和提醒，也可以在事件调查与响应过程中，利用自动化编排，实现跨平台的数据富化和跨组织闭环处置。

（3）网络安全运营智能化。近年来，业界正在探索网络安全领域与人工智能相结合的可能性与应用场景，尝试利用机器学习、深度学习等技术分析网络空间态势大数据，运用强化学习、知识图谱等技术自动生成网络安全防御策略并持续完善网络安全防御体系，人工智能将成为网络安全治理的强大利器。随着人工智能大模型赋能网络安全行业并取得突破性进展，网络安全大模型技术将持续赋能网络安全运营工作的全过程，逐步降低网络安全运营对专业人员的依赖，具体包括两方面：一是通过结合实际场景，利用多源网络安全知识与机构自身安全数据进行训练，加深大模型对机构场景化安全能力的理解，辅助网络安全专家有监督地训练和微调，帮助网络安全运营人员更快、更准确地检测和响应安全威胁；二是通过自然语言与网络安全大模型进行交互，以问答的方式高效解读网络安全事件、全面搜集网络安全事件信息、持续提升网络安全事件处置效率。

（4）网络安全运营组织的混合化。受到资金投入、人员编制等因素的限制，很多机构难以通过自建的方式来构建网络安全运营组织。因此，采用与第三方合作的模式来构建混合化的网络安全运营组织已成为很多机构的主流选择。混合网络安全运营模式的好处：一是外部团队通常由资深的网络安全专家组成，他们对攻防技术有着深入的了解，可以为机构提供丰富的经验与专业的知识，能够帮助机构更快、更好、更全面地处理各类网络安全问题；二是不同于内部人员的招聘与长期培养，外部团队具有较强的灵活性和扩展性，可以按需调整网络安全专家资源，以便于机构更好地适应不断变化的威胁环境和临时产生的网络安全需求，提高响应速度和交付效果；三是机构自有网络安全运营团队可以更加聚焦于网络安全运营工作的管理和资源保障，专注于整体效率的提升与能力的沉淀，从而更加轻松地应对实战考验。

4.1.1　网络安全运营组织的形式与架构

1. 网络安全运营组织在机构中的位置

成功的网络安全运营组织必须有机构的多种资源支持，其所在的位置会直接影响网络安全运营组织的权限、预算和工作重心。结合实际经验，以下列举企业中两类常见的网络安全运营组织在机构中的位置，并分别探讨它们的隶属关系和工作特点。

第一种是网络安全运营组织直接接受董事会组建的网络安全和信息化领导小组的管

理，在机构中具备很高的权威性，能够直接获取到独立且充足的资源，具备清晰的网络安全运营职能定义、完备的组织架构和充足的人员保障。机构一般会建立独立的制度体系、运营流程以及工单系统，确保网络安全运营工作可以覆盖整个机构。

第二种是网络安全运营组织从属于信息技术运维中心。在很多大型机构中，信息技术运维中心的成熟度远高于网络安全运营组织，基本已经具备了大量支撑信息技术运维工作的关键能力，如 7×24 的服务台、信息技术运维工单。在这种背景下，网络安全运营组织直接利用信息技术运维中心的安全监控与热线服务团队、服务台、运维流程、运维工单等成熟的资源。但需要注意的是，信息技术运维中心和网络安全运营组织具有相关但不相同的工作目标，应该正确划分信息技术运维中心和网络安全运营组织的职能，明确设计差异和技术专长，确保网络安全运营组织对机构网络安全结果负责。

2. 网络安全运营组织的建设模式

在规模较大的集团型机构中，网络安全运营组织通常会采用集团型的建设模式，以协同的方式共同开展网络安全运营工作。而在非集团型的机构中，网络安全运营组织往往采用集中式的建设模式，统筹各部门的网络安全运营工作。集团型与非集团型机构网络安全运营组织的建设模式如图 4-1 所示。

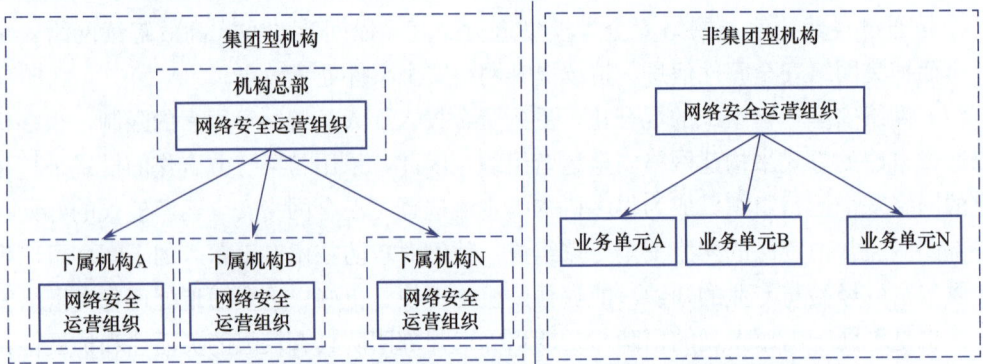

图 4-1　集团型与非集团型机构网络安全运营组织的建设模式

集团型机构的网络安全运营组织通常以"1+N"的建设模式为主，即由"1 个机构总部的网络安全运营组织 +N 个下属机构的网络安全运营组织"组成，整个集团型机构中可能存在多个网络安全运营组织同时开展网络安全运营工作。机构总部的网络安全运营组织除了开展针对机构总部的网络安全运营工作，还需要开展针对成员单位的网络安全监督检查工作，为信息化科技能力较弱的下属机构提供托管服务。而信息化科技能力较强的成员单位一般也会自建网络安全运营组织，在机构总体网络安全管理要求下开展工作，做好与机构总部的网络安全数据和流程机制的对接工作，并接受机构总部的监督检查。集团型的建设模式可以提供更广泛、更全面的网络安全监测能力，能够打通跨机构的网络安全通报预警工作流程，建立强大的网络安全信息共享机制，以"群防群治"的方式共同应对网络安全威胁。另外，网络安全运营组织采用联邦式的建设模式可以实现一定的资源共享，提高成本效益，进一步减少重复投资，降低网络安全运营成本，提升网络安全运营工作的灵活性。

非集团型机构的网络安全运营组织通常以集中式的建设模式为主，这代表整个机构的网络安全运营职能将整合到一个团队下，这类网络安全运营组织主要服务于机构内部各个业务单元的安全需求。集中式的建设模式下的网络安全运营组织往往具有较为清晰的工作目标和责任边界，可以极大程度地利用机构所有的安全资源支撑网络安全事件运营、风险运营、安全运维、检查评估、综合保障等工作的开展，并要求各业务单元设立对接人来配合完成网络安全运营工作的闭环，提供更加一致的网络安全操作。另外，集中式的建设模式可以促进网络安全运营团队与各业务单元的知识共享和团队合作，也可以更好地实现资源利用，减少重复投资。

3. 网络安全运营团队的组织架构

网络安全运营是网络安全管理部门的核心工作内容之一。网络安全运营团队也是组成网络安全管理部门的主要人员。网络安全运营团队的职能设计会随着机构规模和网络安全运营组织的定位等因素的不同而有所差异，但其核心是对网络安全运营的各项工作任务和职责进行分配。这里给出网络安全运营团队分组建设的参考。

（1）网络安全监控与热线组：承担网络安全热线管理工作，负责对网络安全相关问题进行接收、跟进、升级与反馈；承担 7×24 小时网络安全监控与预警工作，接受上级通告，关注重点告警与核心业务。

（2）网络安全运行维护组：负责机构内主要或公共安全措施的日常维护管理，涉及变更、配置与故障管理等；承担网络安全大数据的管理与维护工作，负责为网络安全运营提供高质量的数据基础；承担各场景下的网络安全事件监控、资产风险扫描及问题的一般性处置与分诊升级工作；承担 7×24 小时的网络安全事件监控、资产风险监控、数据聚合与网络安全态势展示。

（3）网络安全响应专家组：承担网络安全事件的研判调查工作，负责发现事件产生的根本原因，协同处置重大事件；承担网络安全暴露管理与验证工作，参与开发过程的网络安全缺陷测试验证，推动缺陷整改。

（4）网络安全综合管理组：统筹开展网络安全培训、攻防演练、重保值守、联防联控、安全保障等工作；组织开展网络安全风险与合规评估工作，排查网络安全风险合规隐患，推动网络安全工作持续改进；承担网络安全运营组织的管理，开展工程建设，实施网络安全运营工作考核等。

4.1.2　网络安全运营工作岗位

人是网络安全运营活动中最重要的组成要素。参考网络安全运营实施等相关标准，网络安全运营需要设置两类工作岗位，分别是管理类和技术类，其中技术类又分为分析研判和实施操作两种。

1. 管理类

管理类主要包括网络安全运营组织负责人、网络安全运营主管、网络安全监测主管和风险与合规管理四个岗位。

（1）网络安全运营组织负责人：负责组织制定网络安全运营目标和工作计划、网络安全运营能力规划和建设、网络安全运营制度和流程，跟踪监督执行效果、重大运营事项的决策等。

（2）网络安全运营主管：向网络安全运营组织负责人汇报，负责落实网络安全运营目标，执行工作计划，优化改进网络安全运营制度和流程，落实重大运营事项决策等。

（3）网络安全监测主管：向网络安全运营组织负责人汇报，负责管理网络安全事件，突发事件的应急响应、调查分析和追踪溯源，安全事件的联动处置和网络安全态势报告的编制等。

（4）风险与合规管理：向网络安全运营组织负责人汇报，负责网络安全风险全过程管理与网络安全合规管理等。

2. 技术类

技术类工作岗位包括分析研判和实施操作两种，其中分析研判类主要包括分析研判岗、漏洞分析岗、威胁信息分析岗、防护策略分析岗四个岗位。

（1）分析研判岗：向网络安全监测主管汇报，负责分析网络安全威胁告警报告、分析是否启动应急流程、网络安全威胁事件深入分析与溯源、分析和报告网络安全防御措施缺陷等。

（2）漏洞分析岗：向网络安全监测主管汇报，负责网络安全漏洞跟踪分析评估、预警信息发布、漏洞修复方案和加固措施、漏洞处置过程监控、漏洞修复情况验证分析等。

（3）威胁信息分析岗：向网络安全监测主管汇报，负责威胁信息的采集、分析、评估，对获取的数据进行归类分析整合等。

（4）防护策略分析岗：向网络安全监测主管汇报，负责安全防护策略的管理、优化、制定、执行和有效性分析等。

实施操作主要包括安全监控岗、资产维护岗、平台维护岗、主机安全维护岗、终端安全维护岗、集权设备维护岗六个岗位。

（1）安全监控岗：向网络安全监测主管汇报，负责相关设备的日志分析、策略调整、规则优化、威胁事件监测上报，执行和落实网络安全态势监测分析方案，处置突发事件，跟踪网络安全事件整改情况。

（2）资产维护岗：向网络安全监测主管汇报，负责组织信息资产的发现、资产清单的管理、资产档案的维护、问题资产的发现和处置等。

（3）平台维护岗：向网络安全运营主管汇报，负责网络安全设备与平台的定期升级更新、状态巡检、故障排除，网络安全设备与平台的预置及自定义规则、策略、预案、脚本、知识的建设、维护及发布等。

（4）主机安全维护岗：向网络安全运营主管汇报，负责主机服务器的定期升级更新、状态巡检、故障排除、主机服务器的预置及自定义规则、策略、预案、脚本、知识的建设、维护及发布等。

（5）终端安全维护岗：向网络安全运营主管汇报，负责终端设备的定期升级更新、状态巡检、故障排除、终端设备的预置及自定义规则、策略、预案、脚本、知识的建设、维护及发布等。

（6）集权设备维护岗：向网络安全运营主管汇报，负责集权设备的定期升级更新、状态巡检、故障排除、集权设备的预置及自定义规则、策略、预案、脚本、知识的建设、维护及发布等。

4.2　网络安全运营的关键环节

4.2.1　分析识别

分析识别环节，机构应在相关管理制度的指导规范下，开展业务识别、资产识别、风险识别等活动，这些活动是开展安全防护、检测评估、监测预警、主动防御、事件处置等工作的基础。下面介绍业务识别、资产识别和风险识别。

1. 业务识别

业务识别是开展网络安全运营的基础工作，包括对业务的属性、定位、完整性和关联性的识别。业务识别内容包括：

（1）建立机构的业务台账，明确业务的属性，包括业务功能、业务对象、业务流程、业务范围、覆盖地域等。

（2）识别业务在机构发展规划中的定位，包括发展规划的职能定位、与发展规划目标的契合度、在业务布局中的位置和作用、在竞争关系中的竞争力强弱等。

（3）识别机构中的独立业务和非独立业务。

（4）识别机构业务与其他业务的关联关系和关联程度。关联关系包括并列关系、承接关系、直接或间接关联关系等。关联程度包括紧密关联和非紧密关联。

（5）对识别的业务进行重要性赋值，确定重要业务链和关键业务链，明确支撑重要业务链和关键业务链的资源分布和运行情况。

（6）当业务范围或业务的重要性发生变化时，重新进行业务识别。

2. 资产识别

资产识别环节，机构应汇总资产信息，开展资产管理和资产分类分级，实时监测资产运行状态、业务重大变更情况等，对资产安全进行持续的运营，并形成资产安全清单与报告。下面分别介绍资产信息、资产管理流程和资产分类分级。

（1）资产信息

资产信息包括业务维度、系统维度、主机维度和通用维度四个方面。

业务维度的安全资产重点是业务发布的互联网的暴露面资产。在业务维度值得关注的安全资产包括：

① 域名资产。域名资产是最直观的业务维度资产之一，是做好业务维度安全资产管理的最佳抓手。绝大多数面向公众用户的业务都具有特定的域名信息，域名下又有二级域名等子域名资产，通过对域名资产的发现、识别，可以获取更多的业务相关资产信息（例如 IP 地址）。

② URL 资产。URL（Uniform Resource Locator）指向业务服务的详细地址，通过对 URL 资产的发现与识别，能够进一步了解构成业务的服务、框架、端口等详细资产信息。

③ 外网 IP 资产。某些业务因具体的业务需求没有分配相应的域名，直接通过 IP 地址向外网提供服务。通过对外网 IP 资产的进一步识别分析，可以获取 IP 上开放的业务端口等更多的详细资产信息。

与业务维度不同的是，系统维度更关注系统的逻辑构成，通过系统逻辑结构获取更多的安全资产信息。在系统维度值得关注的安全资产包括：

① 外网 IP 资产。除了业务没有分配域名的情况，更应该以系统的维度看待外网 IP 资产。外网 IP 资产与业务的实际构成往往是一对多的集群对应关系，一个开放的外网 IP 后端可能关联了多个真实 IP 地址，甚至可能关联多个集群虚拟 IP。通过对外网 IP 资产的深度识别，可以获取更多的详细资产信息。

② 开放端口资产。开放的端口资产是服务的直接入口，通过对端口资产的指纹识别，可以获取该端口上开放服务的真实情况。在实际工作中，经常会有端口号和端口上开放的服务不一致的情况。对网络工程师和安全工程师来说，在端口开放的操作和审计上往往只能做到 OSI 模型的第四层。端口策略开放后，操作人员可能将其他服务指定到该端口（例如申请 80 端口开放 HTTP 服务，之后将 Oracle1521 端口服务指定到 80 端口），这将会形成重大的风险隐患。

③ 内网集群 IP 资产。内网集群 IP 是负载均衡服务器的虚拟 IP，该资产上联外网 IP 资产，下联真实 IP（业务主机操作系统 IP）资产，是业务发布链上的重要一环。通过对内网集群 IP 资产的识别分析，可以获取更多的主机 IP 资产、端口资产等安全资产的详细信息。

④ 内网集群开放端口资产。内网集群开放的端口是系统层面的重要资产，但在实际情况中出于安全或资源原因，集群开放端口和真实 IP 上开放的端口可能不一致。安全资产管理人员应根据资产的实际配置情况进行分析、记录。

从主机维度来看，主机层面已经开始进入业务系统的逻辑底层，主机可能是物理机，也可能是虚拟机。在主机维度值得关注的安全资产包括：

① 主机 IP 资产。主机 IP 资产实际上是操作系统配置的 IP 资产，操作系统可能在物理机或虚拟机上，一个操作系统可能配置了多个 IP 资产。通过对存活主机 IP 资产的发现、

识别和分析，可以确认资产的存活性并识别出主机上部署、开放的其他相关资产信息。

② 主机开放端口资产。主机开放端口资产是主机上运行服务的直接访问接口，通过对主机开放端口的发现、识别、分析，可以获取主机上开放的具体服务信息，包括服务类型、服务版本等。

③ 中间件资产。中间件资产是最常见的资产类型之一，几乎所有的系统架构中都包含中间件资产。作为广泛应用的中间件产品，其通用漏洞往往会带来重大的安全隐患。在安全资产管理层面，应该特别注重中间件资产的发现和识别。

④ 数据库资产。数据库资产是最常见的资产类型之一，几乎所有的系统架构中都包含数据库资产。在安全资产管理层面，应该特别注重数据库资产的发现和识别。

⑤ 操作系统资产。操作系统是业务系统的底层资产，其重要性不言而喻。Linux、Windows 等操作系统内含多种服务和组件。在为业务系统构建带来便利的同时，也将带来各种漏洞和风险。

⑥ 其他应用资产。自身开发的业务应用和其他第三方的业务应用资产，也是安全资产管理中应该关注的一环。

从通用维度来看，除了各项资产的核心信息本身，还应关注资产补丁状态、资产负责人和系统开发商等问题。

① 资产补丁状态。明确资产补丁状态可以判断资产是否受到确定漏洞的安全威胁，明确机构资产态势。

② 资产负责人。资产负责人可分为业务负责人、系统负责人、主机负责人等；又可根据组件分为中间件负责人、数据库负责人、操作系统负责人、网络系统负责人等。根据资产与责任人之间的明确对应关系，可以在资产风险管理过程中建立从业务到责任人的完整关系链条，有助于网络安全运营团队构建闭环的风险管理模式。

③ 系统开发商。在系统面临自身基因缺陷（代码、架构）导致的重大风险时，明确系统开发商和联系方式，可使网络安全运营团队快速地联系系统开发团队，寻找解决问题的办法。

此外，机构在开展资产识别时，还应重点关注以下易被忽视的安全资产信息。

① 公有云安全资产。要充分考虑分支机构资产和外部公有云相关资产，避免在网络安全运营及外部合规性核查中因自身资产盲区导致不良后果。

② 存在安全隐患的隐藏资产。除了直观可见的安全资产，还存在着一些不面向大众用户的隐藏资产，如开放在公网的 API 接口、网站管理后台等。

③ 特权账号。特权账号因其权限较大，一旦出现网络安全风险，影响也更大，应重点收集梳理。

（2）资产管理流程

机构应借助技术工具对资产进行全面发现和深度识别，以定期主动扫描和被动识别相结合的方式，识别资产类型信息，根据资产重要程度自动生成资产清单并明确责任分工，实现资产可视化管理和动态更新。针对资产管理流程网络安全运营工作可划分为资产发现与梳理、资产标记、资产配置、资产盘点、资产台账更新五个阶段，各阶段的具体操作如表 4-1 所示。

表 4-1　资产安全管理各阶段的具体操作

工作阶段	管理手段	具体操作方法&工具使用方式
资产发现与梳理	使用工具自动发现	通过资产扫描工具主动探测资产信息； 通过探针或网关设备分析流量识别资产信息； 基于 HTTP 协议层报文信息规则匹配识别资产
	通过服务上报收集	使用终端安全管理软件/工具实时上报资产信息； 资产管理平台/资产目录提供资产收集接口服务
	手动登记	使用资产管理台账手动录入资产信息； 通过资产导入模板批量导入资产信息
资产标记	自动标记	通过对审计日志、流量数据等信息进行采集，对数据解析得到的资产信息进行来源、种类、地理位置、组织人员、责任人等属性进行资产标记
	手动维护	利用工具统一手动维护对资产属性进行信息标记
资产配置	基本信息	资产编码、资产名称、资产类型、资产标签、操作系统、首次出现时间、是否暴露互联网、资产位置、IP、MAC、责任人、业务组等
	资产指纹	资源监控、账号、端口、进程、软件应用、数据库、Web 应用、Web 服务、Web 框架、Web 站点、Jar 包、启动服务、计划任务、环境变量、内核模块等
资产盘点	使用工具盘点	使用资产管理台账/工具定期对资产整体过程各阶段的数据进行统计分析，输出整体资产监控报表
	手动盘点	通过人工巡察方式进行资产盘点； 统一下发模板通过手工资产清单打钩方式盘点
资产台账更新	资产梳理	安全域视角：按照不同的安全域进行梳理，如用户域、数据域、运维域、涉密域。 业务视角：自上而下按具体业务系统进行区分，如智能分析、视频监控、统一管控、日常办公
	资产变更	对于发现的结果和现有资产库比对，给出变更部分列表。定期对资产整体过程各阶段的数据统计分析，对整体资产监控报表输出

（3）资产分类分级

① 资产分类

机构需要将信息系统及相关的资产进行恰当的分类，以此为基础进行下一步的风险评估。根据资产的表现形式，可将资产分为数据、软件、硬件、服务、文档、人员、其他等类型，具体分类如表 4-2 所示。

表 4-2　基于表现形式的资产分类方法

分类	示例
数据	保存在信息媒介上的各种数据资料，包括源代码、数据库数据、系统文档、运行管理规程、计划、报告、用户手册等
软件	系统软件：操作系统、语句包、工具软件、各种库等 应用软件：外部购买的应用软件，外包开发的应用软件等 源程序：各种共享源代码、自行或合作开发的各种代码等

（续表）

分类	示例
硬件	网络设备：路由器、网关、交换机等 计算机设备：大型机、小型机、服务器、工作站、台式计算机、移动计算机等 存储设备：磁带机、磁盘阵列、磁带、光盘、软盘、移动硬盘等 传输线路：光纤、双绞线等 保障设备：动力保障设备（UPS、变电设备等）、空调、保险柜、文件柜、门禁、消防设施等 安全保障设备：防火墙、入侵检测系统、身份验证等 其他：打印机、复印机、扫描仪、传真机等
服务	办公服务：为提高效率而开发的管理信息系统（MIS），包括各种内部配置管理、文件流转管理等服务 网络服务：各种网络设备、设施提供的网络连接服务 信息服务：对外依赖该系统开展的各类服务
文档	纸质的各种文件，如传真、电报、财务报告、发展计划等
人员	掌握重要信息和核心业务的人员，如主机维护主管、网络维护主管及应用网络安全运营监控工作经理等
其他	机构形象，客户关系等

② 资产机密性赋值

机构可根据资产在机密性上的不同要求，将其分为五个不同的等级，分别对应资产在机密性缺失时对整个机构的影响，具体如表 4-3 所示。

表 4-3　资产机密性赋值表

赋值	标识	定义
5	很高	包含机构最重要的秘密，关系未来发展的前途命运，对机构根本利益有着决定性的影响，如果泄露会造成灾难性的损害
4	高	包含机构的重要秘密，如果泄露会使机构的安全和利益遭受严重损害
3	中等	机构的一般性秘密，如果泄露会使机构的安全和利益受到损害
2	低	仅能在机构内部或在机构某一部门内部公开的信息，向外扩散有可能对机构的利益造成轻微损害
1	很低	可对社会公开的信息，公用的信息处理设备和系统资源等

③ 完整性赋值

根据资产完整性上的不同要求，将其分为五个不同的等级，分别对应资产在完整性上缺失时对整个机构的影响，具体如表 4-4 所示。

表 4-4　资产完整性赋值表

赋值	标识	定义
5	很高	完整性价值非常关键，未经授权的修改或破坏会对机构造成重大的或无法接受的影响，对业务冲击重大，并可能造成严重的业务中断，难以弥补
4	高	完整性价值较高，未经授权的修改或破坏会对机构造成重大影响，对业务冲击严重，较难弥补
3	中等	完整性价值中等，未经授权的修改或破坏会对机构造成影响，对业务冲击明显，但可以弥补
2	低	完整性价值较低，未经授权的修改或破坏会对机构造成轻微影响，对业务冲击轻微，容易弥补
1	很低	完整性价值非常低，未经授权的修改或破坏对机构造成的影响可以忽略，对业务冲击可以忽略

④ 可用性赋值

根据资产可用性上的不同要求，将其分为五个不同的等级，分别对应资产在可用性上应达到的不同程度，具体如表 4-5 所示。

表 4-5　资产可用性赋值表

赋值	标识	定义
5	很高	可用性价值非常高，合法使用者对信息及信息系统的可用度达到年度99.9%以上，或系统不允许中断
4	高	可用性价值较高，合法使用者对信息及信息系统的可用度达到每天90%以上，或系统允许中断时间短于10分钟
3	中等	可用性价值中等，合法使用者对信息及信息系统的可用度在正常工作时间达到70%以上，或系统允许中断时间短于30分钟
2	低	可用性价值较低，合法使用者对信息及信息系统的可用度在正常工作时间达到25%以上，或系统允许中断时间短于60分钟
1	很低	可用性价值可以忽略，合法使用者对信息及信息系统的可用度在正常工作时间低于25%

⑤ 资产重要性等级

根据资产的重要性划分等级，级别越高表示资产越重要，具体如表 4-6 所示。

表 4-6　资产等级及含义描述表

等级	标识	描述
5	很高	非常重要，其安全属性破坏后可能对机构造成非常严重的损失
4	高	重要，其安全属性破坏后可能对机构造成比较严重的损失
3	中	比较重要，其安全属性破坏后可能对机构造成中等程度的损失
2	低	不太重要，其安全属性破坏后可能对机构造成较低的损失
1	很低	不重要，其安全属性破坏后对机构造成很小的损失，甚至忽略不计

3. 风险识别

风险识别环节，机构应对关键业务链开展安全风险分析，识别威胁、脆弱性与暴露面信息等，开展威胁识别和漏洞管理等活动，通过尽可能多地减少威胁和漏洞来降低机构的整体网络安全风险。下面重点介绍漏洞管理工作。

漏洞是在硬件、软件、协议的具体实现或系统安全策略上存在的缺陷，可以使攻击者能够在未授权的情况下访问或破坏系统，是受限制的计算机、组件、应用程序或其他联机资源无意中留下的不受保护的入口点。根据国家标准《信息安全技术 网络安全漏洞分类分级指南》（GB/T 30279—2020），基于漏洞产生或触发的技术原因，网络安全漏洞分为代码问题漏洞、配置错误漏洞、环境问题漏洞和其他 4 个大类，具体分类如图 4-2 所示。

漏洞管理生命周期包括漏洞发现、漏洞分析、漏洞处置、漏洞验证和监视四个关键阶段。

（1）漏洞发现

漏洞发现是指通过对软件、系统或网络进行主动或被动的安全测试，发现其中存在的安全漏洞。漏洞扫描是其中的一种常见方法，它通过自动化工具或手动检查的方式，对目标系统进行全面的扫描和分析，以识别潜在的漏洞。

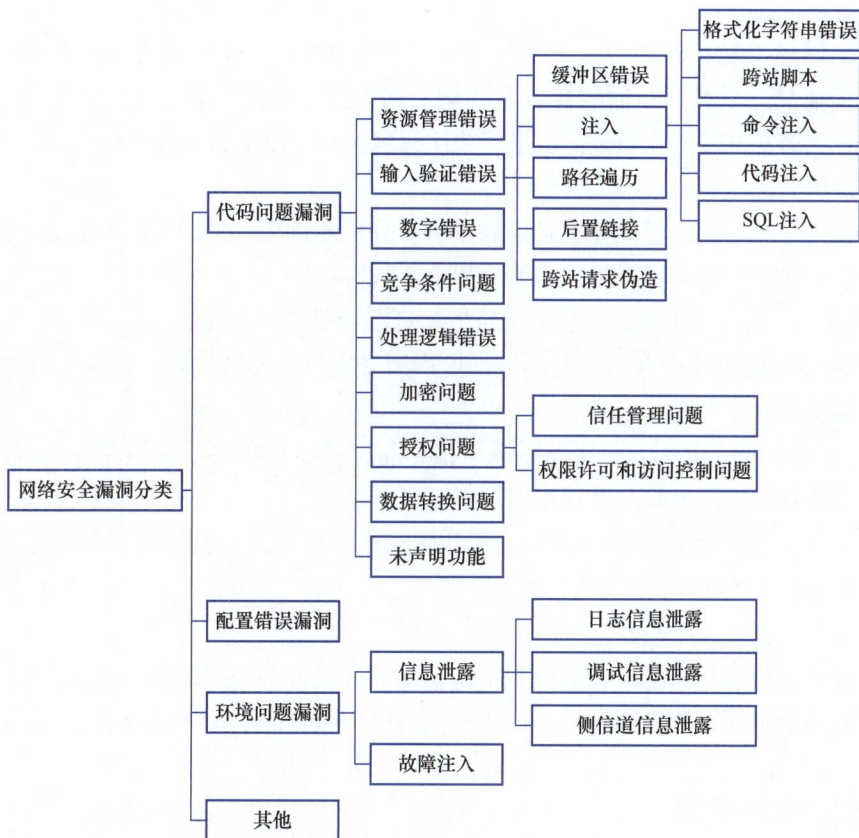

网络安全漏洞分类
- 代码问题漏洞
  - 资源管理错误
    - 缓冲区错误
      - 格式化字符串错误
    - 注入
      - 跨站脚本
      - 命令注入
      - 代码注入
      - SQL注入
    - 路径遍历
    - 后置链接
  - 输入验证错误
  - 数字错误
  - 竞争条件问题
    - 跨站请求伪造
  - 处理逻辑错误
  - 加密问题
  - 授权问题
    - 信任管理问题
    - 权限许可和访问控制问题
  - 数据转换问题
  - 未声明功能
- 配置错误漏洞
- 环境问题漏洞
  - 信息泄露
    - 日志信息泄露
    - 调试信息泄露
    - 侧信道信息泄露
  - 故障注入
- 其他

图 4-2　网络安全漏洞分类

根据漏洞扫描工具是否主动发包的行为，可以将漏洞扫描工具分为主动扫描工具、半被动扫描工具和全被动扫描工具。

主动扫描工具主动发包，根据返回的包判断目标设备是否存在漏洞，如常用的 AWVS、SQLmap、Nessus 等。

半被动扫描工具和主动扫描工具的区别是，URL 的获取途径不是通过爬虫，而是通过 Access Log 或镜像流量。通过 Access Log 获取 URL 是指将用户访问站点的 Access Log 去重后进行扫描。镜像流量方式是通过旁路镜像得到全流量 URL，去重后进行扫描。对于比较大规模的 Web 资源扫描，可以通过 Storm 流式计算平台将来自分光的全流量 URL 库用 rewrite 替换，去重归一，验证真实性后作为扫描器的输入源，由消息队列推送至分布式扫描器中。

此外，半被动扫描工具还有 HTTP 代理式的漏洞扫描工具和 VPN 式的漏洞扫描工具。HTTP 代理式的漏洞扫描工具常被渗透测试人员使用，它在浏览器设置一个代理，当访问网站的页面时，每访问一个 URL 就会被放到后台去扫描。VPN 式的漏洞扫描工具与前一种类似，不过该种扫描需要插入到一个特定的 VPN 中，在 VPN 服务器中会设置一个透明代理，将 80 和 443 端口的数据转发到透明代理中，之后测试者每访问一个 URL 也会放到后台去扫描。

全被动扫描工具在部署方式上类似于 IDS，对 B/S 和 C/S 双向交互的数据流进行扫描以期发现漏洞。全被动扫描的特点主要包括两方面，一是不需要联网，不会主动爬取 URL，不会主动发出任何数据包；二是更关注漏洞感知，而不是入侵行为。

（2）漏洞分析

漏洞分析是对漏洞处置优先级确定因素进行分析的过程，进而提出漏洞处置建议，又称漏洞评估。漏洞分析环节需要重点关注的内容包括：

① 通过人工或自动化方式，从多个位置验证漏洞是否可利用。

② 结合漏洞的可探查性、可利用性，资产所处网络功能区位置、社会影响性等因素，综合确定漏洞处置优先级。

③ 依据漏洞处置优先级、现有漏洞情报、漏洞所在资产的实际情况等因素，提出漏洞修复、系统补偿加固等漏洞处置建议。

④ 跟踪外部最新漏洞利用方式及内部防御策略改进情况，及时调整漏洞处置优先级，并相应修改漏洞处置建议。

（3）漏洞处置

漏洞处置也称漏洞修复，该阶段包括制定漏洞处置方案、测试漏洞处置方案、实施漏洞处置、验证漏洞处置效果四个部分，目的是消除或减少漏洞带来的影响。下面介绍前三个部分。

① 制定漏洞处置方案

漏洞处置方案一般包括处置目的、资产范围及对象、实施人员、时间计划、处置方式、回退措施、处置期限等内容。漏洞处置方案应根据漏洞处置建议制定，对业务运行可能产生较大影响的漏洞处置方案，需组织相关部门进行评审。可以制定针对同一类漏洞或者同一 IT 组件漏洞的融合处置方案，避免频繁进行漏洞修复或系统补偿加固。

② 测试漏洞处置方案

测试应通过仿真 IT 资产环境，验证漏洞处置方式的有效性，必要的时候可以进行业务回归测试；对于重要的漏洞处置方案，应提前进行处置演练。

③ 实施漏洞处置

针对漏洞影响程度的不同，可以采取不同的漏洞处置策略，漏洞实施的具体操作可以参照如下策略。可被外网探查、利用，可被内网探查、利用且监管舆情关注的漏洞应当尽快处置；可被内网探查、利用但未产生监管舆情关注，尚不可探查、利用的漏洞可延缓处置；不可被利用但产生社会影响的漏洞，需及时发布澄清公告，减少声誉损失；对于延缓处置的漏洞，可随系统版本更新迭代、同步修复。

（4）漏洞验证和监视

对于已修复的漏洞应进行技术验证，确认漏洞是否消除；对于已经加固过的系统进行漏洞利用验证，确认漏洞是否仍可被利用；此外，还应持续跟踪漏洞利用技术的发展，采用最新的工具和方法对尚未修复的漏洞进行复测，确认漏洞是否可被利用。最终确保完成漏洞处置，持续监视漏洞管理工作，确保系统网络安全。

4.2.2　安全防护

安全防护环节，机构应按照网络安全等级保护制度相关要求，开展网络安全防护，结合系统自身安全防护情况，对安全设备进行运行维护，识别安全防护薄弱点，做好安全加固工作。以下介绍网络安全等级保护、安全设备运行维护、安全加固等安全防护环节的基础工作。

1. 网络安全等级保护

机构应落实国家网络安全等级保护制度相关要求，开展网络和信息系统的定级、备案、安全建设整改和等级测评等工作。

2. 安全设备运行维护

安全设备运行维护主要是对机构内的各种安全设备进行全面、细致、有效的日常维护和管理，以确保其正常运行并能够及时应对各种安全威胁。安全设备运行维护内容包括：

（1）可用性监控。实时监控安全设备的运行状态和性能指标，及时发现和处理安全设备故障或异常情况，确保安全设备的可用性和可靠性。

（2）安全设备更新和升级。根据组织机构的安全需求和设备厂商的建议，及时更新和升级安全设备，以提高安全设备的防护能力和安全性。

（3）安全策略管理。根据业务及安全需求，调整和修改安全设备策略，并对策略进行归并及优化。

（4）安全配置管理。定期梳理检查安全设备的配置，如访问控制配置等。对配置文件定期进行备份，并将备份文件存储在安全可靠的位置。同时，应测试配置恢复功能，确保在需要时能够快速恢复安全设备配置。

（5）安全设备的审计和记录。对安全设备的操作进行审计和记录，包括安全设备的配置操作、检测和监控操作、故障处理操作等，确保安全设备的操作合规性和可追溯性。

（6）安全设备安全性管理。建立安全设备安全管理制度，对安全策略、账户管理、配置管理、日志管理、日常操作、升级与打补丁、口令更新周期、维修过程等方面作出规定；根据运行参数，预测设备故障运行隐患和对安全设备的告警，及时进行分析和研判；定期开展安全设备漏洞排查，经过充分测试评估后，对已有漏洞及时修补。

（7）安全有效性验证。需结合安全运维实际工作的情况，对相关安全措施的有效性进行验证，以确保安全运维工作得到应有的效果。

以下为一些常用的安全策略配置注意事项。

（1）访问策略缺省应改为"禁止"，所有"允许"策略按具体需求开通。

（2）防火墙设备应将"禁止任意外部 IP 地址对任意内部 IP 地址（或端口）进行访问"的策略配置为最后一条匹配策略。

（3）所有访问策略的建立、变更和停用的审批记录应予以归档留存。

（4）访问策略应避免出现"任意 IP 地址"或"任意端口"被访问的策略，禁止出现非业务需要的大段 IP 地址、连续端口开放的策略。

（5）应定期组织访问策略的安全检查、评估和评测，频度一般不应低于每年一次。

3. 安全加固

安全加固主要是针对网络与应用系统的加固，在网络设备、安全设备、操作系统、硬件设备、应用程序等层次上建立符合安全需求的安全状态。机构应根据专业安全评估结果，制定相应的系统加固方案，针对不同目标系统实施不同策略的安全加固，例如打补丁、修改安全配置、增加安全机制等方法，合理进行安全性加强，从而保障信息系统的安全。安全加固内容包括：

（1）安全现状调查：了解资产安全现状和资产关联关系，评估安全缺陷或安全隐患的影响范围和严重程度。

（2）制定安全加固方案：针对发现的安全现状问题，与相关业务部门、建设部门、管理部门、运维部门等联合确认安全加固方案，包括实施时间、范围、流程、方法等，确认每项加固措施和操作方法的可行性，同步制定回退方案和应急方案。

（3）落实安全加固举措：安全加固前做数据备份、版本备份，分阶段、分批次有序开展安全加固举措、测试验证。针对重要资产，需先加固资产，测试无误后再小批量、分批次开展安全加固。

（4）验证安全加固结果：通过测试、攻击等手段，对安全加固后的结论进行验证，根据验证结果判断是否符合安全加固要求，最终按需落实安全加固方案。

4.2.3 检测评估

网络安全检测评估是确保机构网络系统安全性的重要环节，它涉及机构自身组织的内部评估和邀请第三方进行的外部评估。以下将分别介绍机构自身组织的网络安全检测评估和第三方网络安全检测评估工作注意事项，并介绍主要网络安全检测评估类型，包括网络安全风险评估、网络安全等级保护测评、数据安全风险评估、关键信息基础设施安全检测评估、上线前安全测试、渗透测试和商用密码应用安全性评估等。

1. 机构自身组织的网络安全检测评估

机构开展的网络安全检测评估主要包括系统上线前检测、网络安全风险自评、数据安全风险自评、自行开展的关键信息基础设施安全检测评估等方面。一般检测评估的内容和步骤如下：

（1）收集和整理与网络安全相关的信息和资料，包括网络拓扑、系统架构、应用程序、硬件设备、安全策略和配置等。

（2）评估网络系统中存在的潜在风险，确定可能导致网络安全问题的威胁和漏洞，如网络入侵、数据泄露、系统故障等。

（3）使用漏洞扫描工具对网络系统进行扫描，检测系统中存在的漏洞和弱点，如未经授权的访问点、未及时更新的软件、远程漏洞等。

（4）对检测到的漏洞和弱点进行深入分析，评估它们对系统安全性的影响，并提出相应的修复和改进建议。

机构自行开展检测评估需要注意以下事项：

（1）确保测试环境的安全性，防止测试对机构的系统造成影响。

（2）测试过程中产生的数据需要妥善保护，防止泄露。

（3）测试结果需要经过准确的评估和分析，避免对机构的系统产生不必要的风险。

（4）发现的漏洞需要及时修复，避免被攻击者利用。

2. 第三方网络安全检测评估

机构邀请第三方开展网络安全检测评估主要包括网络安全风险评估、网络安全等级保护测评、关键信息基础设施安全检测评估、数据安全风险评估、商用密码应用安全性评估等方面。在开展第三方网络安全检测评估工作时应重点关注以下事项：

（1）选择有资质的机构。确保第三方机构具备相关的资质和认证，具有丰富的网络安全检测评估经验，以保证评估结果的准确性和可靠性。

（2）明确评估范围和重点。明确评估的范围和重点关注的领域，避免评估过程中出现遗漏或偏差。

（3）保护敏感信息。在评估过程中，机构应妥善保护敏感信息，避免泄露。

（4）合理控制预算。在制定预算时，要充分考虑项目的实际需求和市场行情，确保预算的合理性和可行性。

（5）加强沟通与协作。与第三方机构保持良好的沟通与协作，及时解决问题和困难，确保项目的顺利进行。

综上所述，机构组织开展第三方网络安全检测评估需要遵循一定的步骤和注意事项，以确保项目的顺利进行和评估结果的准确可靠。无论是机构自身组织的还是邀请第三方完成的网络安全检测评估，都需要遵守相关的法律法规，确保评估过程的合规性。同时，评估结果应作为改进网络安全工作的重要依据，及时采取措施修复漏洞、加强安全防护，确保网络系统的稳定运行和数据安全。

3. 主要网络安全检测评估类型

当前，网络安全检测评估类型主要包括网络安全风险评估、网络安全等级保护测评、数据安全风险评估、关键信息基础设施安全检测评估、上线前安全测试、渗透测试和商用密码应用安全性评估等。

（1）网络安全风险评估

网络安全风险评估是验证并优化整体安全防控、动态防护和协同联防等方面的重要手段，网络安全风险评估工作可从资产、业务维度开展，每年定期开展，包括梳理资产价值、分析安全策略有效性、识别资产脆弱性、分析潜在威胁等，评估资产、业务可能存在的所有安全风险。

网络安全风险评估是从风险管理角度，运用科学的方法和手段，系统地分析网络与信息系统所面临的威胁及存在的脆弱性，评估安全风险事件一旦发生可能造成的危害程度，提出针对性抵御威胁的防护对策和整改措施。网络安全风险评估工作贯穿信息系统整个生命周期，包括规划阶段、设计阶段、实施阶段、运行阶段、废弃阶段等。机构可根据网络安全风险评估结果防范和化解网络安全风险，或者将风险控制在可接受的水平，为最大限度地保障网络安全提供科学依据。

网络安全风险评估服务流程，是通过制定通用的网络安全风险评估服务工作程序，将网络安全风险评估服务过程阶段化、各阶段内工作模式化、参与者角色和任务明确化，使网络安全风险评估服务活动都能依据标准化的程式规范实施。网络安全风险评估工作流程如图 4-3 所示。

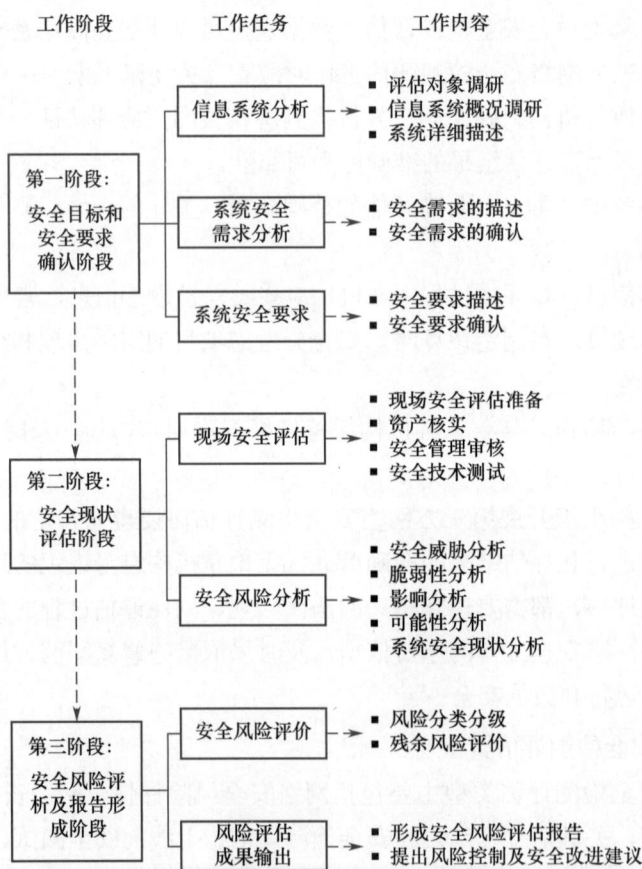

图 4-3 网络安全风险评估工作流程

网络安全风险评估工作每个阶段的主要工作内容如下。

在安全目标和安全要求确认阶段，主要工作任务包括信息系统分析、系统安全需求分析和系统安全要求。信息系统分析任务的主要工作内容包括评估对象调研、信息系统概况调研，实现系统详细描述，包括管理体系、技术体系、业务体系的描述。系统安全需求分析任务包括明确安全需求的描述，并进行安全需求的确认工作；系统安全要求任务应形成安全要求的描述，并进行安全要求的确认。

在安全现状评估阶段，主要工作任务包括现场安全评估和安全风险分析。现场安全评估任务应当做好现场安全评估准备、资产核实、安全管理审核和安全技术测试工作。安全风险分析任务应做好安全威胁分析、脆弱性分析、影响分析、可能性分析以及系统安全现状分析工作。

在安全风险评析及报告形成阶段，主要工作任务包括安全风险评价和风险评估成果输出。安全风险评价任务主要包括风险分类分级和残余风险评价工作。风险评估成果输出任务主要包括形成安全风险评估报告和提出风险控制及安全改进建议。

（2）网络安全等级保护测评

网络安全等级保护测评是指经认证的具有资质的测评机构，依据国家网络安全等级保护规范规定，受机构委托，按照有关管理规范和技术标准，对机构信息系统网络安全等级保护状况进行评估和检查，以确定其符合特定安全等级的要求的过程。网络安全等级保护测评旨在评估信息系统的安全性和合规性，以确保系统在满足特定等级的安全保护要求下运行。

根据网络安全等级保护要求，信息系统建设完成后，定级为二级以上的信息系统的运营使用单位应当选择符合国家规定的测评机构进行测评，测评合格后方可投入使用。已投入运行的信息系统在完成系统整改后也应当进行测评。经测评，信息系统网络安全状况未达到网络安全保护等级要求的，运营使用单位应当制定方案进行整改。第三级信息系统应当每年至少进行一次网络安全等级保护测评，第四级信息系统应当每半年至少进行一次网络安全等级保护测评，第五级信息系统应当依据特殊安全需求进行网络安全等级保护测评。

机构委托网络安全等级保护测评机构测评，应当提交下列资料：

① 网络安全等级保护测评测评委托书。

② 信息系统应用需求、系统拓扑结构及说明、系统安全组织结构和管理制度、安全保护设施设计实施方案或者改建实施方案、系统软件硬件和信息安全产品清单。

网络安全等级保护测评机构在收到委托材料后，应当与委托方协商制订测评计划，开展网络安全等级保护测评工作，并出具网络安全等级保护测评报告。

经测评，计算机信息系统安全状况未达到国家有关规定和标准的要求的，委托单位应当根据测评报告的建议，完善计算机信息系统安全建设，并重新提出安全测评委托。

测评机构对计算机信息系统进行安全测评前，应当预先报告地级以上市公安机关公共信息网络安全监察部门。网络安全等级保护测评报告由计算机信息系统运营使用单位报地级以上市公安机关公共信息网络安全监察部门。

（3）数据安全风险评估

数据安全风险评估以管理、技术、人员为切入点，通过人员访谈、系统查看、文档查阅、技术工具检测等多种方式，基于数据分类分级清单，开展数据安全管理风险评估、数据安全技术风险评估。通过数据安全管理和安全服务结合的方式开展数据安全风险评估工作，最后输出数据安全风险评估报告。对识别到的风险，依据数据安全风险管理相关管理制度与流程规范，进行排序、通报、加固、验证等风险管理工作，确保数据安全风险被全面识别，尽可能减少数据安全风险。

数据安全风险评估流程主要包括评估准备、信息调研、风险识别、风险分析与评价、评估总结五个阶段，具体如图 4-4 所示。

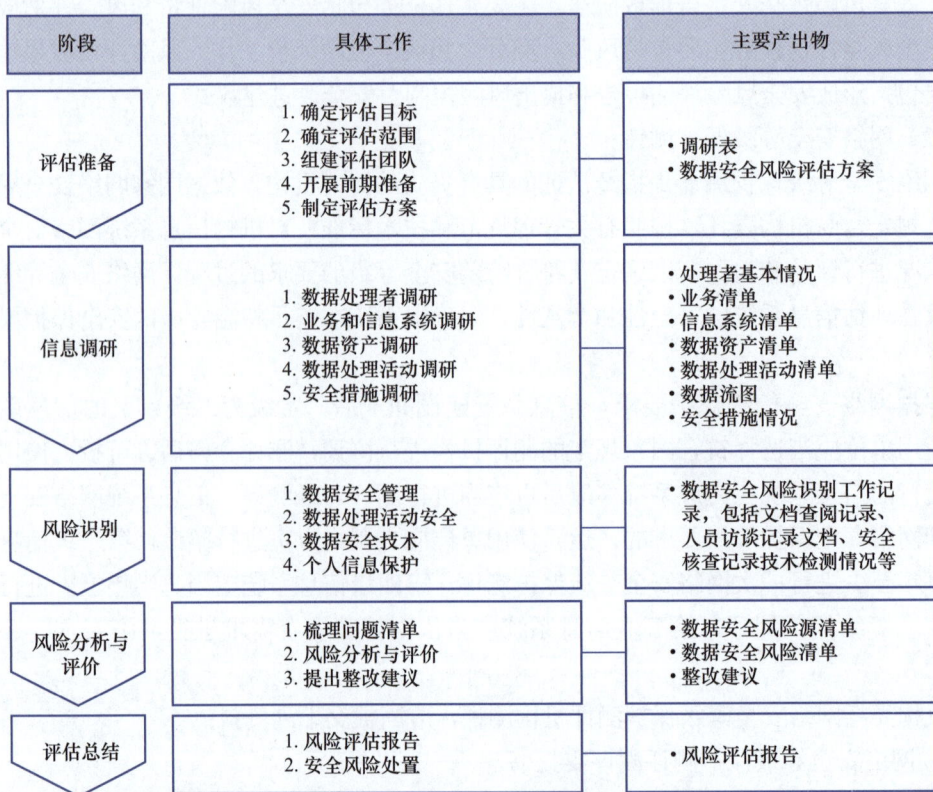

阶段	具体工作	主要产出物
评估准备	1. 确定评估目标 2. 确定评估范围 3. 组建评估团队 4. 开展前期准备 5. 制定评估方案	• 调研表 • 数据安全风险评估方案
信息调研	1. 数据处理者调研 2. 业务和信息系统调研 3. 数据资产调研 4. 数据处理活动调研 5. 安全措施调研	• 处理者基本情况 • 业务清单 • 信息系统清单 • 数据资产清单 • 数据处理活动清单 • 数据流图 • 安全措施情况
风险识别	1. 数据安全管理 2. 数据处理活动安全 3. 数据安全技术 4. 个人信息保护	• 数据安全风险识别工作记录，包括文档查阅记录、人员访谈记录文档、安全核查记录技术检测情况等
风险分析与评价	1. 梳理问题清单 2. 风险分析与评价 3. 提出整改建议	• 数据安全风险源清单 • 数据安全风险清单 • 整改建议
评估总结	1. 风险评估报告 2. 安全风险处置	• 风险评估报告

图 4-4　数据安全风险评估流程

① 评估准备：是数据安全风险评估的初始预备阶段，在评估实施前应完成评估准备工作。形成调研表、数据安全风险评估方案等。

② 信息调研：主要用于识别数据处理者的基本情况，厘清它与业务和信息系统的关系，处理的数据和开展的数据处理活动情况，采取的数据安全防护措施。形成数据处理者基本情况、业务清单、信息系统清单、数据资产清单、数据处理活动清单、安全措施情况等，具备条件的，可绘制数据流图。

③ 风险识别：针对各个评估对象，从数据安全管理、数据处理活动安全、数据安全

技术、个人信息保护等方面，通过多种评估手段识别可能存在的数据安全风险隐患，形成数据安全风险识别工作记录。

④ 风险分析与评价：在风险识别基础上开展风险分析与评价，最后提出整改建议。形成数据安全风险源清单、数据安全风险清单、整改建议等。

⑤ 评估总结：编制数据安全风险评估报告，开展安全风险处置。

通过数据安全风险评估，从业务方面，加强数据机密性、完整性和可用性，保障业务有序进行；从管理方面，更加清晰了解当前数据安全现状、国内外发展对标情况及国家相关安全要求满足情况，如《中华人民共和国数据安全法》《中华人民共和国个人信息保护法》《数据出境安全评估办法》等，为下一步数据安全建设规划提供帮助；从监管方面，建立持续性检测评估及内容迭代完善机制，持续提升数据安全保障能力，减少异常事件发生概率，筑牢数据安全防护壁垒。

（4）关键信息基础设施安全检测评估

关键信息基础设施安全检测评估是指关键信息基础设施运营者按照《信息安全技术 关键信息基础设施安全保护要求》（GB/T 39204— 2022），自行或委托网络安全服务机构对关键信息基础设施安全性和可能存在的风险，每年至少进行一次的检测评估工作。

在制度方面，作为关键信息基础设施运营者的机构，应建立健全关键信息基础设施安全检测评估制度，包括但不限于检测评估流程、方式方法、周期、人员组织、资金保障等。在涉及多个运营者时，应定期组织或参加跨运营者的关键信息基础设施安全检测评估，并及时整改发现的问题。

在内容方面，检测评估内容应当包括但不限于网络安全制度落实情况、组织机构建设情况、人员和经费投入情况、教育培训情况、网络安全等级保护制度落实情况、商用密码应用安全性评估情况、技术防护情况、数据安全防护情况、供应链安全保护情况、云计算服务安全评估情况、风险评估情况、应急演练情况、攻防演练情况等，尤其关注关键信息基础设施跨系统、跨区域间的信息流动及资产的安全防护情况。

在关键信息基础设施发生改建、扩建、所有人变更等较大变化时，应自行或者委托网络安全服务机构进行检测评估，分析关键业务链及关键资产等方面的变更，评估上述变更给关键信息基础设施带来的风险变化情况，并依据风险变化以及发现的安全问题进行有效整改后方可上线。

针对特定的业务系统或系统资产，经有关部门批准或授权，可采取模拟网络攻击方式，检测关键信息基础设施在面对实际网络攻击时的防护和响应能力。

在安全风险抽查检测工作中，应配合提供网络安全管理制度、网络拓扑图、重要资产清单、关键业务链、网络日志等必要的资料和技术支持，针对抽查检测工作中发现的安全隐患和风险建立清单，制定整改方案，并及时整改。

（5）上线前安全测试

上线前安全测试是指围绕应用系统的生命周期，在新应用系统投入运行前，从应用系统的应用、主机、运行逻辑、第三方组件及合规性等方面，进行上线前安全检测评估。根据上线前安全检测评估的结果形成安全检测评估报告并提供解决方案，确保应用系统安全、平稳地运行。其中源代码检测是上线前安全测试的主要工作之一。

源代码检测又称代码审计，是一种以发现程序错误、安全漏洞和违反程序规范为目标的源代码分析。代码审计应对每个关键组件进行单独审核，并与整个程序一起进行审核。代码审计的主要目的是提高源代码质量，通过对程序源代码进行检查和分析，发现源代码在软件设计、测试、应用部署等各个阶段中可能存在的安全缺陷或安全漏洞，从源头上避免潜在的安全风险。源代码检测技术可分为静态应用安全测试（Static Application Security Testing，SAST）、动态应用安全测试（Dynamic Application Security Testing，DAST）及交互式应用安全测试（Interactive Application Security Testing，IAST）。

静态应用安全测试是指在不运行程序代码的情况下，对程序中数据流、控制流、语义等信息进行分析，配合数据流分析和污点分析等技术，对程序代码进行抽象和建模，分析程序的控制依赖、数据依赖和变量受污染状态等信息，通过安全规则检查、模式匹配等方式挖掘程序源代码中存在的漏洞。静态应用安全测试一般是将源代码转化为记号（token）、树、图等代码中间表示形式，结合不同的算法和模型进行测试。

动态应用安全测试是指向程序输入人为构造的测试数据，根据系统功能或数据流向，对比实际输出结果与预想结果，分析程序的正确性、健壮性等性能，判断程序是否存在漏洞。动态应用安全测试技术主要分为 3 种：模糊测试、动态符号执行和动态污点分析。

交互式应用安全测试是一种将静态应用安全测试和动态应用安全测试相结合的混合式测试方法，先使用静态应用安全测试对大规模的软件源代码进行测试，对大规模的软件源代码进行切分，有针对性地进行测试。再使用动态应用安全测试对已划分的程序代码进行数据输入，根据数据流向来判断漏洞是否存在。

（6）渗透测试

渗透测试是一种通过模拟使用黑客的技术和方法，挖掘目标系统的安全漏洞，取得系统的控制权，访问系统的数据，并发现可能影响业务持续运作安全隐患的一种安全测试和评估方式。通过渗透测试，机构可以充分识别当前安全防护措施下的网络及信息系统存在的安全隐患，明确当前安全现状，验证抵抗入侵者攻击的能力，增强安全人员的安全意识，推动业务的修复与加固，提升抵抗入侵者攻击的能力。

渗透测试一般包括黑盒测试、白盒测试和灰盒测试。

黑盒测试是指测试人员在不清楚被测单位内部技术架构的情况下，从外部对网络设施的安全性进行测试的过程。黑盒测试借助于真实世界的黑客方法、黑客工具，有组织有步骤地对目标系统进行逐步的渗透和入侵，揭示目标系统中一些已知的和未知的安全漏洞，并评估这些漏洞是否可能被不法分子利用，造成业务和资产损失。

白盒测试是指测试人员可以获取被测单位的网络结构和各种底层技术，在此基础上，使用针对性的测试方法和工具，可以以较小的代价发现和验证系统最严重的安全漏洞。

灰盒测试是指测试人员可以根据对目标系统获取的有限的知识和信息，选择测试的最佳路径，测试者也需要从外部逐渐地渗透进入内部网络，同时，拥有的目标网络底层拓扑结构有助于他更好地选择攻击途径和方法，从而达到更好的测试效果。

渗透测试工作流程一般分为六个阶段：前期交互，情报搜集，漏洞分析，渗透攻击，后渗透攻击，渗透测试报告。

① 前期交互

在这个阶段中，主要确定渗透测试的范围、目标、限制条件。通常包括收集测试需求、准备测试计划、定义测试范围与边界、定义业务目标等活动。

② 情报搜集

情报搜集的方式可以分为：主动和被动。两者的区别是：主动收集是指通过直接访问的方式扫描网站，流量会经过网站；被动收集是指利用第三方，比如搜索引擎等。使用主动收集方式时，操作极有可能被目标主机所记录，使用被动方式时，收集到的信息会比较少，但不会被目标主机记录。一般情况下，一个渗透测试项目，需要使用多种方式收集更多信息，保证信息收集的完整性。

③ 漏洞分析

寻找可用的漏洞，确定可行的攻击路径，制定清晰的操作方案。

④ 渗透攻击

渗透攻击可以利用公开渠道获取渗透代码，但一般在实际应用场景中，渗透测试者还需要充分地考虑目标系统的特性来定制渗透攻击。

⑤ 后渗透攻击

从已经攻陷的一些系统或域管理员权限之后，继续寻找重要的高价值资产。

⑥ 渗透测试报告

在渗透测试过程结束后，编写完善的渗透测试报告，包括信息收集、漏洞信息、攻击路径以及修复措施建议等。

（7）商用密码应用安全性评估

商用密码应用安全性评估简称"密评"，指在采用商用密码技术、产品和服务集成建设的网络和信息系统中，对其密码应用的合规性、正确性和有效性进行评估。主要包括两部分内容：一是信息系统规划阶段的商用密码应用方案评估，这一环节主要用于保证建设方案的安全性；二是信息系统建设完成后针对该系统开展现场测试。

政府及相关行业机构应当落实国家密码管理有关法律法规和标准规范的要求，同步规划、同步建设、同步运行密码保障系统并定期进行评估。在规划阶段、建设阶段和运行阶段的商用密码应用安全性评估要求描述如下。

规划阶段，机构应分析应用系统安全现状，对系统面临的安全风险和风险控制需求进行分析，明确商用密码应用需求，根据系统的网络安全保护等级，参照《信息安全技术 信息系统密码应用基本要求》（GB/T 39786—2021），编制密码应用方案，选择商用密码应用安全性评估机构进行商用密码应用安全性评估。密码应用方案通过密评是项目立项的必要条件。

建设阶段，机构项目建设应按照通过密评的密码应用方案建设密码保障系统，确保系统密码应用符合国家密码管理要求。建设阶段涉及密码应用方案调整优化的，应委托密评机构再次对调整后的密码应用方案进行确认。系统建设完成后，项目建设单位委托密评机构对系统开展密评。系统通过密评是项目验收的必要条件。未通过密评的信息系统，项目建设单位应针对评估中发现的安全问题及时整改，整改完成后可请密评机构进行复评，更新评估结果。仍未通过的，不得通过项目验收。

运行阶段，机构应定期委托密评机构对系统开展密评，可与关键信息基础设施安全检测评估、网络安全等级测评等工作统筹考虑、协调开展。

4.2.4　监测预警

监测预警环节，机构应建立并实施网络安全监测预警和信息通报制度，通过网络流量监测、异常行为监测、终端监测、数据监测、DNS 监测等活动，针对发生的网络安全事件或发现的网络安全威胁，提前或及时发出安全警示。同时应建立信息共享和预警机制，及时通知相关人员或系统，以便采取相应的处置与应对措施，保护网络安全。以下介绍威胁监测、安全预警等监测预警环节的主要工作。

1. 威胁监测

机构应通过网络流量监测、异常行为监测、终端监测、数据监测、DNS 监测、实时分析和深度分析等方法，实现网络安全运营的实时威胁监测。

（1）网络流量监测

网络流量监测是通过对进出网络的流量进行采集和分析，识别出存在的安全威胁。网络流量监测内容包括流量采集、流量分析、流量监测和流量存储。机构通过部署网络监测设备，监测并采集网络边界、网络出入口等关键节点的流量信息，发现网络攻击和存在的安全风险；流量分析应基于规则库和威胁信息对采集的流量数据进行分析；基于多种技术进行网络威胁监测，包括特征匹配、网络行为分析、机器学习、关联分析、威胁信息等；流量存储应明确采集的流量范围和类别，对监测流量采取保护措施，防止它受到未授权的访问、修改和删除，原始流量需按照法规留存时间要求进行存放和归档。

（2）异常行为监测

异常行为监测是通过使用多种机器学习算法挖掘各种用户异常行为模式，检测和识别前期没有发现的安全风险，基于实际安全场景的多维度异常检测功能，提升威胁发现速度和准确率。异常行为监测内容包括已知威胁监测和未知威胁监测。

已知威胁监测是指依靠已知特征、已知行为模式形成的攻击特征库，结合云端威胁信息，通过预定义规则、信息匹配等方式进行威胁分析和安全处置。机构对全网设备日志、流数据、数据库表数据等进行采集，并对它们进行数据归一化处理，针对常用协议解析的数据形成标准化日志，在标准化日志的基础之上，通过已知威胁检测，生成一次安全事件，并在一次安全事件的基础之上生成已知威胁数据。

未知威胁监测是指通过结合静态检测、动态检测和沙箱检测等方式，识别未知恶意代码和未知高级攻击行为，及时检测、分析并阻断物理网络中存在的安全威胁。

（3）终端监测

终端监测是通过对终端行为进行持续监测，实时收集并提取终端的威胁信息和行为数据，结合多种异常行为分析建模工具，发现存在风险的设备并进行及时响应，防范来自终端的安全威胁。终端监测内容包括终端数据采集、终端威胁监测、终端监测技术。

终端数据采集包括服务、进程、端口、注册表、计划任务等；终端威胁监测包括恶意代码检测、暴力破解检测、流量攻击检测、异常行为检测等；终端监测技术包括攻击指标（Indicators of Attack，IOA）行为检测、入侵攻陷指标（IOC）、特征匹配、机器学习、关联分析、威胁图谱等。

（4）数据监测

数据监测是通过数据库审计、数据防泄漏等技术手段对数据采集、存储、传输、使用等过程进行监控，及时发现并阻断对数据的窃取、篡改和销毁等恶意行为。数据监测内容包括数据库监测、管理策略监测、敏感数据监测和监测信息保存。

数据库监测是指通过对数据库运行状态和操作行为进行监测，及时发现数据库的异常状态和异常操作行为并定位问题；管理策略监测是指对数据管理策略落实情况进行监测，确保数据的保密性、完整性符合管理要求，保障数据传输、存储和使用的安全；敏感数据监测是指对敏感数据流转情况进行监测，及时发现和处置数据泄露威胁；监测信息保存是指对监测信息采取保护措施，防止它受到未授权的访问、修改和删除，监测信息保存需按照法规留存时间要求进行存放和归档。

（5）DNS 监测

DNS 监测是通过监控企业关键域名服务，发现 DDOS 攻击、域名恶意解析等异常情况，防止隐蔽的网络攻击威胁。域名系统监测服务内容包括域名监测和 DNS 解析与监测。

域名监测是指监测域名 A 记录、CNAME 等解析设置，发现解析异常；DNS 解析与监测是指通过提供 DNS 解析服务或分光的方式，获取网络内 DNS 流量，通过重组和还原后在此基础上进行 DNS 请求/响应的分析和检测。

2. 安全预警

安全预警包括自动报警、内部预警、信息上报与通报、信息共享、预警响应与解除等内容。

（1）自动报警

机构应将检测工具设置为自动模式。当发现可能危害关键业务的迹象时，能自动报警，并自动采取相应措施，降低关键业务被影响的可能性。如恶意代码防御机制、入侵检测设备或者防火墙等，通过弹出对话框、发出声音或者向相关人员发出电子邮件等方式进行报警。

（2）内部预警

机构应对网络安全共享信息和报警信息等进行综合分析、研判，必要时生成内部预警信息。内部预警信息的内容应包括：基本情况描述、可能产生的危害及程度、可能影响的用户及范围、宜采取的应对措施等。

（3）信息上报与通报

如发生可能造成较大影响的网络安全事件，应按照国家有关要求，及时向行业主管部门、公安机关等有关部门报告。同时，应按照有关要求和规定，及时将网络安全事件通报给内部有关部门和人员、供应链涉及的与事件相关的其他机构。

（4）信息共享

信息共享需要通过与网络安全监管单位、行业主管部门、系统运营者以及在网络安全生态内的第三方组织进行对接，接收或主动发送网络安全相关的信息数据，如威胁情报、预警通报、网络安全事件报告等。机构应能持续获取预警发布机构的安全预警信息，分析研判相关事件或威胁对自身网络安全保护对象可能造成损害的程度，必要时启动应急预案。获取的安全预警信息应按照规定通告给相关人员和相关部门。通过常态化的网络安全信息共享，推动实现跨组织的网络安全联防联控。

（5）预警响应与解除

机构采取相关措施对预警进行响应后，当安全隐患得以控制或消除时，应执行预警解除流程。

4.2.5　主动防御

网络安全主动防御是指在网络安全防护中采取积极主动的措施，包括主动收敛暴露面，针对监测发现的攻击活动采取捕获、干扰、阻断、加固等多种技术手段，组织开展攻防演练和威胁情报工作等，提升对网络威胁与攻击行为的识别、分析和主动防御能力。以下将介绍暴露面收敛、攻防演练、威胁情报等主动防御环节的主要工作。

1. 暴露面收敛

暴露在外的互联网资产经常会成为网络攻击的突破口，在网络安全运营中应注重从多方面减少互联网暴露面，最小化对外开放服务。机构应关闭非必要互联网协议地址、端口、应用服务等，收敛互联网出口数量，减少对外暴露组织架构、邮箱账号、机构通讯录等内部信息，避免在代码托管平台、文库、网盘等公共存储空间存储网络拓扑图、源代码、互联网协议地址规划等可能被攻击者利用的技术文档。

2. 攻防演练

攻防演练，也被称为"红蓝对抗"，是一种模拟真实网络攻击场景的活动，旨在评估和提高机构的网络安全防护能力。通过模拟攻击者的行为和防御者的应对策略，攻防演练可以帮助机构发现潜在的安全漏洞，测试安全策略的有效性，并增强员工的网络安全意识和应急响应能力。

攻防演练的核心目的主要包括以下几点。

（1）发现安全漏洞。通过模拟真实的攻击行为，攻防演练可以帮助机构发现其信息系统和网络中存在的安全漏洞和弱点。这些漏洞可能是技术配置上的缺陷、管理流程的疏忽或员工网络安全意识的不足等。

（2）测试安全策略。攻防演练是检验机构的安全策略和措施实际效果的重要手段。通过攻防演练，机构可以评估其安全策略的完备性和有效性，发现策略中存在的不足，并及时进行调整和优化。

（3）提高应急响应能力。当真实的网络安全事件发生时，机构需要迅速、有效地做出响应，以最小化损失。攻防演练可以帮助机构测试其应急响应计划和流程的有效性，提高响应团队的协同作战能力和技术水平。

（4）增强员工网络安全意识。攻防演练是一种生动的安全教育方式。通过参与演练，员工可以切身体验到网络安全威胁的严重性，加深对网络安全问题的认识和理解，从而增强自身的网络安全意识和防范能力。

总的来说，攻防演练是机构提高网络安全防护能力、确保信息系统正常运行的重要手段之一。通过定期的攻防演练，机构可以不断发现和改进自身的网络安全问题，提高整体的网络安全水平。

从防守团队视角看，机构开展攻防演练工作的流程可以分为以下几个主要阶段。

（1）准备阶段

该阶段首先需要明确演练的目的，即提升网络安全防护能力，并确定涉及的目标系统和应用，以及参与演练的人员名单和演练的持续时间。在此基础上，建立演练指挥部，明确各参与部门和人员的职责与分工，确保责任到人，形成高效的团队协作机制。接下来制定详细的防守方案，明确保障范围、工作计划、工作内容和分工，并针对性地制定防守策略，以应对可能出现的各种网络安全威胁。此外，需要建立有效的沟通机制，包括周报、日报和紧急联系方式等，确保演练期间信息的及时传递和共享。最后，通过召开启动会，召集所有参与人员，详细讲解演练的目标、规则和流程，确保所有参与人员信息对齐，为演练的顺利进行奠定坚实基础。

（2）备战阶段

在这一阶段，资产梳理和安全加固是主要工作。首先，应对机构内外的网络资产进行详细的梳理，包括互联网资产和内网资产，确保对资产分布和状态有清晰的认识。接着，进行敏感信息检查，仔细排查互联网上是否存在泄露的机构敏感信息，以避免潜在的网络安全风险。随后，进一步分析可能的攻击路径，包括入口点、脆弱性以及攻击手法等，以便更加精准地预防潜在的网络安全威胁。为了更深入地了解系统的网络安全状况，还应进行网络安全测试，包括漏洞扫描、基线检查以及渗透测试等。最后，根据网络安全测试的结果，针对系统中存在的安全问题进行必要的加固和修复措施，从而确保网络资产的安全性和稳定性。

（3）临战阶段

该阶段工作主要聚焦于网络安全措施的强化与员工网络安全意识的提升。首先，部署必要的网络安全设备和工具，包括防火墙、网络安全态势感知系统及日志分析工具等，以构建更为坚实的网络安全防线。同时，通过组织网络安全意识培训活动，使员工能够更好地识别和应对各种网络安全威胁。此外，可以进行钓鱼测试，通过模拟真实的钓鱼攻击场景，使员工在实践中提升自我防护能力。

（4）实战阶段

实战阶段即网络安全攻防演练活动。该阶段将模拟真实的攻击行为，对目标系统进行攻击尝试，以检验其网络安全防御能力。同时，防守团队进行实时监控和响应，确保及时发现并应对潜在的网络安全威胁。在演练结束后，应根据演练中的发现和反馈对系统进行安全加固。此外，还应对攻击源进行溯源分析，通过追踪和分析找出攻击者的身份和动机，为后续的防范工作提供重要线索。

（5）总结与反馈阶段

总结与反馈阶段是网络安全演练的关键环节，它对于提升网络安全防护能力具有重要意义。在这一阶段，首先对整个演练过程进行深入的安全分析，旨在总结经验和教训。通过全面梳理演练中的攻击成果、防守效果以及存在的问题，形成详尽的演练总结报告。报告不仅揭示了演练中的不足之处，还将提出针对性的改进建议，为未来的网络安全工作提供宝贵的参考。

为了确保安全措施的持续改进，必须将演练结果和改进建议及时反馈给相关部门和人员。这一反馈机制有助于各部门深入理解网络安全现状，并根据建议进行相应的调整和优化。此外，每个机构的规模、行业特点以及安全需求都有所不同，因此在实际操作中，机构应根据自身情况灵活调整和优化演练流程。

3. 威胁情报

威胁情报是指通过收集、分析和整理各方面数据，以提供有关网络安全威胁的相关信息。这些信息包括但不限于网络攻击源、攻击方式、攻击目标以及攻击影响等。网络安全威胁情报的目的在于为网络安全防御提供有效的参考依据，帮助相关机构预防和应对网络安全威胁。机构应建立网络威胁情报共享机制，组织联动上下级单位，开展威胁情报搜集、加工、共享、处置等工作，同时建立外部协同网络威胁情报共享机制，与权威网络威胁情报机构开展协同联动，实现跨行业领域网络安全联防联控。

（1）网络安全威胁情报的获取渠道

一般网络安全威胁情报的获取渠道包括网络安全厂商与研究机构、政府和军事等威胁情报机构、社区与信息共享平台等。

① 网络安全厂商与研究机构：网络安全厂商与研究机构通常会对网络安全威胁进行持续监测与分析，并发布安全威胁报告。

② 政府和军事等威胁情报机构：权威威胁情报机构具备先进的情报获取和分析能力，能够在国内外获取关于网络安全威胁的情报。

③ 社区与信息共享平台：网络安全社区与信息共享平台是网络安全从业人员和机构进行合作交流的重要场所。通过参与这些社区和平台，可以及时获取网络安全威胁情报，并与其他专业人士进行交流与讨论。

（2）网络安全威胁情报的应用

网络安全威胁情报的应用广泛且多样，以下是几个具体的应用举例。

预防性安全策略制定：机构收到威胁情报提供商发出的关于新型勒索软件的警告，其中包含了勒索软件的感染方式、行为模式等信息。根据这些情报，机构网络安全运营团队可以调整防火墙规则、增强端点检测和响应能力，甚至有针对性地制定员工网络安全意识培训计划，从而预防勒索软件的感染。

攻击溯源与取证：当机构遭受网络攻击时，网络安全运营团队可以利用威胁情报平台收集的攻击者 IP 地址、使用的恶意软件样本等信息，结合其他公开情报源，进行攻击溯源。通过深入分析攻击者的历史活动、工具和技术，机构可以更准确地判断攻击者的身份、动机和背景，为后续的法律追究或反击提供有力证据。

网络安全事件响应加速：在机构检测到内部系统出现异常行为或网络安全事件时，威胁情报可以快速帮助确认事件的性质、范围和潜在的危害。通过与已知威胁情报的比对，机构网络安全运营团队可以迅速确定是否是已知威胁的变种或新型威胁，从而缩短响应时间，采取更加有效的应对措施。

供应链安全管理：机构可以利用威胁情报对供应链中的合作伙伴进行安全评估，确保他们的网络安全措施符合该机构的要求。通过监控供应链中的潜在威胁和脆弱性，机构可以及时发现并应对潜在的网络安全风险，确保供应链的稳定性和安全性。

以上应用举例说明了网络安全威胁情报在提升机构整体网络安全防护能力方面的重要作用。通过有效地收集、分析和应用威胁情报，机构可以更加主动地应对网络安全威胁，保障业务的连续性和数据的安全性。

4.2.6　事件处置

网络安全事件处置是指在网络系统或网络环境中发生安全事件后，应按照网络安全事件的不同级别，采取适当的措施和步骤来应对和解决网络安全事件，以最小化损失、恢复由于网络安全事件而受损的功能或服务，并防止类似事件再次发生。以下将介绍应急预案和演练、响应和处置等事件处置环节的主要工作。

1. 应急预案和演练

机构应在国家网络安全事件应急预案的框架下，根据行业和地方的特殊要求，制定网络安全事件应急预案。应急预案中应明确应急事件的相关部门、处理指挥、处置要求等。应急预案中应明确，当网络和信息系统中断、受到损害或发生故障时需要维护的关键业务功能及恢复关键业务的方法和要求。在制定应急预案时，应与所涉及的机构内部相关计划（例如业务持续性计划、灾难备份计划等）及外部服务提供者的应急计划进行协调，以满足业务的连续性要求。应急预案中应包括非常规时期、遭受大规模网络攻击、断网等极端情况发生时的处置要求和流程。

机构每年应至少组织开展一次应急演练，根据演练情况对应急预案进行评估修订，并持续改进完善。关键信息基础设施跨组织、跨地域运行的，应定期组织或参加跨组织、跨地域的应急演练。

2. 响应和处置

网络安全事件响应和处置的工作内容如下。

（1）对海量网络安全告警和疑似网络安全事件进行研判分析、分类分级，还原网络安全事件全过程，识别网络安全事件影响范围，溯源网络安全事件入口与攻击者等。

（2）通过网络安全事件自动化响应处置，网络安全工单对不同类型、级别的网络安全事件进行管理，如派发、根据、审核事件处置工单，联动网络安全处置设备对网络安全事件进行全自动或半自动的响应处置等，实现网络安全事件的闭环。

（3）第一时间识别重大网络安全事件并启动应急预案，通过网络安全管理与运营平台对重大网络安全事件处置进行协调指挥、协同第三方机构进行应急、通过自动化响应处置进行联动处置等，对重大网络安全事件进行快速响应，并进行分析、总结、加固，生成事件报告进行上报。

（4）在事件处置的基础上，通过网络安全管理与运营平台、网络安全运营团队的支撑，对网络安全事件进行溯源调查与取证，开展网络安全事件原因分析，明确事件攻击入口、可能的攻击者或潜伏的威胁攻击者等，并基于分析结果对网络进行安全加固、主动拦截攻击者等，对外部威胁进行主动防御，消除自身可能存在的安全脆弱点，主动预防网络安全事件的发生。

（5）针对已研判分析、处置响应、溯源加固的网络安全事件进行总结，形成内部经验，用于网络安全运营团队作为类似网络安全事件的学习处置参考，同时可作为内部学习材料用于提升网络安全运营团队的安全技能。同时需要形成安全报告，依据相关规定要求上报、共享给相关单位与第三方组织。

4.3 网络安全运营的关键指标

网络安全运营的关键指标是用来衡量和评估网络安全运营工作成效的关键指标。这些指标可以帮助机构评估和改进其网络安全运营工作的效果和效率，以确保网络安全风险得到有效管理和控制。以下将根据网络安全运营的六个关键环节展开描述相关指标。

4.3.1 分析识别

1. 资产覆盖率

资产覆盖率主要指的是 IT 资产管理系统能够覆盖到的资产范围，包括硬件、软件、网络设备等各种 IT 资源。一个高覆盖率的资产安全管理能够全面、准确地记录和跟踪机构的所有资产，确保没有遗漏，从而实现对资产的全面管理和控制。

资产覆盖计算公式：

$$资产覆盖率 = 纳入管理资产 /(已知资产 + 未知资产) \times 100\%$$

其中，已知资产包括纳入管理资产和未纳入管理资产。计算资产覆盖率有三个变量："纳入管理资产""未纳入管理资产"以及"未知资产"。其中纳入管理资产最容易测算，而未纳入管理资产属于已知资产也相对容易测算，未纳入管理的原因可能是由于特殊设备无法扫描或进行其他管理。而未知资产无法明确具体的数值。机构实际应用中，鉴于其不可知性，建议根据机构资产管理的实际情况估算其数值，如果机构资产管理做得不太好，可以将其设置成已知资产的 10% 甚至更多，反之则可以设置成已知资产的 1% 甚至是 0。

由此可见，资产覆盖率因包含了未知资产这个估算值，是一个定性的指标。

2. 资产准确率

资产准确率关注的是资产安全管理中数据的精确性和可靠性。一个高准确率的系统能够确保所记录的资产信息与实际资产情况相符合，包括资产的数量、状态、配置、使用情况等。准确的数据能够为机构的决策提供有力支持，帮助机构更好地管理和优化其 IT 资产。

3. 漏洞整改复发率

漏洞整改复发率计算公式：

$$漏洞整改复发率 = 复发漏洞/已修复漏洞×100\%$$

漏洞整改复发率计算的难点是如何判定一个漏洞为复发，一般来说有两种判定复发的方式。一种是某个系统的某个漏洞反复出现，比如某个 URL 的某个注入点重复出现 SQL 注入漏洞；另外一种是某个系统频繁出现某一类漏洞，比如某系统在不同的位置频繁出现 SQL 注入漏洞。

4. 漏洞管理时效性

漏洞管理时效性计算公式：

$$漏洞管理时效性 = 修复完成时间点 - 漏洞发现时间点$$

上述公式是对单个漏洞的计算方式，上升到全局视角，就需要从技术和策略上尽量压缩每个阶段所需要的时间。另外，也可以从漏洞平均修复时间、高中低危漏洞修复时间等多个维度分析漏洞修复的时效性，对于用时较多的高危漏洞要分析原因，提出应对方案。

4.3.2 安全防护

安全防护能力主要可以从两个方面评价：一是与攻击面管理相关的静态防御能力；二是与检测联动的动态防御能力。

静态防御能力可以参考攻击面管理的思路，值得注意的是，并非所有机构都在技术架构建设初期就具备了安全域、主机层防御等能力，在设计静态防御能力时要考虑机构网络安全现状、投资预算等情况，尽量利用现有资源做到最好。

而动态防御能力建议复用已有基础设施，构建统一安全支撑平台等系统。

1. 覆盖率

安全防护能力的覆盖率需要看机构对安全防御的需求。一般来说分三个层面：南北向边界、东西向边界、主机防护。计算方式如下：

覆盖率 = 南北向边界覆盖率 × V1 + 东西向边界覆盖率 × V2 + 主机覆盖率 × V3（V1,V2,V3 分别是三个覆盖率的权值，V1,V2,V3 ≥ 0，且 V1+V2+V3=1）

其中，南北向边界覆盖率 = 防御能力覆盖南北向边界数量/所有南北向边界数量 × 100%，东西向边界覆盖率 = 防御能力覆盖东西向边界数量/所有东西向边界数量 × 100%，主机覆盖率 = 防御能力覆盖主机数/所有主机数 × 100%。

南北向边界覆盖率需要考虑主备端口的情况，如果核心网络设备采用了虚拟化的技术，需要将备份端口也纳入管理。东西向要根据安全域划分情况确定。在云环境中，可以通过安全组件更加方便地部署安全策略，低成本地提高防御能力的覆盖率。主机安全能力的覆盖率主要看防火墙规则（如 IPtables）或安全 Agent 的覆盖情况。如果采用 IPtables，则需要考虑如何统一管控这些 IPtables，在较大规模的网络中，手工维护 IPtables 不应算作安全能力覆盖。而 V1,V2,V3 的权值可以让不同边界的占比对总体覆盖率的影响有所不同，比如在不考虑主机层防御，同时认为东西向防御不如南北向重要的情况下，三个参数可以是 V1=0.7，V2=0.3，V3=0。

2. 基线合规率

安全防护能力的另一个重要指标是静态策略中的基线合规率，其基础计算公式是：

第 n 个防御点的合规率 = 防御点 n 合规数/基线策略要求数 × 100%，记为 "dn"；

整体基线合规率是所有防御点合规率的平均数，或者根据防御点的重要性进行加权后计算的平均数。

4.3.3 检测评估

1. 检测评估覆盖率

检测评估覆盖率 = 已经开展检测评估的信息系统数量/机构所有信息系统数量 × 100%

通过检测评估覆盖率可以掌握机构开展检测评估工作的覆盖情况，有助于机构更好地掌握网络安全风险的态势。特别是关键业务系统，往往承载着机构的核心业务和重要数据，一旦发生安全漏洞或威胁，可能对机构造成严重的损失。因此，通过提高关键业务系统的检测评估覆盖率，机构能够更好地掌握其网络安全风险态势，及时发现和解决潜在的网络安全问题。

2. 检测评估频率

检测评估频率是机构掌握网络安全风险态势的重要指标，它能够体现机构及时发现和解决潜在安全漏洞和威胁的能力。频繁的检测评估可以帮助机构实时了解网络安全状况，尽早发现和应对潜在的风险，提高网络安全的时效性和有效性。此外，我国网络安全等级保护和关键信息基础设施安全保护相关法规都对检测评估频率进行了明确的规定。例如，等级保护三级的信息系统应当每年至少进行一次网络安全等级保护测评，关键信息基础设施运营者应当自行或者委托网络安全服务机构对其网络的安全性和可能存在的风险每年至少进行一次检测评估。

4.3.4　监测预警

1. 流量覆盖率

流量覆盖率由南北向和东西向流量覆盖率组成。根据机构实际情况可以调整南北向和东西向流量覆盖率对总体流量覆盖率的影响。

（1）南北向流量覆盖率：

首先需要有清晰的网络架构图，用于找到南北向流量的重要接口。另外，如果机构中类似 HTTPS 等加密应用，流量镜像需要考虑解密问题，一般将镜像点放在卸载平台后面。如果证书部署在服务器上，就应该在镜像侧加载证书，这涉及证书保密性和镜像系统计算能力的问题，比较复杂。

（2）东西向流量覆盖率：

如果机构架构稍大，东西向流量很难做到全流量收集，涉及镜像、去重等一系列的问题。可以通过镜像 VPN 入口、重要网络汇聚接口的流量、安全域间接口，甚至重要业务服务器端口等方式获取重要系统流量，从而保证能够覆盖到重要应用系统。

2. 检测准确率

除了流量覆盖率，检测准确率也是监测分析的最核心的指标之一。网络安全运营要解决的问题就是根据网络安全运营团队实际情况选择正确的分析平台和分析策略，使总体检测准确率达到最高。在网络安全管理与运营平台刚刚建设起来的时候可以使用以下方法提升检测准确率，一是针对 100% 准确的威胁处理，这部分威胁可以不通过人工直接通过自动化工具封堵；二是将相对较高准确率的威胁交由人工处理，人工处理的重点是分析非 100% 准确率的数据，并在保持准确率水平不变的情况下，增加策略以提高检测准确率。

3. 检测时效性

威胁检测时效性计算公式如下：

威胁检测时效性 = 触发告警时间-威胁发生时间

触发告警时间是在发现潜在威胁事件之后立即触发告警的时间。威胁发生时间是攻击者发动攻击，攻击数据包到达系统的时间。

4.3.5　主动防御

1. 互联网资产的暴露面压缩比例

互联网资产的暴露面压缩是指通过减少互联网资产的互联网协议地址、端口、应用服务等暴露面，从而降低互联网资产受到攻击的风险。暴露面压缩比例可以用以下公式表示：

暴露面压缩比例＝（初始暴露面−最终暴露面）/ 初始暴露面

其中，初始暴露面是指在未采取任何措施之前，互联网资产的全部暴露面；最终暴露面是指在采取一系列措施之后，互联网资产减少的暴露面。

暴露面表示互联网资产在互联网上可被攻击者接触到的各种要素和信息的总量，如互联网协议地址、端口、应用服务等每个要素都被视为暴露面的一个组成部分。例如，一个互联网资产可能有多个 IP 地址、多个开放的端口以及多个运行的应用服务，每个都可以被视为一个暴露面。在计算暴露面压缩比例时，可以将初始暴露面和最终暴露面视为两个集合，每个集合中的元素代表一个暴露面。通过计算两个集合的差异占比，即初始暴露面中存在但最终暴露面中不存在的暴露面的数量占比，可以得到一个衡量暴露面压缩程度的数值。

2. 威胁情报时效性和精确度

威胁情报时效性是指威胁情报的及时性和新鲜度，即情报从产生到被利用的时间间隔。时效性是威胁情报的核心要素之一，因为只有及时获取的情报才能有效地用于预防和应对网络安全威胁。过时的情报可能无法反映当前的威胁态势，从而降低其价值和有效性。

威胁情报精确度是指威胁情报的准确性和可靠性，即情报信息的真实性和可信度。精确度是威胁情报工作的重要衡量指标，因为错误的情报可能导致误报、漏报或错误的决策，进而对安全防御工作产生负面影响。因此，确保情报来源的可靠性和信息的准确性至关重要。

4.3.6 事件处置

1. 处置时效

在安全事件处置阶段，处置时效是一个关键衡量指标。它是指在安全事件发生后，及时采取措施解决问题的时间。这一指标直接反映了机构在应对安全事件时的效率和能力，对于减少损失、控制事态发展以及保障人员安全具有重要意义。

平均威胁响应时间和平均威胁处置时间是当前公认的能够反映威胁响应与处置能力的指标。

（1）平均威胁响应时间

威胁响应是指安全事件检测与有效处置。解决安全事件的总成本很大程度上取决于安全团队对突发事件的快速响应能力，响应时间越短，解决问题的成本就会越低。如果机构需要很长时间才能启动有效的响应机制和流程，这就反映出整体安全能力建设的不均衡。

（2）平均威胁处置时间

迅速响应网络安全事件只是安全事件处置的一方面，平均威胁处置时间则可以反映安全事件发生后安全运营团队的处置效率有多高。如果跟踪这个指标，就可以评估调整安全运营策略。平均威胁处置时间还可用于评估安全团队快速解决不同安全事件的能力，比如DDoS 攻击、勒索软件攻击和数据泄露等。

2. 设备联动

在安全事件处置阶段，设备联动的评估是至关重要的。这涉及多个设备或系统之间的协同工作，以确保在发生安全事件时能够迅速、有效地响应。以下是评估设备联动效果的一些关键步骤和考虑因素。

响应时间评估：评估设备联动在接收到安全事件触发信号后的响应时间。这包括设备之间的通信延迟、处理时间和执行时间。通过对比预设的响应时间标准，可以判断设备联动是否足够迅速。

功能协同评估：检查各个设备在联动过程中是否按照预期的功能进行协同工作。

4.4　实践案例

随着当前网络安全形势日益严峻，各类复杂的网络攻击不断发生，对关键信息基础设施运营者的网络安全建设工作提出了更高的挑战与要求，某机构在原有网络安全建设的基础上，加大网络安全运营体系建设，构建网络安全威胁感知决策指挥系统，提升网络安全威胁感知和事件响应能力。

网络安全威胁感知决策指挥系统以安全大数据为基础，旨在从网络安全全局视角提升对安全威胁的发现识别、分析理解、响应处置能力，最终是为了决策和行动，目标是全面提升网络安全防护和响应能力。该系统核心能力构建由大数据驱动安全、人机共智两方面组成。

网络安全运营通过大数据驱动安全的理念建设全方位网络安全威胁感知系统，具备大数据采集、大数据存储与计算、大数据威胁分析与建模、基于大数据的告警优化等要素。网络安全运营工作汇聚多维数据，包括机构内网络中所有 IT 资源（包括网络、系统、应用和数据库）产生的安全信息（包括日志、告警等），在运营各环节形成立体分析能力，包括大数据关联分析、特征匹配、聚合统计、威胁情报分析、机器学习、深度学习、异常检测等。

此外，通过应用人工智能技术为安全运营提效增质。网络安全决策指挥系统集成了独有的"人机共智"创新技术能力，以安全效果为目标，在网络安全运营过程中将人员、技术和流程结合起来，实现高效运转。通过大数据关联分析、机器学习、AI 和安全专家协同，实现网络安全事件分析研判支撑、事件闭环处置、应急预案管理联动、应急演练、综合展示、信息系统等级保护管理等功能，形成持续闭环、不断迭代优化的网络安全决策指挥能力。

下面以某机构基于网络安全威胁感知决策指挥系统为例，介绍网络安全运营体系。某机构网络安全威胁感知指挥决策系统架构图如图 4-5 所示。

1. 整体系统架构

整体系统架构分为四层：数据源层、大数据平台层、网络安全威胁感知系统层、网络安全决策指挥系统层。

（1）数据源层为大数据平台提供需要的数据源，数据类型有：安全设备日志、安全审计日志、网络流量数据、系统应用日志、资产与漏洞数据及其他类型数据。数据对接方式有 Syslog、Kafka。

（2）大数据平台层负责对接数据源层的各类设备、系统、应用的数据，包括存储层和计算层，对海量数据统一接入、存储、数据治理，并支撑大数据关联分析。存储层提供 HDFS、ElasticSearch 存储方式；计算层提供 Flink、Spark 计算框架及 Yarn 资源调度框架。网络安全威胁感知系统和网络安全决策指挥系统是构建在大数据平台之上的安全应用。

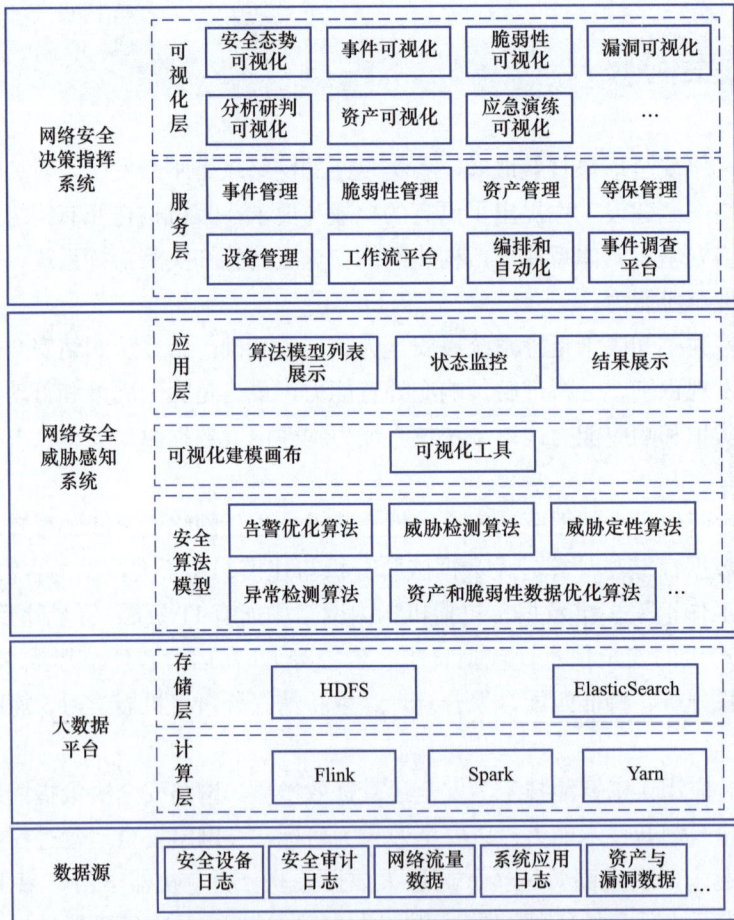

图 4-5　某机构网络安全威胁感知指挥决策系统架构图

（3）网络安全威胁感知系统层使用大数据平台的存储和计算资源。提供应用层、安全算法模型和可视化建模画布。应用层提供算法模型列表展示、状态监控和结果展示。可视化建模画布以可视化的方式进行安全算法模型的建模，并把安全算法模型转换为作业，通过大数据平台的 API 提交作业，并运行在大数据平台上。安全算法模型包括威胁检测算法、异常检测算法、威胁定性算法、告警优化算法、资产和脆弱性数据优化算法等。在大数据平台上运行的安全算法模型作业读取大数据平台的数据，包括消息总线和安全数据仓库中的多源日志数据，进行安全分析后，将分析后的安全告警、事件再存入大数据平台的安全数据仓库中，供网络安全决策指挥系统统一管理、可视化展示、检索和处置。

（4）网络安全决策指挥系统是对网络安全威胁感知系统产生的安全事件告警进行处置闭环，包括：事件分析研判、事件响应处置、溯源加固等全流程管理；安全事件处置预案与应急预案管理、可视化展示等功能。

网络安全决策指挥系统层由可视化层和服务层两层组成。可视化层前端界面展示，包括安全态势可视化、事件可视化、脆弱性可视化、漏洞可视化、分析研判可视化、应急演练可视化、资产可视化等。服务层包括事件管理、脆弱性管理、资产管理、等保管理、设备管理、工作流平台、编排和自动化、事件调查平台，采用微服务架构，各个服务相互独立。

2. 基于网络安全威胁感知决策指挥系统构建的网络安全运营体系的优势

（1）实现体系化、常态化、实战化的安全运营

通过网络安全威胁感知决策指挥系统的建设，打通平台工具、流程、人员构建网络安全运营体系建设，安全运维人员通过平台按照既定的处置流程处理漏洞、安全告警等安全问题；完成了安全运营工作的规范化和体系化建设落地，安全工作能够按照既定的流程进行，同时将积累的安全经验沉淀到处置流程中，不断提升安全能力。

网络安全威胁感知决策指挥系统，具备开放的数据接入能力、可自定义威胁分析建模能力、自动化编排响应处置流程；针对日常运维场景、实战攻防场景可以建立特定的分析模型、响应方式和流程，实现了常态化安全运营和实战化安全攻防的统一安全需求。

（2）实现资产全面动态管理

机构实现了资产全面性管理：通过对该机构的资产数据进行汇聚、分析、融合，整合形成了机构完整的资产信息库；机构实现了资产动态管理：通过建立持续识别新增资产、离线资产、变更资产的机制，保障了机构的资产库中资产内容的准确性。

（3）实现全网漏洞全生命周期管理

网络安全运营团队通过机构的漏洞数据进行汇聚、分析、融合后，形成漏洞基础库；结合网络安全威胁感知决策指挥系统，通过自动化编排响应流程进行漏洞发现、漏洞验证、漏洞修复、漏洞复测，从而实现对漏洞的全生命周期的管理。

（4）实现全覆盖威胁监测与自动化闭环处置

通过网络安全威胁感知决策指挥系统，机构能够对收集到的网络流量数据、终端进程行为数据、Web 攻击日志、蜜罐日志、邮件日志等近 200 种类别的数据进行深度分析和使用，同时具备了邮件安全、账号异常、网站攻击、探测扫描、恶意程序、主机异常、数据

泄露、违规行为等超过 1000 个典型的攻防场景的威胁监测模型/能力，还专门设计了部分场景化的异常监测能力（如：绕过堡垒机访问服务器后台），实现了全覆盖的威胁监测分析效果。

在日常安全运营和攻防演习战等不同对抗场景下，网络安全运营团队通过使用网络安全威胁感知决策指挥系统提供的威胁分析建模工具，能够快速开发应对不同场景、不同类别的威胁分析模型，实现对各种类别的网络攻击和异常行为的监测。

（5）实现多维度资产管理、数据采集与关联分析

基于大数据的多源数据关联打破各安全设备各自为政的"信息孤岛"效应，以数据驱动安全来实现更全面的安全检测能力，并根据多源数据对安全告警进行判断，确定风险等级和失陷等级，支撑上层指挥决策系统进行分析研判、决策指挥和处置。

（6）实现基于业务的全局态势感知

网络安全运营团队基于网络安全大数据分析结果，通过前端开发技术，可实现网络安全大屏展示，让机构整体网络安全情况一目了然，包括：以 GIS 地图、网络拓扑图等数据为基础的综合安全态势展示；网络内重要的信息系统以资产、威胁、事件等多角度的重要信息系统安全展示；对网络安全事件的处置过程做全流程展示的安全事件处置状态展示；对应急演练过程包括事件处置流程、处置阶段、处置状态等进行展示的应急演练展示；对资产脆弱性包括漏洞、弱口令、基线配置风险、明文传输等进行可视化的脆弱性展示。

习　题

1. 网络安全运营发展逐渐体现出_____、_____、_____和_____的发展趋势和特点。
2. 网络安全运营包括哪六个关键环节？
3. 集团型机构与非集团型机构的网络安全运营组织有什么区别？
4. 网络安全运营包含哪些工作岗位？
5. 网络安全运营分析识别环节的主要任务有哪些？
6. 网络安全防护环节的基础工作有_____、_____和_____等。
7. 机构自行开展检测评估时应当注意哪些事项？
8. 机构开展第三方检测评估时应当注意哪些事项？
9. 网络安全检测评估的类型主要有哪些？
10. 简述异常行为监测的内容。
11. 攻防演练工作的核心目的有哪些？
12. 列举 2 个分析识别环节中的网络安全运营的关键指标。
13. 检测评估环节有哪些评估指标？分别有什么作用？
14. 什么是"互联网资产暴露面"？
15. 事件处置环节的哪两个指标可以反映威胁响应与处置的能力？

第 5 章

网络安全保障体系

本章从机构的角度，详细介绍网络安全人才队伍的组成及组建与培养方式，阐述网络安全经费投入构成以及产品与服务采购的相关要求，总结网络安全宣传教育的主要内容与形式，分析人工智能、零信任、区块链等先进技术在网络安全中的研究与应用，并列举多个实践案例，旨在帮助读者了解网络安全保障体系的具体内容，为机构开展网络安全保障体系建设工作提供指导与参考。

5.1 网络安全人才队伍建设

近年来，我国网络安全政策法规体系不断健全，工作体制机制日益完善，关键信息基础设施保护、数据安全管理、个人信息保护、新技术新应用风险防范等能力持续加强，网络安全教育、技术、产业融合发展，全社会网络安全意识和能力显著提高，网络安全保障体系持续完善，为维护国家网络空间主权、安全和发展利益提供了坚实保障。网络安全保障体系涵盖一系列用于支撑网络安全建设、保障网络安全工作顺利开展的措施，具体包括人才队伍、经费保障、宣传教育、技术研究等方面，旨在为机构的网络安全管理体系、网络安全技术体系、网络安全运营体系提供支撑，为网络安全建设与运营提供人、财、物全方位保障。

网络空间的竞争，归根结底是人才竞争。《网络安全法》第二十条规定，国家支持企业和高等学校、职业学校等教育培训机构开展网络安全相关教育与培训，采取多种方式培养网络安全人才，促进网络安全人才交流。对于一个机构而言，需要不断加强网络安全人才队伍建设，以保证在日益复杂严峻的网络安全形势下，机构持续具备较强的网络安全竞争和创新能力。

5.1.1 网络安全人才队伍组成

1. 网络安全人才队伍特点

网络安全人才队伍是指具备网络安全专业知识和技能，在机构内部专门从事网络安全管理体系的建立、网络安全技术体系的建设、网络安全运营体系的执行等网络安全相关工作的人员群体。网络安全人才队伍一般具有以下特点。

（1）专业背景要求高。网络安全具有多学科交叉、涉及面广的特点，网络安全人才通常应具备计算机科学、信息技术、密码技术、网络空间安全等相关领域的教育背景。

（2）实战技能要求高。网络安全人才需要掌握网络安全的基本原理和技术，包括但不限于程序设计、数据结构、计算机组成、操作系统、计算机网络、数据库原理、密码学、网络安全等。同时，网络安全具有很强的实践性，网络安全人才还需要具备较强的动手能力和实战经验。

（3）持续学习要求高。由于网络安全领域技术迭代更新快，网络安全人才需要持续学习掌握安全防护技术与手段的新知识，以有效应对层出不穷的新威胁新风险。同时，网络安全工作政策性强，网络安全人才也需要落实政策要求。

（4）团队协作属性强。网络安全工作通常需要网络安全相关人员、业务相关人员等跨部门、跨专业协同工作，形成一个有效的团队，共同应对复杂的网络安全问题。

2. 网络安全人才队伍框架

网络安全人才队伍建设是一项战略性、基础性的工作，机构在进行网络安全人才队伍建设时，首先需要依据机构网络安全管理体系中关于安全管理组织架构的构成，明确本机构网络安全岗位设置、职责划分、能力要求等，建立适合本机构的网络安全人才队伍框架。关于网络安全人才队伍框架，具体可参考借鉴国际、国内的有关框架和标准。

（1）NICE 网络安全人才队伍框架

2010 年 4 月，美国启动国家网络安全教育计划（NICE），2017 年 8 月，美国商务部国家标准与技术研究院（NIST）正式公布了 SP800-180《NICE 网络安全人才队伍框架》，作为美国的网络安全人才标准。该框架用类别（Category）、专业领域（Specialty Area）和工作角色（Work Role）来描述网络安全工作，通过知识（Knowledge）、技能（Skill）、能力（Ability）、任务（Task）阐明了每个工作角色的职责和所必须具备的知识、技能和能力。其框架如图 5-1 所示。

① 类别（Category）：一共有 7 个类别，分别是安全交付（Securely Provision，SP）、操作与维护（Operate & Maintain，OM）、监管与治理（Oversee & Govern，OV）、保护与防御（Protect & Defend，PD）、分析（Analyze，AN）、搜集与行动（Collect & Operate，CO）、调查（Investigate，IN）。

② 专业领域（Specialty Area）：各个类别下包含的网络安全工作分组被称为专业领域（Specialty Areas），专业领域的制定随着 NICE 网络安全人才队伍框架版本的更新也在不断更新，在 V1.0 框架中有 31 个专业领域，在 V2.0 框架中有 32 个专业领域，在 V3.0 框架中有 33 个专业领域。每个专业领域代表了网络安全领域的一类专门工作职能。

③ 工作角色（Work Role）：是 IT、网络安全或网络安全相关工作最细化的分组，共有 52 种工作角色。工作角色阐明了从业人员完成规定职能和职责所必须具备的知识、技能和能力。一个网络安全从业人员一般承担了一个或者多个工作角色并履行相关职责。

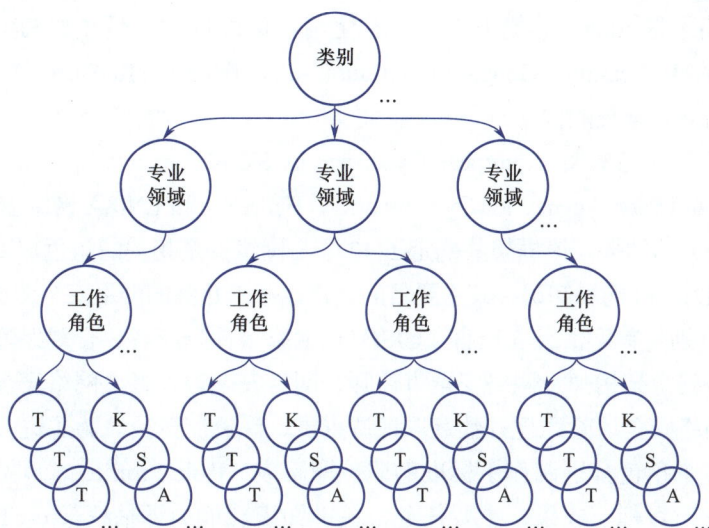

图 5-1　NICE 网络安全人才队伍框架

④ 任务（Task）：每个工作角色都需要通过完成一些任务来履行其职责，共有1007 条任务。

⑤ 知识、技能和能力（Knowledge、Skill、Ability，KSA）：定义了胜任每个工作角色所必须具备的任职资历和能力，是完成一项工作必需的属性，共有 630 条知识、374 条技能和 176 条能力。一般通过相关的工作经验、教育背景或培训经历体现。

对于 NICE 网络安全人才队伍框架的理解，可以借助表 5-1 中实例进行掌握。

表 5-1　NICE 网络安全人才队伍框架数据分析师实例

工作角色名称	数据分析师
工作角色ID	OM-DTA-002
专业领域	数据管理（DTA）
类别	操作与维护（OM）
工作角色描述	检查来自多个不同来源的数据，以提供安全和隐私洞察力。设计并实现用于建模、数据挖掘和研究目的的复杂企业级数据集的自定义算法、工作流程和布局
任务	T0007,T0008,T0068,T0146,T0195,T0210,T0342,T0347,T0349,T0351,T0353,T0361,T0366,T0381,T0382,T0383,T0385,T0392,T0402,T0403,T0404,T0405,T0460
知识	K0001,K0002,K0003,K0004,K0005,K0006,K0015,K0016,K0020,K0022,K0023,K0025,K0031,K0051,K0052,K0056,K0060,K0065,K0068,K0069,K0083,K0095,K0129,K0139,K0140,K0193,K0197,K0229,K0236,K0238,K0325,K0420
技能	S0013,S0017,S0028,S0039,S0037,S0060,S0088,S0089,S0094,S0095,S0106,S0109,S0113,S0114,S0118,S0119,S0123,S0125,S0126,S0127,S0129,S0130,S0160,S0202,S0369
能力	A0029,A0035,A0036,A0041,A0066

T0007、K0001、S0013、A0029 等分别是任务、知识、技能、能力的编号，例如编号为 T0404 的任务是：利用不同的编程语言编写代码，打开文件，读取文件，并将输出写入

不同的文件。编号是 A0041 的能力是：能够使用数据可视化工具（如 Flare，HighCharts，AmCharts，D3.js，Processing，Google Visualization API，Tableau，Raphael.js）。

（2）欧洲网络安全技能框架

欧洲网络安全技能框架（European Cybersecurity Skills Framework，ECSF）是欧盟网络安全局（European Union Agency for Cybersecurity，ENISA）和 ENISA 网络安全技能框架特设工作组共同努力的结果。该框架共确定了 12 个与网络安全相关的角色，以及每一个与之相关的任务、能力、技能和知识，其主要目的是建设一支熟练的网络安全工作队伍。

12 个角色分别是首席信息安全官（CISO）、网络事件响应者、合规保障人、网络威胁情报专家、网络安全架构师、网络安全审计师、网络安全教育者、网络安全实施者、网络安全研究员、网络安全风险经理、数字取证调查员、渗透测试员。为了进一步实现共同理解，ECSF 为 12 个角色分别制作了标准的职位职责表（Role Profile），涵盖了有关职位的其他名称、简述、目标、成果、主要任务、关键知识和能力评估框架 e-CF。以首席信息安全官为例，其职责表如表 5-2 所示。

表 5-2　首席信息安全官的职责表

其他名称	网络安全计划负责人（Cybersecurity Programme Director） 信息安全官（Information Security Officer） 信息安全经理（Information Security Manager） 信息安全主管（Head of Information Security） IT/ICT安全官（IT/ICT Security Officer）	
简述	制定并实施一个机构的网络安全政策，以保证其数字系统、服务和资产的安全	
目标	制定、维护并传达网络安全保护政策与愿景；落实网络安全保护措施；保持与专业机构、政府部门的信息交流	
成果	网络安全保护规则 网络安全保护策略	
主要任务	明确、执行、传递与维持网络安全政策目标，与商业策略、机构目标相统一 明确网络安全保护的方式与具体措施，以供机构的高级管理层执行 监督并改善信息安全管理系统的应用 制定网络安全计划 与保障网络安全的相关机构和社区建立关系 向高级管理层报告网络安全事件、风险和调查结果 监控网络安全事件进展 确定实施网络安全战略的人力与物力资源 与高级管理层协商保障网络安全的预算 保证组织对网络事件的处理与恢复能力	
关键知识	网络安全政策；网络安全标准、框架；网络安全需要；关于网络安全的认证；网络安全与道德；网络安全成熟度模型；网络安全程序；资源管理；管理实践；风险管理的标准、方式和框架	
能力评估框架 e-CF	A.7 技术趋势监测	Level 4
	D.1 信息安全战略制定	Level 5
	E.3 风险管理	Level 4
	E.8 信息安全管理	Level 4
	E.9 信息系统治理	Level 5

（3）网络安全从业人员能力基本要求

在我国，由中国电子技术标准化研究院、中国信息安全测评中心等单位起草的《信息安全技术　网络安全从业人员能力基本要求》（GB/T 42446—2023）于 2023 年 10 月实施。该要求对网络安全从业人员进行了分类，规定了各类从业人员具备的知识和技能要求。

该要求将网络安全工作类别分为 5 类，包括网络安全管理、网络安全建设、网络安全运营、网络安全审计和评估以及网络安全科研教育，并进一步明确了每个工作类别承担的工作任务，工作任务共 20 个。

网络安全从业人员应具备完成工作任务所需的知识和技能，包括所有工作类别的从业人员都应具备的通用知识和通用技能，以及承担相应工作类别的从业人员应具备的基本专业知识和技能。

知识体系共包括网络安全基础、网络安全管理知识、数据安全知识、网络安全建模技术知识、网络安全开发、测试及攻防技术知识、网络产品原理与应用知识、网络安全监测分析技术知识、调查取证技术知识、密码技术与应用知识、专项领域知识等 11 个知识领域。技能体系包括通用技能和专业技能，专业技能又按照工作任务细分为 20 种专业技能。

以网络安全建设类人员为例，应具备的知识和技能如表 5-3 所示。

表 5-3　网络安全建设类人员的知识和技能

知识	a）数据安全知识（知识领域代码：K03） b）网络安全建模技术知识（知识领域代码：K04） c）密码技术与应用知识（知识领域代码：K09） d）网络安全开发、测试及攻防技术知识（知识领域代码：K05）中的： 　—安全开发（知识代码：K05-001） 　—系统安全工程（知识代码：K05-002） 　—网络安全威胁和漏洞管理（知识代码：K05-003） 　—安全测试、评估方法（知识代码：K05-004）
技能	a）能识别网络安全保护对象，并分析其面临的安全风险（技能代码：S02-05-001） b）能理解网络安全需求（技能代码：S02-06-001） c）能设计网络安全架构（技能代码：S02-06-002） d）能完成网络安全及信息化设备选型（技能代码：S02-06-003） e）能用特定语言、常见安全框架与组件和软件安全开发方法进行安全编码（技能代码：S02-07-001） f）能管埋代码安全漏洞（技能代码：S02-07-002） g）能设计和执行安全测试计划、方法和用例（技能代码：S02-07-003） h）能识别供应链安全风险（技能代码：S02-08-001） i）能实施供应链安全保护（技能代码：S02-08-002） j）能对供应链安全实施风险评估（技能代码：S02-08-003） k）能识别数据在不同环节、不同业务应用场景下面临的安全风险（技能代码：S02-02-001） l）能运用数据安全工具、方法和技术保护数据安全（技能代码：S02-02-002） m）能识别个人信息在不同环节面临的安全风险（技能代码：S02-03-001） n）能运用个人信息保护工具、方法和技术保护个人信息（技能代码：S02-03-002） o）能识别密码需求并编制密码应用方案（技能代码：S02-04-001） p）能运用密码保护产品、方法和技术实施密码保护（技能代码：S02-04-002） q）能完成网络安全及信息化产品部署、配置、调试及设置（技能代码：S02-09-001） r）能使用测试工具和测试方法实施安全集成测试（技能代码：S02-09-002） s）能诊断和解决系统集成过程中的异常问题（技能代码：S02-09-003）

3. 网络安全人才队伍组成

通常一个机构的网络安全人才队伍主要由以下角色组成。

（1）首席网络安全官：负责整个机构网络安全战略、目标的制定和决策，负责与机构领导层进行沟通，对机构的网络安全负直接责任。

（2）安全架构师：是机构的网络安全专家，负责按照机构领导层和首席网络安全官的决策部署，对机构网络安全技术架构进行规划设计，确保安全架构符合业务发展需求和安全保障需要。

（3）安全管理人员：负责机构网络安全建设、运营的管理和协调，按照首席网络安全官、安全架构师的工作要求，对机构网络安全日常工作进度、质量、成果进行管理。

（4）合规审计人员：负责对机构网络安全措施进行审核和评估，对照有关法律规范、标准制度等要求，发现机构网络安全合规风险，并提出改进意见建议，以确保符合机构内部和外部有关要求。

（5）策略维护人员：负责网络安全策略维护、配置变更等，直接与机构员工打交道，提供必要的技术支持，处理安全策略相关问题，解决机构员工在网络安全方面的问题和疑虑。

（6）监测分析人员：负责机构网络安全资产、漏洞、情报收集，对网络安全流量、日志等信息进行分析，发现潜在的威胁，并给出应对措施和处置建议。

（7）溯源处置人员：负责对安全事件进行快速响应，采取必要的措施遏制、清除网络安全事件的影响，并进行溯源分析和调查取证。

（8）安全开发人员：负责机构网络安全系统的开发，并对其进行测试、更新和维护，以实现相关功能。

（9）网络实施人员：负责机构网络传输设备、通信链路、域名系统、负载均衡等上架调试、日常维护、故障处置等工作，以确保机构网络运行平稳。

（10）系统安全人员：负责机构信息系统网络安全基线加固、策略维护、漏洞修复等，确保信息系统符合网络安全有关要求。

5.1.2 网络安全人才队伍组建和培养

网络安全人才队伍建设可以分为网络安全人才队伍组建和网络安全人才队伍培养。组建是从无到有建立人才队伍的过程，培养是逐渐提升人才队伍素质的过程。

1. 网络安全人才队伍组建

组建网络安全人才队伍主要可分为人才引进、内部选拔、外部专家合作三类渠道。

（1）人才引进

① 面向社会竞聘人才。充分利用多种线上线下招聘渠道，积极参与社会人才资源竞争，采取优厚的薪资待遇和福利政策，吸引网络安全顶级人才。同时，在机构内部制定人才推荐奖励政策，鼓励内部员工积极向机构推荐优秀人才。

② 面向高校招揽人才。对机构亟需的专业后备人才，创新校园招聘的方式方法，通过举办宣讲会、校园招聘会，开展实习生项目、提前批招聘、直播带岗、职业规划辅导等，扩大机构在学生群体中的知晓度和美誉度，吸引优秀高校毕业生入职机构。

③ 与专业院校建立委托培养协议。机构根据网络安全人才需求，与意向高校合作建立网络安全人才培养基地，采用"订单式"培养和"对口单招"等政策，每年定向招收一定数量专业人才。

此外，机构还可以积极参加各类网络安全交流活动，如网络安全大会、论坛、比赛等，发现网络安全人才，与优秀人才建立联系，吸引其加入机构。

（2）内部选拔

① 面向机构内部选拔人才。通过内部公告、会议等形式，向全体员工公布内部选拔的信息，鼓励员工积极参与，经过提交申请、面试、笔试、机试等流程，评估候选人的综合能力，从内部选拔合适的网络安全人才。

② 盘活机构内部人才资源。对机构内部岗位设置进行分析，对各部门中与网络安全工作任务有重叠、工作性质相似的岗位进行调整优化，对员工岗位匹配度进行评估，根据评估结果对人员岗位进行合理调剂。

（3）外部专家合作

机构可以采取聘请安全顾问，邀请专家咨询、讲座、兼职，返聘等方式聚合高校、科研院所及相关机构网络安全专家资源，在机构网络安全规划、架构设计，网络安全应急事件处置，网络安全人才培养等方面灵活运用外部智力，发挥外部人才的智脑作用。

2. 网络安全人才队伍培养

网络安全人才队伍组建完成后，为了确保网络安全人才队伍的能力水平能够与日新月异的技术环境、持续演变的安全威胁保持同步，具备适应新技术、新要求的能力，在复杂的网络安全竞争中保持优势，机构需要对网络安全人才队伍进行持续的教育培养。主要方式包括定期组织开展教育培训、推行网络安全从业人员能力认证、强化岗位实战实践锻炼等。

（1）定期组织开展教育培训

机构应在每年年初制定内部网络安全培训计划，明确网络安全人才队伍培训学时要求、培训方式、培训内容、考核登记方式等。对于关键信息基础设施的运营者，机构应明确规定网络安全相关人员的年度培训学时不低于 30 学时。

机构可以采用举办研讨会、邀请专家讲座授课等线下培训方式和在线课程学习、在线模拟攻防等线上培训方式进行培训，也可以组织相关人员参加行业会议、培训班等方式进行培训。

培训的内容应紧跟网络安全发展的最新趋势和国家法律法规的最新要求，在此基础上设置年度培训大纲，确保培训的时效性和实用性。

（2）推行网络安全从业人员能力认证

通过考取相应的网络安全认证证书，促使网络安全从业人员的相关知识和技能达到相应的要求。目前，国际、国内主流的网络安全从业人员能力认证名称与机构如表 5-4 所示。

表 5-4 网络安全从业人员能力认证名称与机构

序号	认证名称	认证机构
1	国际信息系统安全认证专业人员（CISSP）	国际信息系统安全认证联盟（ISC）
2	云安全专家认证（CCSP）	
3	国际注册信息系统审计师（CISA）	国际信息系统审计协会（ISACA）
4	国际注册信息安全经理（CISM）	
5	云计算安全知识认证（CCSK）	国际云安全联盟（CSA）
6	信息安全技术专家（Security）	美国计算机行业协会（CompTIA）
7	渗透测试认证（OSCP）	Offensive Security公司
8	道德黑客认证（CEH）	国际电子商务顾问委员会
9	计算机入侵调查取证专家（CHFI）	
10	注册信息安全专业人员（CISP）	中国信息安全测评中心
11	注册信息安全员（C-CISM）	
12	信息安全保障人员认证（CISAW）	中国网络安全审查认证和市场监管大数据中心
13	网络安全应急响应技术工程师（CSERE）	
14	信息系统审计师（CCRC-ISA）	
15	计算机技术与软件专业技术资格：（信息安全工程师）	工业和信息化部、人力资源和社会保障部
16	网络安全等级保护测评师	公安部信息安全等级保护评估中心
17	网络安全能力认证（CCSC）	国家计算机网络应急技术处理协调中心
18	网络安全人员能力认证	中国通信企业协会

这些认证可以分为基础安全认证（如 Security+、CISP、CISSP、CISAW）、高级安全认证（如 OSCP、CCSP 等）、特定领域安全认证（如 CISP-PTE、CISP-DSO 等），机构可根据相关人员工作岗位、技能水平、职业发展等进行综合考虑，考取相应证书。

（3）强化岗位实战实践锻炼

网络安全的本质在对抗，对抗的本质在攻防两端能力较量。实战化攻防能力是机构网络安全从业人员需要重点掌握和具备的能力。网络安全从业人员具备实战化攻防能力，能够更加精准地定位网络安全管理和技术薄弱环节，更为清楚地监督和评价网络安全服务厂商的工作情况，更有把握地判断网络安全技术的发展和演进方向。

提升网络安全从业人员的实战化攻防能力最主要的方式是进行实战实践锻炼，可以采用以下方式。

① 参加网络安全各类线上线下比赛。网络安全类的比武和竞赛越来越多，比如夺旗赛（CTF）、作品赛、知识赛等，这些竞赛一般都有一个突出特点，就是模拟真实环境，开展网络攻防对抗，或对实际问题提出解决思路。机构可以组织网络安全从业人员积极参加相关比赛，锻炼培养网络安全人才队伍。

② 搭建网络靶场，进行对抗推演。有条件的机构可以建设网络安全靶场，以真实漏洞和真实业务场景为仿真对象，为网络安全从业人员提供场景化、实战化、体系化的实训环境。同时，可以以机构实际网络环境为仿真对象，构建高仿真虚拟网络环境，开展针对特定防御目标的有针对性的攻防对抗推演。

③ 开展实网攻防演练。一是积极参加主管部门、行业协会等组织的攻防演练。二是机构内部也可以组织一定规模的实网攻防演练，通过不事先通知、不限制攻击路径、不限定攻击目标等方式，检验网络安全从业人员应对处置真实网络攻击的能力，从而达到发现、培养网络安全人才的目的。

最后，网络安全的最终目的是保障机构业务安全和数据安全，促进机构高质量发展。因此，机构应高度重视培养一支既懂业务又懂安全的网络安全人才队伍。在业务系统规划、设计、建设等阶段，网络安全相关人员应全程参与，加强与业务部门的沟通交流，不断提升自身对于业务流程、业务场景的理解，从而更加准确地识别出业务系统可能的风险和需要防护的重点，进而设计出更为完善、更有价值的网络安全防护体系，实现业务与安全的深度融合，避免出现因为安全需要而限制业务发展，或为了业务发展而忽视安全保护的情况。

5.1.3　完善网络安全人才队伍建设配套措施

1. 完善网络安全人才评价体系

在机构设定清晰的网络安全岗位职业发展路径，如首席网络安全官、安全架构师、安全分析师、安全工程师等，为每个岗位设定明确的职责和要求。针对每个网络安全岗位特点，按照初级、中级、高级和顶尖人才等不同层次，建立由业务能力、创新能力、综合素质、工作表现、业绩贡献、发展潜力等组成的多元化的评价指标，实施分层次的人才评价，对于表现优异的网络安全人才，提供奖金、晋升机会、岗位调整等激励措施，对在网络安全工作中做出突出贡献的员工给予表彰奖励等。在实际操作中，要确保评价过程的公平、公正和透明，充分发挥评价体系在人才选拔、培养、使用和激励等方面的作用。

2. 强化网络安全人才队伍建设资源保障

网络安全人才队伍建设需要充足的资源保障，资源保障不仅保证了网络安全人才队伍建设渠道的稳定性和畅通性，还确保了人才培养机制的有效实施。网络安全人才队伍建设资源保障主要包括人才引进资源、人才培养资源、技术研发资源、教育培训资源、信息共享资源等。机构可以根据实际需求，从提供具有竞争力的薪酬、福利和工作环境，加强与高等院校、职业培训机构合作，投入资金和人力进行网络安全技术研发，定期为网络安全人才提供专业培训和进修机会，构建网络安全信息共享平台和设立网络安全实验室等途径来逐步推进人才队伍建设。

5.2 网络安全经费保障

网络安全经费是机构用于预防和应对网络安全风险的资金投入。网络安全经费保障的主要目标是保障机构信息系统和数据资产的安全，防止数据泄露、恶意攻击、系统故障等导致的损失，同时在网络安全投入和机构运营成本之间实现平衡。

5.2.1 网络安全经费投入构成

为了科学合理地规划网络安全经费投入，可以将网络安全相关经费分为两大主要门类：建设经费与运行经费。

建设经费是机构为满足网络安全法律法规和标准规范要求，立项建设网络安全管理体系、技术体系并达到使用要求或运行条件（如安全管理制度编制、基础安全防护设备购置、统一安全支撑平台建设等）的费用。运行经费是机构为保障网络安全运营体系正常运转、持续发挥作用等所需要的投入，如管理制度修订完善、网络安全设备系统维保与升级授权、监测预警、检测评估、事件处置等费用。

1. 网络安全建设经费

网络安全建设经费包括硬件设备购置费、成品软件购置费、定制软件开发费、系统集成费及其他费用。其他费用是指为保障项目实现建设目标所需支出的设计费、监理费、检测评估费等。

（1）硬件设备购置费

指采购、部署网络安全建设与运营体系所需的硬件设备需支出的费用，包括防火墙、入侵检测设备、入侵防御设备、抗 DDoS 设备、Web 应用防火墙（WAF）、网页防篡改设备、日志审计设备、上网行为管理设备、数据库审计设备、数据隔离与交换设备、VPN 网关、堡垒机、负载均衡设备等。

（2）成品软件购置费

指购置网络安全建设与运营体系所需的成品软件需支出的费用，包括安全操作系统、防病毒软件、漏洞扫描工具、安全准入软件等安全软件。

软件授权方式包括但不限于按套授权、按用户数（或账号）授权、按场地授权、按时间授权等，机构在采购成品软件时，应根据机构规模、办公场所、部署模式等进行综合考虑，选择最为恰当的授权方式。

（3）定制软件开发费

指开发网络安全建设与运营体系所需的定制软件需支出的费用，包括需求分析、设计、开发、集成（指软件系统内自身的集成实施）、测试、安装部署、培训、验收交付等活动的相关费用。

软件开发费主要依据软件开发工作量（完成该软件开发工作需要投入的人力，以人月度量和人月成本进行估算）。软件开发工作量可采用功能点估算法和任务估算法进行测算。

按定制开发软件测算的软件系统，应要求开发商交付全部源代码，并将软件著作权人登记为本机构，所有权归属本机构。

（4）系统集成费

指为实现网络安全建设与运营体系建设目标，对网络安全硬件设备、成品软件、定制软件等进行集成实施活动所需支出的人力及集成实施工具等的费用。

（5）其他费用

① 设计费。指为完成网络安全建设与运营体系前期规划、需求分析、项目建议书、可行性研究报告编制，技术方案论证、系统架构设计、初步设计报告编制等工作所产生的费用。这些费用包括支付给专业人员的咨询费、劳务费、项目管理与协调费，以及与设计相关的材料费、软件使用费等。

② 监理费。指在网络安全建设与运营体系项目建设过程中，为了保证项目质量、进度和投资控制等目标的实现，聘请专业监理机构或监理人员对项目进行监督管理所产生的费用。

③ 检测评估费。包括第三方软件测评、网络安全等级保护测评、商用密码应用安全性评估、数据安全风险评估等的相关费用。

机构在进行设计费、监理费、检测评估费等其他费用估算时均可参照机构所在地相关部门发布的取费标准或市场调节价进行计算。

2. 网络安全运行经费

网络安全运行经费主要用于网络安全建设项目的软硬件产品、系统的运行维护，以及监测值守、事件处置、检测评估等机构网络安全日常工作的开展，可以分为硬件设备运维费、软件系统运维费、安全服务费等。

（1）硬件设备运维费

指设备加电运行、看护、除尘，运行日志填写，设备运行状况观察，接口测试，日志分析，网络安全事故检查，安全规则调整，网络安全风险分析，系统版本升级，零部件更换，故障排除修复等。运维费可按照 IT 资产系数法或运维工作量法计取。

（2）软件系统运维费

指软件系统特征库、检测库、审计库、情报库更新升级，监视并记录软件系统的运行状态、日常巡检和日志分析，系统故障处理修复及版本升级，进而保持软件的安全性和稳定性。软件系统运维费计取也可采用 IT 资产系数法或按运维工作量法。

（3）安全服务费

指机构在网络安全日常工作开展过程中发生的，与网络安全相关的服务所需支出的费用，包括漏洞扫描、渗透测试、演练竞赛、应急处置、等保测评、风险评估、密码应用安全性检测、安全建设整改、监督检查、教育培训、安全咨询等。

管理服务费的成本主要是人力成本和设备材料使用成本，机构在进行费用计算时可参考本节中网络安全服务成本度量相关内容。

3. 网络安全经费投入考虑因素

明确网络安全经费组成和计取方法后，机构在科学合理制定网络安全预算时还需要考虑以下五个因素。

（1）机构的网络安全风险现状。机构首先需要评估自身面临的网络安全风险，包括内部和外部的威胁来源，以及可能造成的损失。对于风险较高的领域，机构应该加大投入以保障网络安全。

（2）机构的业务需求和发展战略。机构应根据自身的业务发展规模、业务涉及的数据类别级别、业务对网络安全的依赖程度等因素，合理分配网络安全预算。

（3）行业标准和政策要求。机构需参考行业标准和政策要求，确保网络安全经费投入和建设内容满足监管部门的要求，降低法律风险。

（4）成本效益分析。机构应结合机构内部网络拓扑、业务系统部署等情况，设计不同的网络安全建设与运营方案，估算相应的经费投入，对成本与预期收益进行分析，选择性价比高的解决方案。

（5）同行业竞争对比。参考同行业、同规模机构的网络安全投入，以确保自身在竞争中不处于劣势地位。

最后，机构应建立一套网络安全经费监控与调整机制，定期检查网络安全经费的执行情况，确保资金按照预定目标、进度进行投入，评估网络安全经费投入的有效性，及时调整经费投入，将有限资金投入到最需要的领域。

5.2.2 网络安全产品和服务采购

1. 网络安全产品和服务采购

机构在采购网络安全产品和服务时，需要重点关注产品是否满足网络安全专用产品合规性要求、产品和服务是否需要申报网络安全审查。

（1）网络安全专用产品安全管理要求

《中华人民共和国网络安全法》第二十三条规定，网络关键设备和网络安全专用产品应当按照相关国家标准的强制性要求，由具备资格的机构安全认证合格或者安全检测符合要求后，方可销售或者提供。

关于网络安全专用产品的认定。2017年6月，国家互联网信息办公室会同工业和信息化部、公安部、国家认证认可监督管理委员会等（以下简称四部门）部门制定并发布了《网络关键设备和网络安全专用产品目录（第一批）》，将4类网络关键设备和11类网络安全专用产品纳入安全认证和安全检测对象。11类网络安全专用产品包括指定参数范围内的数据备份一体机、防火墙（硬件）、Web应用防火墙、入侵检测系统、入侵防御系统、安全隔离与信息交换产品（网闸）、反垃圾邮件产品、网络综合审计系统、网络脆弱性扫描产品、安全数据库系统、网站恢复产品（硬件）。2023 年 7 月，四部门联合发布关于调整《网络关键设备和网络安全专用产品目录》的公告，更新后的网络安全专用产品增加至 34 类。

关于具备资格的认证检测机构。2018 年 3 月，四部门公布了《关于发布承担网络关键设备和网络安全专用产品安全认证和安全检测任务机构名录（第一批）的公告》，确定了第一批有资格承担安全认证和安全检测任务的机构。同年 6 月，国家认证认可监督管理委员会和国家互联网信息办公室联合发布《关于网络关键设备和网络安全专用产品安全认证实施要求的公告》，进一步明确了为安全认证机构提供检测服务的实验室名录。

关于安全认证和安全检测的标准。2018 年 6 月，中国国家认证认可监督管理委员会发布《网络关键设备和网络安全专用产品安全认证实施规则（CNCA—CCIS—2018）》，为安全认证的实施提供了依据。2022 年 12 月，《信息安全技术　网络安全专用产品安全技术要求》（GB 42250—2022）发布，为网络安全专用产品安全认证和安全检测提供了统一规范。

关于安全认证和安全检测结果的公告。2022 年 1 月，为解决网络安全重复检测、重复认证问题，实现安全认证和安全检测结果互认。四部门联合发布《关于统一发布网络关键设备和网络安全专用产品安全认证和安全检测结果的公告》，该公告附上了首批网络关键设备和网络安全专用产品安全认证和安全检测结果。该结果的发布，意味着强制认证和检测制度从制度设立到配套建设到成果落地，实现了制度闭环。

2023 年 4 月，国家互联网信息办公室会同工业和信息化部、公安部、财政部、国家认证认可监督管理委员会等部门联合发布《关于调整网络安全专用产品安全管理有关事项的公告》，自 2023 年 7 月 1 日起，列入《网络关键设备和网络安全专用产品目录》的网络安全专用产品应当按照《信息安全技术　网络安全专用产品安全技术要求》（GB 42250—2022）等相关国家标准的强制性要求，由具备资格的机构安全认证合格或者安全检测符合要求后，方可销售或者提供。同时，停止颁发《计算机信息系统安全专用产品销售许可证》，停止执行《关于调整信息安全产品强制性认证实施要求的公告》和《财政部　工业和信息化部　质检总局　认监委　关于信息安全产品实施政府采购的通知》。

机构在采购网络安全设备和产品时，应将产品安全认证合格或者安全检测符合要求作为实质性要求。但需要注意，安全认证合格或者安全检测符合要求，具有同等市场准入效力，在政府采购活动中，机构不得要求产品提供国家信息安全产品认证证书，不得要求或者采取加分等措施变相要求投标产品同时满足安全认证合格和安全检测符合要求。

（2）网络安全审查

《网络安全审查办法》规定，关键信息基础设施运营者采购网络产品和服务，网络平台运营者开展数据处理活动，影响或者可能影响国家安全的，应当按照该办法进行网络安全审查。

根据网络安全审查办法，网络安全审查重点评估采购网络产品和服务可能带来的国家安全风险，包括产品和服务使用后带来的关键信息基础设施被非法控制、遭受干扰或破坏，以及重要数据被窃取、泄露、毁损的风险；产品和服务的安全性、开放性、透明性、来源的多样性，供应渠道的可靠性以及因为政治、外交、贸易等因素导致供应中断的风险；其他可能危害关键信息基础设施安全和国家安全的因素等。

因此，承担关键信息基础设施运营者角色的机构，在采购网络安全产品和服务前，应当预判该产品和服务投入使用后对机构关键信息基础设施安全的影响和可能带来的国家安全风险。预判为影响或者可能影响国家安全的，机构应当向网络安全审查办公室申报网络安全审查。

对于申报网络安全审查的采购活动，机构应当通过采购文件、协议等要求产品和服务提供者配合网络安全审查，包括承诺不利用提供产品和服务的便利条件非法获取用户数据、非法控制和操纵用户设备，无正当理由不中断产品供应或者必要的技术支持服务等。

2. 网络安全服务成本度量

机构在进行网络安全服务成本度量时，可以参考国家标准《信息安全技术 网络安全服务成本度量指南》（GB/T 42461—2023）。该标准确立了网络安全服务成本构成，提供了网络安全服务成本度量指南，适用于机构开展网络安全服务成本预算、项目招投标、项目决算以及相关合同编制等活动。

网络安全服务总成本包括人力成本和非人力成本，总成本测算公式为

$$C=L+T \tag{5-1}$$

式中：

C——网络安全服务总成本；

L——人力成本；

T——非人力成本。

人力成本包括人员工资、社保和公积金、管理成本等。人力成本测算公式为

$$L=\sum_{i=1}^{m}(P_i \times Q_i) \tag{5-2}$$

式中：

L——网络安全服务人力成本，单位为元；

P_i——第 i 级服务人员成本单价，单位为元每人日（元/人日）；

Q_i——第 i 级服务人员总体工作量，单位为人日，总体工作量根据服务需求、服务规模和服务级别协议确定；

m——网络安全服务人员级别数量。

各级别服务人员成本单价 P_i 以人员工资为基数，通过设置人力成本调整系数将社保、公积金和管理成本纳入计算，各级别服务人员成本单价测算公式为

$$P_i=S \times K_i(1+H) \tag{5-3}$$

式中：

P_i——第 i 级服务人员成本单价，单位为元每人日（元/人日）；

S——人员日平均工资，单位为元每人日（元/人日），可参考国家统计局公布的各省

市上一年信息传输、软件和信息技术服务业年平均工资，以及行业或属地发布的网络安全从业人员平均工资，并按照日进行折算；

K_i——服务人员级别调整系数。表 5-5 给出了 4 个网络安全服务人员级别调整系数取值范围；

H——人力成本调整系数，包括社保、公积金和管理成本，该系数建议取值范围为 0.5~1。

表 5-5 网络安全服务人员级别调整系数取值范围

服务人员级别	调整系数	取值范围
专家/资深	K_1	4~5
高级	K_2	2.5~4
中级	K_3	1.25~2.5
一般	K_4	1~1.25

注：服务人员级别根据服务类型不同，可参考工作经验、工作年限、职业证书、学历等依据进行划分。

非人力成本指供方用于网络安全服务过程的人力成本之外的成本，包括设备费、材料费、业务费等。

标准中提供了几个具体的示例，以帮助理解如何度量网络安全服务的成本，包括网络安全服务人员成本单价测算示例、租赁软硬件产品费用和配套服务工具费用测算示例、网络安全服务典型项目成本测算示例。机构可参考该标准及示例，对本机构的网络安全服务成本进行度量，合理确定预算金额、招标金额或合同金额。

5.3 网络安全宣传教育

网络安全宣传教育是培养员工网络安全意识、筑牢网络安全防线的重要举措，对于机构网络安全保障体系的建设有着重大意义。明确宣传教育的主要内容，采取系统、科学、高效的宣传教育方式，可以有效避免网络安全事故的发生，保障机构的网络安全。本节将围绕网络安全宣传教育的主要内容、形式及强化重点人群的宣传教育三方面进行阐述。

5.3.1 宣传教育的主要内容

对于机构而言，网络安全宣传教育应包含网络安全相关法律法规、常见网络攻击与恶意程序、网络安全防护策略及主要措施等方面的内容。

1. 网络安全相关法律法规

为保障网络安全，维护网络空间主权和国家安全、社会公共利益，保护公民、法人和其他组织的合法权益，促进经济社会信息化健康发展，我国分别于 2016 年与 2021 年相继颁布了《中华人民共和国网络安全法》《关键信息基础设施安全保护条例》等一系列网络安全相关法律法规。在机构网络安全建设与运营过程中，员工必须掌握的法律包括《中华人民共和国网络安全法》《中华人民共和国密码法》《中华人民共和国数据安全法》《中华人民共和国个人信息保护法》等，法规包括《中华人民共和国计算机信息系统安全保护条例》《关键信息基础设施安全保护条例》《商用密码管理条例》等。各机构应将网络安全法律法规作为宣传教育的重点内容，通过宣传教育的方式，增强员工的法律意识，规范员工的网络行为。

2. 常见网络攻击与恶意程序

在机构日常工作中，网络攻击与恶意程序是两类最普遍的网络安全威胁形式。随着网络技术的飞速发展，网络攻击变得愈加复杂多样，恶意程序的数量与日俱增，机构的网络安全正面临着极大威胁。在这一严峻形势下，机构应大力开展网络安全威胁相关知识的宣传工作，教育员工如何识别与防护各种常见的网络攻击和恶意程序。

常见的网络攻击包括网络钓鱼、扫描探测和后门植入攻击等，通常会导致敏感信息泄露、业务中断、财产损失、系统故障等问题。机构应向员工介绍常见网络攻击的特征与危害，以及各种网络攻击的预防方法，包括设置强密码、安装并更新安全软件、定期清除浏览器缓存等，以及遭受网络攻击后的处理方式，包括立即断开网络连接、攻击溯源、系统与数据恢复、漏洞修复等。

常见的恶意程序包括计算机病毒、网络蠕虫、勒索软件等，通常会导致系统运行卡顿、广告频繁弹出、未知程序自动安装、浏览器主页被篡改、个人信息泄露等问题。机构应向员工介绍常见恶意程序的名称与危害，以及如何识别与预防各类恶意程序。识别的方法主要依据静态文件特征码和高危动态行为特征等因素，包括行为分析、使用安全工具、文件属性检测、网络监控等；预防的方法包括安装最新防病毒软件、定期扫描系统、不点击陌生链接或下载文件、不打开可疑邮件附件、禁止使用破解软件、保持系统软件更新等。此外，机构还应向员工介绍安装恶意程序后的处理方法，包括立即断开网络连接、使用安全软件扫描与清除、进入安全模型清理、系统还原与修复等。

3. 网络安全防护策略及主要措施

制定网络安全防护策略，具体包括强化身份认证、严格控制访问权限、数据加密保护及建立安全监控体系等，并将防护策略作为宣传教育的主要内容。

在遵守网络安全相关法律法规与政策制度、落实机构网络安全防护策略的前提下，机构应积极引导员工采取相关措施，在日常工作中保护机构与个人的信息安全。网络安全防护的主要措施包括养成安全上网习惯、设置强密码、数据加密与备份等。

在养成安全上网习惯方面，机构应倡导员工主动养成安全上网习惯，如定期更新软件和操作系统、使用正规来源的办公软件、设置社交媒体访问权限、避免在公共无线网络环境下处理敏感信息等。

在使用强密码方面，机构应督促员工设置复杂且无规律的强密码，如结合大小写字母、数字和特殊字符等，并定期更换密码。此外还可以指导员工使用密码管理工具，安全地存储和自动填充密码，减少密码泄露的风险。

在数据加密与备份方面，机构应规定员工使用加密协议或加密算法对通信传输中的数据进行加密。对于重要数据应定期进行备份，并制定数据恢复计划，防止数据丢失或损坏。

5.3.2　宣传教育的形式

创新且实用的宣传教育的形式能确保机构网络安全宣传教育工作的顺利开展，有效提高网络安全宣传教育的效率。为了更好地普及网络安全相关知识，培养机构员工的网络安全意识，机构可选用以下形式进行宣传教育。

1. 网络安全宣传周

举办网络安全宣传周，培养全民网络安全意识，是我国国家网络安全工作的重要内容。宣传周活动围绕网络安全相关主题，集中展示网络安全技术的"高精尖"成果，并邀请专家学者详细解读网络安全相关法律法规的主要内容，邀请相关部门分享严打网上突出违法犯罪案例与经验。通过在网络安全宣传周上举办网络安全博览会、网络安全技术高峰论坛、网络安全主题日、云课堂、微视频大赛等活动，向公众介绍网络安全基本知识，教育公众如何识别和防范网络攻击，保护个人信息和财产安全。

机构应组织员工积极参加国家每年举办的网络安全宣传周活动，并结合机构实际情况，效仿国家网络安全宣传周的形式，定期组织与开展机构内部的网络安全宣传活动，方便员工学习网络安全知识。在宣传周活动上，机构可通过海报与宣传册的形式进行宣传。考虑到不同员工对网络安全相关知识的了解程度和接受能力有所差异，内容可结合漫画与典型案例等通俗易懂的方式，形象地介绍网络安全专业知识，每一份海报与宣传册对应一个主题，可参考近期国内外或机构内部发生的网络安全事件。

2. 专业培训与实战演练

机构可根据员工的实际安全需求和网络安全知识背景，通过线下培训班或线上网课的形式为员工提供基础的网络安全培训课程，课程内容涵盖基本的网络安全知识和防护技巧。线下培训班注重面对面的互动和交流，可邀请行业内经验丰富的网络安全专家担任讲师，课程内容贴近员工的工作环境与工作任务，帮助员工将理论知识与实践操作相结合。线上网课可通过在线学习平台供员工学习观看，平台内应包含丰富的网络安全课程视频、资料等电子资源，员工可以根据自己的需求进行浏览和下载。平台还可增设在线答疑功能，员工在日常工作中遇到网络安全相关问题，可以随时向网络安全技术人员或专家提问。培训期间还可举办公开讲座，邀请网络安全领域内知名的专家学者，分享最新的网络安全趋势、网络防护技术及案例分析等内容，教育员工如何预防网络攻击，保护个人隐私。

此外，实战演练也是机构网络安全专业培训的重点内容。通过开展定期的模拟攻击和攻防演练等活动，模拟真实的网络攻击场景，教育员工在实战中运用所学的知识和技能进行防护和应对，从而更深入地了解网络攻击的手段和目的，增强自身的安全防范意识和应急处理能力。

3. 网络安全知识竞赛

网络安全知识竞赛与其他形式相比具有更强的互动性与趣味性。我国每年都会举办各种网络安全知识竞赛，例如全国大学生信息安全竞赛、"蓝桥杯"全国软件和信息技术专业人才大赛、全国大学生信息安全与对抗技术竞赛等。机构可参考上述赛事活动，采用答题闯关、组队比拼、夺旗赛等形式，自行举办机构内的网络安全知识竞赛，并设置不同奖项与奖品来鼓励机构员工参与竞赛，激发员工学习网络安全知识的兴趣，并在竞赛过程中提高自身的专业技能水平。知识竞赛题目涉及的范围与具体内容可以参考机构实际的网络安全业务场景与工作任务，从而增强员工的代入感与实践能力。此外，机构还可将竞赛的参与情况与名次作为绩效考核的指标，进一步激励更多员工积极参与竞赛，充分展现自身能力。

除了以上几种形式，机构还可选用一些将新兴技术与网络安全宣传教育结合的新形式，例如网络安全虚拟现实体验、网络安全游戏、人工智能驱动的网络安全教育平台等。这些新形式可以提供更加沉浸式和个性化的学习体验，增加机构员工的兴趣与参与度。

5.3.3　强化重点人群的宣传教育

重点人群主要指机构内权限级别比普通员工更高的人员或一旦被攻击后造成损失较大的人员，包括机构高管、部门负责人、安全技术人员、系统管理人员等。机构在做好网络安全宣传教育工作的同时，应针对重点人群专门开展宣传教育。

1. 网络安全意识教育

强化重点人群的网络安全意识，首先应加强对个人信息的保护。重点人群拥有比普通员工更高的权限级别，能够访问机构内的关键系统，审批系统内的核心文件，获取各类重要数据。为了避免重点人群的个人信息被攻击者利用，机构应结合实际案例向重点人群宣传信息泄露可能造成的危害，强调个人信息保护的必要性，并开展针对重点人群个人信息保护的专题教育活动，根据不同人群的工作环境与特点传授专门的个人信息保护措施。

在加强个人信息保护的基础上，机构应针对重点人群制定安全保密措施并严格落实，例如规定员工必须使用强密码、必须使用机构统一采购的计算机、登录关键系统需要双因子认证、数据共享与拷贝需要向有关部门报备等。相比于普通员工，重点人群能访问更多系统、接触更多数据，同时也面临更多风险，需要制定更严格、更具有针对性的安全保密措施来保障重点人群的信息安全。机构应通过宣传教育的方式帮助重点人群了解掌握每一项安全保密措施的具体内容，并定期开展安全检查工作，确保每一位员工严格遵守相应规定，进一步强化重点人群的网络安全意识。

2. 定制化安全培训

在强化重点人群网络安全意识的同时，机构应根据重点人群的特点制定培训计划，开展定制化安全培训。面向重点人群的安全培训在内容上应涵盖更加专业与深入的网络安全知识，涉及具体的网络安全政策、措施、架构以及防护技术等多方面的内容，并且应根据重点人群的特点与工作任务对培训计划进行定制。例如针对机构关键岗位的管理人员，应将网络安全管理相关的内容作为培训的重点；针对机构负责网络安全防护与运维的技术人员，培训内容应侧重于身份认证、脆弱性评估、漏洞扫描等安全技术的研究与应用，以及防火墙、入侵检测系统、杀毒软件等安全防护工具的使用与维护。培训方式包括邀请领域内专家进行一对一辅导、定期召开专题研讨会、通过在线教育平台开设专属课程等，相比于面向普通员工的集体培训更具有专业性与针对性。

此外，针对机构重点人群的培训应更注重于实践操作，并通过实践的方式检验培训效果。例如不定期发起针对性的网络攻击，测试相关技术人员对安全工具及防护技术的使用情况；伪装成管理人员非法访问系统或窃取重要数据，检验管理人员的网络安全意识及应急处置能力；举办网络安全专业技能竞赛等。实践内容应与各类重点人群培训内容中的理论知识紧密关联。

5.4　先进网络安全技术的应用研究

随着数字化进程的不断深入，各种先进网络安全技术正逐步在网络空间内普及，先进技术的应用研究成为了新时代网络安全保障体系中重要的一环。本节将针对人工智能、零信任、区块链、量子技术等新兴技术，分别介绍其特点，以及在网络安全领域内的相关应用研究，从机构的角度探讨这些技术在网络安全建设与运营过程中的具体应用。

5.4.1　人工智能

人工智能是研究、开发用于模拟、延伸和扩展人类智能的理论、方法、技术及应用系统的技术科学。近年来，人工智能逐渐应用到各个领域，包括智能制造、电子商务、交通、教育、医疗等。人工智能具有自学习和知识迭代更新的能力，在不具备先验知识的前提下，能够从数据样本中发现不为人们所了解的隐含关系和规则，突破了传统机器学习技术对于人工专家经验的依赖，逐渐成为解决大数据环境下智能分析、推理、判别和决策问题的有效手段。

网络空间面临攻防双方的实时对抗，新的安全漏洞、攻击手法、攻击工具、防护措施层出不穷，依赖规则库的传统防护措施（如杀毒软件、防火墙、入侵检测系统、入侵防护系统等）在新型攻防场景中将会失效，依靠安全专家人工分析得到规则的做法在效率方面也无法应对新型攻防场景。人工智能的出现为这些问题提供了解决方案。目前人工智能已经在网络安全领域得到应用，如对网络流量、系统日志、威胁情报数据等进行智能化的机器学习，自动提取与安全有关的模型、规则和分析结果，实现对攻击组织、攻击活动、保护目标、攻防资源等安全要素的精准刻画，从而为零日漏洞探测、未知威胁发现、安全趋势预测、攻击行为溯源等提供技术支撑。

在机构的网络安全建设与运营中，人工智能可以应用在多个场景中，有效提升网络安全防御效率与威胁识别的准确性，是网络安全建设与运营的保障技术之一。具体应用场景如下。

1. 日常运维

（1）异常检测

使用基于人工智能的异常检测模型检测与网络、网站或应用程序相关的异常信息，并根据系统综合研判结果，进一步调查并采取必要的措施抵御攻击。

（2）风险预测

使用基于人工智能的风险预测模型预测潜在的网络威胁。机构工作人员可对内部系统数据和外部威胁情报进行预处理得到训练数据，并基于人工智能技术构建用于预测系统存在安全风险的模型，使用预处理后的数据进行训练，实现对潜在风险的预测与防御。

（3）网络攻击趋势分析

人工智能可以用于分析网络安全社区、相关媒体及新闻网站的内容，以便更好地了解网络攻击关注的特定领域，以及知晓网络安全专家当前最关注的网络攻击类型。网络安全运维人员可通过使用基于人工智能的自然语言处理模型与数据挖掘算法，从网络安全社区、新闻网站等渠道中获取有价值的信息，掌握网络攻击的趋势。

2. 网络安全事件处理

（1）威胁检测

传统的网络安全分析方法需要网络安全领域的专家来人工筛选大型数据集，而基于人工智能的方法可以通过分析数据集的模式和分布来识别各种新型、复杂的网络攻击，帮助机构快速有效地应对各类网络威胁。此外，人工智能可以关联不同的数据集，提供攻击的完整场景，以便网络安全团队了解攻击的范围和特点，并在未来更好地抵御网络攻击行为。

（2）恶意程序识别

可通过人工智能分析大量历史数据，自动识别勒索软件、挖矿病毒等恶意程序。此外，还可以通过人工智能分析历史记录，找出各类攻击的模式和趋势，帮助工作人员改进现有的安全策略。

3. 专家智能决策

（1）事件响应优先级研判

人工智能模型可以跟踪不断变化的网络威胁趋势，分析安全事件响应的优先级。网络安全运维人员可通过人工智能对事件响应优先级进行自动设置与排序，快速找出当前威胁程度最高的事件，从而有效提高工作效率。

（2）攻击实时分析与对抗

除了预测和检测，还可以通过人工智能对攻击进行实时分析与对抗。将攻击检测算法与基于人工智能的自然语言处理大模型结合，在检测到攻击时自动对攻击响应分析，并生成对应的解决方案。此外，还可利用大模型编写与分析代码的能力，辅助技术人员开发漏洞补丁或其他保护程序，与攻击形成对抗关系。

5.4.2　零信任

零信任是一种新型网络安全技术架构，由信任评估引擎、访问控制引擎、访问代理等核心组件构成，具有业务安全访问、持续信任评估与动态访问控制三个特点。零信任的核心思想是：在默认情况下，机构内外部的任何人、事、物均不可信，应在授权前对任何试图接入网络和访问网络资源的人、事、物进行验证。零信任打破了网络位置与信任间的潜在默认关系，能有效弥补传统安全防护机制的缺陷，降低机构资源访问过程中的安全风险，实现细粒度访问控制。

零信任具体包括现代身份与访问管理、软件定义边界以及微隔离等关键技术，主要功能包括保障软件供应链安全、抵御勒索软件攻击、促进公共数据与服务安全开放等，在身份安全、网络安全（具体包括安全网关与网络传输安全）、应用工作负载安全、数据安全、终端安全以及安全管理等领域均得到了广泛应用。

机构可基于零信任架构建设多因素统一身份认证平台。对于不同的应用环境和业务需求，基于零信任架构的多因素统一身份认证平台具备多种灵活的实现方式和部署模式。平台的认证引擎负责管控，按照"先认证后连接"的原则，建立、维持有效连接，以此实现对计算设备的安全访问控制。同时，对实际应用场景中出现的各种安全威胁进行监控分析，并及时进行响应，以降低风险。在数据安全方面可以保证数据更安全，以此减少违规使用个人敏感信息带来的负面影响，提高数据的合规性和可视性，实现更低的网络安全使用成本，并提高机构整体的风险应对能力。具体包括以下几类应用。

1. 等级保护安全合规

基于零信任架构的多因素统一身份认证平台可解决信息化合规中弱密码、弱口令、认证能力不足等问题，加强网络认证访问安全性，注重用户和内部信息隐私保护及安全合规，提高信息化安全防护能力，建设符合网络安全相关法律法规的安全标准。

2. 智能风险识别

基于零信任架构的多因素统一身份认证平台可根据用户访问过程中产生的操作行为

数据，如操作时间、操作名称、目标地址等信息，通过相关智能化算法建立风险模型，再根据规则引擎自动对用户的风险行为进行识别判断，自动化地调整用户的认证方式和访问权限。

3. 用户加强认证

机构用户类型多样化、网络复杂化等因素很容易导致用户的业务账号被盗用。基于零信任架构的多因素统一身份认证平台可根据用户类型，匹配不同等级的认证方式，还可根据内外网 IP 风险监测的结果及 IP 来源，设置不同的认证方式。涉及机构核心业务系统时，可根据实际需求调整认证要求。

4. 可视化风险监控

基于零信任架构的多因素统一身份认证平台可记录用户从登录认证到访问业务系统计算设备的登录和操作系统的登录等流程的审计信息，并将审计信息统一投送至大屏进行集中展示。平台还可动态分析所有数据的风险性，对已确认的风险及时告警并自动处理。

5.4.3 区块链

区块链是一种去中心化的分布式账本技术，具有不可篡改、透明和可追溯等特点，核心技术包括分布式网络、加密算法、共识机制等。分布式网络使得区块链不依赖于任何中心化的服务器或机构，确保网络的稳定性和鲁棒性。加密算法保证数据的安全性，数据一旦被写入区块链，就无法被修改或删除。共识机制使得区块链中的节点能够达成对交易的一致性。区块链可以用于记录交易、存储数据和验证身份等，在网络安全领域展现出巨大的潜力，对于提升网络安全防护水平、保护用户数据和隐私具有重要的理论和实践意义。

在机构的网络安全建设与运营中，区块链可以用于多个安全场景，为网络信息安全防护与应用提供可靠的解决方案。具体方案如下。

1. 可信数据共享交换

构建基于区块链的数据共享交换平台，有效整合分散异构系统的数据资源，实现数据可信共享交换，保证数据文件安全，记录每个业务人员的操作流程，形成完整可信的证据链条，解决信息归集难、追溯难、分析难的问题。

2. 身份认证

构建基于区块链的可信身份认证系统，通过在链上加密、存储用户身份和认证信息，确保用户身份的真实性和可信度。用户可以通过私钥对其进行访问，从而实现去中心化的身份验证。这种方式不仅可以避免集中式身份认证系统的单点故障和数据泄露风险，还可以提高认证的透明度和可验证性。

3. 访问控制

构建基于区块链的访问控制系统，通过将访问控制策略嵌入区块链智能合约中，可实现基于规则的自动化访问控制。智能合约能够设置细粒度的访问权限，只有满足授权规则的用户才能够访问相应的资源。同时，由于区块链的不可篡改性，该访问控制规则和许可证明可以被永久记录在链上，确保访问历史的可追溯性和审计性。

4. 网络资产管理

利用区块链还可对网络资产进行有效管理。使用区块链中的加密算法、智能合约等技术能够有效地管理网络资产中的域名、知识产权、积分等无形资产，并保证资产的安全。而对于有形资产则可以通过将区块链与物联网技术相结合，实现有形资产的相应标识，强化对有形资产的管理。此外，通过将区块链与物联网技术相结合，还可以将资产转让的相关信息进行录入，从而实现对资产的追溯，提高机构的网络安全管理水平。

5.4.4　量子技术

量子技术是量子物理与信息技术相结合发展起来的新技术，主要包括量子通信和量子计算两大研究领域。量子通信主要研究量子密码、量子隐形传态、远距离量子通信等，量子计算主要研究量子计算机和适合于量子计算机的量子算法。

在网络安全中，量子技术具有得天独厚的优势，例如量子本身具有的不可克隆性为量子通信加密技术的安全性提供了先决条件；基于量子不可分割性的量子密钥分发技术能使窃听行为暴露，提升通信的保密性和安全性。量子技术能攻克许多现有技术难题，对高关注度的关键信息基础设施通信安全保护发挥重要作用。目前量子技术主要应用在对保密性和安全性要求极高的党政和金融领域，随着技术的发展与成本的降低，基于量子技术的网络安全将在更多产业领域得到应用。

量子通信采用的典型技术有两种，分别是量子密钥分发和量子隐形传态。量子密钥分发利用量子态来加载信息，通过 BB84 协议产生密钥。量子力学的基本原理保证了密钥分发过程的不可窃听，从而实现原理上无条件安全的量子保密通信。量子隐形传态利用量子纠缠来直接传输微观粒子的量子状态（即量子信息），而无需传输该微观粒子本身，从而保证了量子密钥分发的安全性。基于以上两种量子通信技术，在加密过程中借助量子密钥实现密函与信息间的转换，防止敏感信息的泄露，有效保障了网络通信的安全。

近年来，我国量子通信领域发展迅速，试点应用数量与网络建设规模方面达到全球领先，科研持续取得突破。2020 年，中国科学技术大学潘建伟院士团队与清华大学、山东济南量子技术研究院等机构合作，实现了 500 公里级真实环境光纤的双场量子密钥分发和相位匹配量子密钥分发，创造了新的世界纪录；2021 年，潘建伟院士团队在 511 公里的光纤链路上实现双场量子密钥分发，并在无可信中继的情况下连接济南和青岛两城，成为全球首个无可信中继的长距离光纤量子密钥分发网络；2023 年，中国科学技术大学与清华大学王向斌、济南量子技术研究院、中国科学院上海微系统与信息技术研究所等合作，成功实现光纤中 1002 公里点对点远距离量子密钥分发，创下了光纤无中继量子密钥分发距离的世界纪录。

5.5 实践案例

5.5.1 网络安全人才队伍建设实践

某央企集团基于人才供应链理论，聚焦"如何汇聚人才、培养什么能力、需要哪些方向的人才、怎么提升人才获得感"等问题，探索构建了覆盖人才规划、选拔、培养、使用、评价等全链条各环节的人才发展体系，形成网络安全领域人才能力提升方案。主要包括以下几个方面。

（1）聚焦数量提升，实现人才入库动态管理

建立网络安全领域的专业人才库，优先遴选现有网络安全从业人才入库，对队伍现状进行摸排测绘，打造网络安全领域人才"蓄水池"。对网络安全人才库在库人员进行动态化管理，为每个人才构建人才能力档案，密切跟踪相关人员在重点岗位、重要课题、重大项目等中的表现，及时完善人才标签，精细化绘制人才储备和使用"热力图"。

（2）聚焦结构优化，促进专业方向全覆盖

明确了安全规划与管理、安全创新与研究、安全工程、安全运营、安全产品与服务、安全审计与评估六大网络安全技术领域，引导人才资源在各技术领域按需分配，推动解决人才结构的突出问题。具体如表 5-6 所示。

表 5-6　某央企集团六大网络安全技术领域

专业方向	技术领域					
	安全规划与管理	安全创新与研究	安全工程	安全运营	安全产品与服务	安全审计与评估
安全条线	安全战略研究与规划、网络信息安全管理及安全治理等工作	安全技术研究和安全标准研究	安全需求分析、安全架构设计及安全开发集成等工作	安全治理、威胁监测、应急处置等工作	提供产品研发安全设计、安全运维解决方案、产品推广等工作	合规审计、安全检查、风险识别、风险分析、风险评估等工作
运维条线						
IT条线						
市场条线						
政企条线						

实施网络安全人才交流制度，鼓励网络安全专业人员下沉到市场一线和业务末端，在丰富的实践中了解业务、拓宽眼界、锤炼本领，持续提升网络安全人才"保安全、防风险、助发展"的能力，促进安全与市场拓展、业务开发等主业深度融合。

（3）聚焦质量升级，打造人才分级体系

将网络安全人才划分为 7 个层级，具体如表 5-7 所示。其中 6～7 级为高阶从业人员，引领安全前沿领域发展布局；4～5 级为中阶从业人员，主要承担专业领域攻坚创新

任务；1～3级为初阶从业人员，有效处置日常网络安全问题。

表 5-7 某央企集团网络安全人才层级划分

层级	六大领域					
	安全规划与管理	安全创新与研究	安全工程	安全运营	安全产品与服务	安全审计与评估
7级	高阶引领布局 基于领域发展前沿，具有专业权威性，具备突出的科研组织领导才能					
6级						
5级	中阶攻坚创新 善于洞察发展趋势，创新能力较为突出，能够推动关键任务取得突破					
4级						
3级	初阶有效执行 扎根生产经营管理一线，具有较强实操技能，善于解决各类日常问题					
2级						
1级						

根据 7 个层级的网络安全人才划分体系，系统规划每个网络安全技术领域应掌握的能力标准，搭建形成完整的能力图谱，采用"知识、技能、能力"框架建立评价模型。对于较低层级的人员侧重知识技能的考察，对于较高层级的人员侧重多维度能力考查。

（4）聚焦机制完善，开展人才评价认证工作

对人才方向和层级进行认证，将评价认证标签作为重要参考，选拔相应专业方向和层级的人才开展工作，给各层级人才提供合适的工作岗位和匹配的工作任务，选好人才。将人才评价认证结果作为绩效、岗级评价的重要参考，让人才有感知、得实利。同时，优先推荐通过认证的人才和人才库内的专家参加高级别安全比赛、高阶业务培训、模范评优推选等，用好人才。

5.5.2 先进网络安全技术应用实践参考

1. 面向新一代防火墙的人工智能运维技术

人工智能运维（Artificial Intelligence for IT Operations，AIOps）技术最早由 Gartner 于 2016 年提出，旨在使用大数据、机器学习等方法来提升运维能力，进一步降低自动化运维中的人为干扰，最终实现网络安全运维的无人化与自动化。某机构推出了业界首个面向新一代防火墙（Next Generation Firewall，NGFW）的以域为中心的 AIOps，可在相关问题对业务产生影响之前预测、分析并解决问题，以增强防火墙的运行体验。其整体结构如图 5-2 所示。

该 AIOps 是一个基于云计算的模块，依赖于硬件防火墙、软件防火墙以及管理平台提供的遥测数据。这些数据会迁移至 AIOps 云服务器中，由云服务器中的机器学习算法来生成建议并对数据进行异常检测。主要包括以下几个功能。

（1）加强安全态势

利用内置的最佳实践算法，针对不同机构的部署情况生成定制的策略建议，能有效减少攻击面并加强安全态势。最佳实践策略建议是由机器学习模型基于行业标准、安全策略

环境以及从该机构防火墙收集来的高级遥测数据计算得出的。

（2）主动解决防火墙中断问题

减少 NGFW 的停机时间，维持 NGFW 的最佳运行状态和性能，保障 NGFW 的平稳运行。AIOps 最早可提前 7 天智能预测防火墙的运行参数及可能产生中断的时间点，并提供可行方案来解决预测到的中断问题。

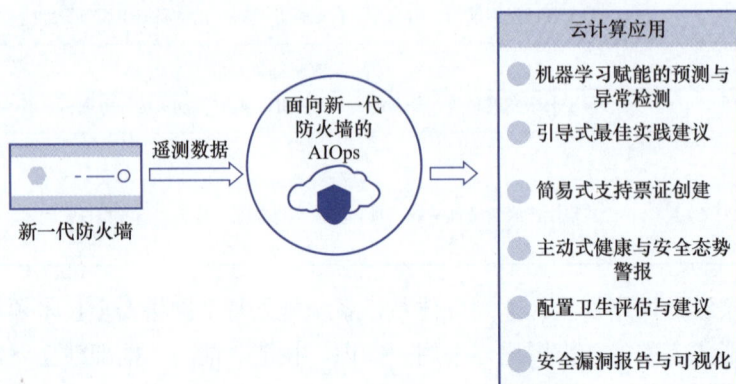

图 5-2　面向新一代防火墙的 AIOps 的整体结构

（3）实现威胁的统一展示

统一展示在整个基础设施中被成功阻止的威胁，并对需要引起注意的威胁给出提示。此外，AIOps 还能够利用共享网络和威胁情报自动检测和分析威胁的趋势，并提供相应的补救措施。这些功能可以帮助安全管理员立即采取行动，阻止新的安全风险出现。

2. 基于人工智能大模型的安全检测解决方案

GPT（Generative Pre-trained Transformer）是一种基于深度学习的自然语言处理大模型，可通过在大型文本语料库中学习语言模式，来生成自然语言文本。某机构使用海量网络安全垂直领域专业知识与威胁情报开发了面向网络安全的 GPT 大模型，能大幅提升安全检测效果，增强交互体验。在此基础上，该机构将安全 GPT 与可扩展检测响应平台（Extended Detection and Response, XDR）结合，提出了一套安全检测解决方案。该方案的架构如图 5-3 所示。

在这套方案中，安全 GPT 能有效赋能机构的网络安全检测，大幅提升安全能力与工作效率。具体表现在以下四个方面。

（1）检测高级威胁

在威胁检测方面，通过高质量企业级数据的训练，结合安全 GPT 的 XDR 能够有效检测高级威胁，尤其是在高对抗场景下的绕过检测取得了显著的效果提升。经过多轮验证测试，该机构的安全 GPT 对于高级威胁的分析研判，包括利用 AI 大模型生成混淆攻击、特殊编码绕过的远程命令执行、隧道通信外联等，已达到具备多年经验的安全专家水平。

（2）掌握全局趋势

在全局监测方面，技术人员在首页点击进入窗口进行提问，安全 GPT 可即时回复技

术人员关于全局安全趋势的问题，还具备个性化的数据统计、检索与资产漏洞清点排查等
功能，自动完成漏洞预警、资产盘点、数据统计等重点工作。

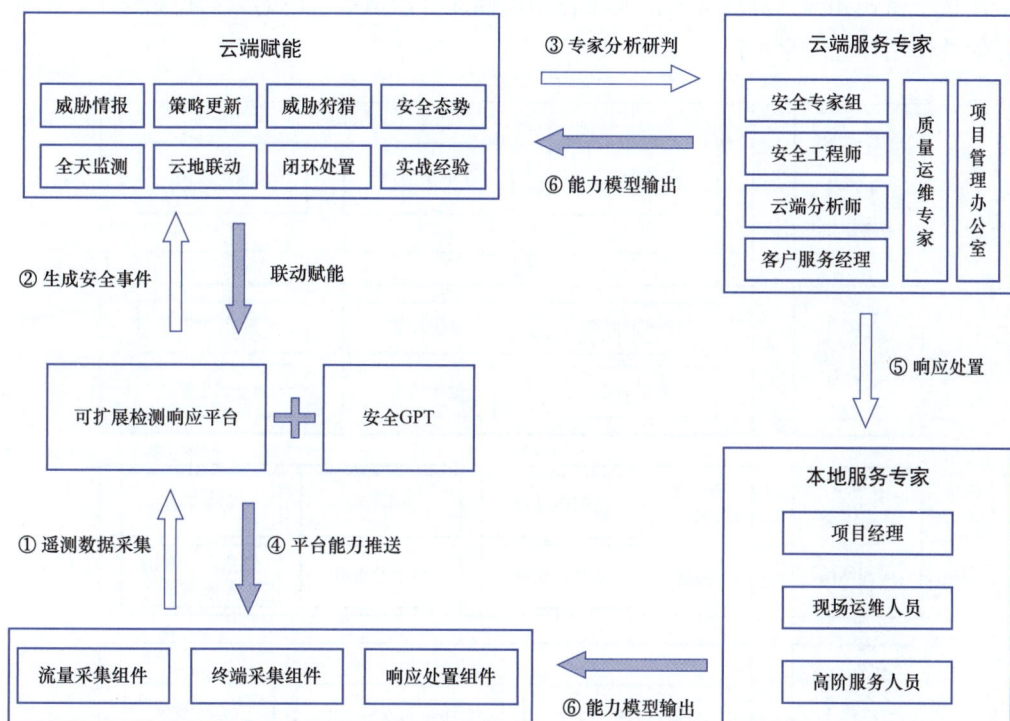

图 5-3 安全 GPT 与 XDR 结合的安全检测架构

（3）解读关键事件

在事件分析方面，安全 GPT 能够在发现安全事件时直接弹出对告警详细信息的解读，
技术人员也可以通过对话式提问的方式，查看数据包详细内容、解读攻击手法、追溯资产
信息、查询攻击者信息等。安全 GPT 具备自动完成影响面分析、攻击链溯源等能力，帮
助技术人员理解安全事件背后的攻击行为及攻击者的意图。

（4）快速处置响应

在处置响应方面，安全 GPT 可以针对每一个具体的安全事件，快速提供专业且有
效的响应处置建议，包括隔离主机、联动防火墙封堵、及时更新安全设备规则库等。技
术人员如果对于给出的答案不满意可以继续追问，安全 GPT 将尝试从不同维度提供更多
建议。

3. 基于量子通信技术的安全可信云解决方案

某机构将云计算与量子密钥协商技术结合，构建自主创新的可信云网底座，依托数
字星云，与 5G 行业应用、数字化场景深度融合，保障算力网络安全。方案包括量子安全
服务中间件 vQSC、量子虚拟机、量子存储等系列方案产品，同时为数据监管提供技术手
段，该技术架构如图 5-4 所示。

其中，量子虚拟机通过对传统云架构中的密钥模块进行优化改造，将密钥源更改为量子密钥，支持对虚拟机云盘、镜像进行量子加解密；量子容器通过在容器云镜像仓库后挂载使用量子密钥和国密算法加密的对象存储，保证容器镜像仓库的数据存储安全，确保数据存储及使用环境安全可信。

图 5-4　基于量子通信技术的安全可信云技术架构

量子 VPN 基于量子网络的密钥协商能力，以在线产生的量子密钥作为密钥源，通过安全引擎实现 IPSec VPN、SSL VPN、载荷加密等功能，完成两个网络或点到点之间链路的安全传输，从而确保数据中心间的跨域传输安全。量子 VPN 还能适配原有应用接口，最大限度降低对原有系统的影响，满足海量的安全数据传输需求。

量子安全中间件将量子密钥协商能力及密钥执行策略封装为安全架构可调用的安全引擎，对数据处理流程所涉及的云计算及云存储环境、相关应用数据的存储及传输等提供统一的安全管理。

量子网盘是结合经典对象存储网盘和量子密钥协商技术的存储产品。所有存储在网盘内的文件都采用国密算法和量子密钥进行加密，满足用户存放数据的安全需求，并有效降低跨数据中心访问网盘资源的安全风险。

量子云电脑是云端提供计算和存储能力的远程桌面服务平台与量子密钥协商技术相结合而打造的安全办公解决方案。云桌面平台的服务底层使用量子安全加固和虚拟化技术，保障办公安全。

习　题

1. 网络安全人才队伍的特点有哪些？
2. 网络安全人才队伍主要由哪些角色组成？
3. 网络安全人才队伍的组建包括哪几类渠道？
4. 提升网络安全从业人员的实战化攻防能力有哪些方式？
5. 简述网络安全经费的主要门类。
6. 在制定网络安全预算时，机构需要考虑哪些因素？
7. 机构在进行网络安全产品和服务采购过程中，需要重点关注哪些内容？
8. 简述网络安全服务总成本的构成。
9. 机构开展的网络安全宣传教育应主要包含哪些内容？
10. 网络安全宣传教育形式有哪些？
11. 如何强化机构内重点人群的网络安全宣传教育？
12. 人工智能技术在网络安全建设与运营中有哪些应用？
13. 零信任的核心思想是什么？
14. 区块链在网络安全建设与运营中有哪些应用？
15. 量子通信的两种典型技术是什么？简单描述一下这两种技术。

参考文献